자원개발공학개론

Introduction to Mining Engineering

자원개발공학개론
Introduction to Mining Engineering

남광수 저

씨
아이
알

머리말

자원개발산업은 산업활동에 필요한 원료공급을 위한 국가전략산업으로 각국에서 유용한 자원확보를 위한 치열한 각축전이 진행되고 있다. 대부분의 자원을 수입하는 우리나라의 실정을 감안할 때 지속가능한 경제성장을 도모하고 급변하는 미래를 대비하기 위해서는 자원개발산업을 새로운 시각으로 바라볼 필요가 있으며, 학문적인 지식과 실무경험을 갖춘 전문인력 양성이 필수적이다.

자원공학은 학문의 범위가 넓고 해당 산업분야에 대한 종합적인 안목을 필요로 하므로 효과적인 자원개발업무 수행을 위해서는 자원개발 전주기(탐사－개발·생산－복구)에 대한 이론과 실무능력이 요구된다. 자원공학도인 저자는 다년간 광업자원 국가기술 자격업무 총괄 및 에너지·자원 국가직무능력표준(NCS) 개발 전문가로 참여하면서 자원개발 전주기에 대해 전반적으로 종합한 교재가 필요함을 절실하게 느꼈다. 정부에서도 자원개발 전주기에 걸친 광업지원 체계를 구축하기 위해 2021년 9월 한국광해관리공단과 한국광물자원공사를 통합하여 한국광해광업공단을 설립하였다.

저자는 기존에 발간된 국내외 전문서적과 유관기관 자료 및 저자의 지난 30여 년간의 현장경험 등을 기본으로 정부에서 개발한 에너지·자원 NCS와 연계하여 저술하였다. 이 책은 자원공학 전공자나 이에 관심 있는 학생, 일반인이나 산업계 실무자들이 자원개발 전주기에 대해 쉽게 이해하고 활용할 수 있도록 기초이론과 핵심내용으로 구성하였다. 제1장은 자원개발산업에 대한 전반적인 이해, 제2장은 유용한 자원탐사를 위한 탐사법과 매장량평가, 제3장은 효율적인 자원개발 및 생산을 위한 채광법과 갱내 작업환경 유지, 제4장은 원광으로부터 제품 생산을 위한 선광 및 제련 방법, 제5장은 채광작업장에 대한 광해방지 및 복구에 대해서 기술하였다.

자원공학은 종합학문으로 저자의 지식이 부족하여 내용이 충분하지 못하거나 오류가 있을 것으로 생각되기에 독자 여러분의 기탄없는 조언을 바란다. 이 책이 완성될 수 있도록 자료 제공과 원고 수정작업에 기꺼이 협조하여 주신 전문가분들과 한국광해광업공단 임직원 및 도서출판 씨아이알에 깊은 감사를 드린다. 아울러 지난 3년 동안 집필에 집중할 수 있도록 배려하고 응원해준 소중한 우리 가족에게 고마움을 표한다.

저자 **남광수**

차 례

CHAPTER 3   자원개발 및 생산

CHAPTER 4 **선광 및 제련**

CHAPTER 5 광해방지 및 복구

APPENDIX 부록 에너지·자원 국가직무능력표준(National Competency Standards, NCS)

총 론

1 총론

1.1 자원개발산업 개요

1.1.1 자원개발산업의 특징

　자원개발산업은 산업경제의 필수적인 원료의 공급원으로서 제조업과는 다르게 수요 공급과 가격결정 과정이 기존의 경제이론으로 설명하기 어려울 정도로 여러 가지 환경 요인에 따라 많은 영향을 받는다.

　자원개발산업에서 자원*은 시장에 유통되는 다른 재화와는 확연하게 구분되는 특성을 갖고 있다(그림 1-1). 자원은 매장량이 유한하여 고갈될 가능성이 있고 특정 지역에 편재하는 희소성으로 수급이 불안정하다. 또한 개발과정에 대규모 자본투자와 긴 투자 회수 기간이 필요하므로 투자 리스크가 높고 낮은 성공률을 갖는 산업이며, 특정 국가가 대부분의 원자재를 독점 공급하는 상황에서는 언제든지 수급 불균형이 발생할 수 있다. 아울러 조업과정에서 다양한 유형의 재해가 발생할 수 있으며, 개발과정에서 발생하는 환경문제 등으로 지역사회와 갈등도 높은 산업이다.

　그러나 자원개발 성공 시 높은 이익을 기대할 수 있으며, 광산물 중 금속의 경우 손쉽게 계속 재활용할 수 있다.

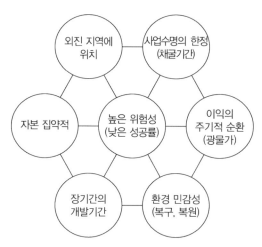

그림 1-1 자원개발산업의 특성(임용생, 2010)

---

*　**자원**: 본 서에서 자원은 별도로 언급하지 않는 한 에너지 및 광물자원을 의미함

1.1.2 자원개발 전주기

자원개발은 광상을 찾아내고 광상에서 유용한 자원을 개발·생산하며, 개발이 완료된 후에는 자연상태로 되돌리는 일련의 과정으로 탐사 – 개발·생산 – 복구의 과정을 자원개발 전주기(life cycle)라고 한다.

표 1-1 자원개발의 5단계(Hartman & Mutmansky, 2002)

단계	과정	기간	비용/단위 비용
채광 전 단계			
1. 탐사 (광상)	• 광석의 탐사 – 탐사방법 : 직접적(지질조사), 간접적(물리탐사, 지구화학탐사) – 유망지 선정(지도, 문헌, 구 광산) – 항공 : 항공사진, 항공물리탐사, 위성 – 지표 : 지표물리탐사, 지질조사 – 이상대 탐지, 분석, 평가	1~3년	$0.2~10백만 또는 $0.05~1.1/톤
2. 탐광 (광체)	• 광석의 규모와 가치(시험/평가) – 시료채취(시추/시굴), 품위 분석 – 규모 및 품위 추정 – 광상의 평가 또는 사업타당성 평가(개발 또는 포기 결정)	2~5년	$1~15백만 또는 $0.22~1.65/톤
개발단계			
3. 개갱 (시굴)	• 생산을 위한 광체 노출 – 개발권 취득(2단계에서 수행되지 않을 경우 매입 또는 임차) – 환경영향평가, 기술평가, 허가 – 진입도로, 운반시스템 및 지상시설물 건설 – 광체 노출(박토 또는 수갱 건설)	2~5년	$10~500백만 또는 $0.275~11/톤
4. 채광 (채굴)	• 대규모 광석 생산 – 채광방식 선정요소 : 지질, 지형, 경제성, 환경, 안전성 – 채광방법 : 지표(노천채광 등), 갱내(주방식 등) – 비용 모니터링 및 투자 회수(3~10년)	10~30년	$5~75백만 또는 $2.2~165/톤
채광 후 단계			
5. 복구 (복원)	• 부지 복구 – 플랜트 및 건물 철거 – 폐석 및 광물찌꺼기 안정화 – 광산배수 모니터링 등	1~10년	$1~20백만 또는 $0.22~4.4/톤

현대의 광산개발은 광석이나 유용광물을 찾는 탐사, 광상의 규모와 가치를 결정하는 탐광, 채광을 위해 광상을 개착하는 개갱, 광석의 실질적인 회수를 위한 채광, 채광지의 복원을 위한 복구의 단계로 이루어지며, 이를 자원개발의 5단계라 한다(표 1-1). 일반적으로 탐사와 탐광은 채광 전 단계에서, 개갱과 채광은 개발단계에서, 채광 후 폐광단계 이후에는 복구작업을 수행한다.

자원개발은 환경피해와 작업자의 안전 등에 많은 영향을 끼치므로 광산의 설계, 개발, 생산 및 폐광 등 자원개발의 전주기 모든 단계에서 이에 대한 검토·분석이 요구된다.

1.2 광물자원

1.2.1 지질 및 광상

(1) 광물(mineral)

광물은 천연산 무기물로 이루어진 균질의 고체로서 일정한 화학성분과 결정구조를 가지며, 고유한 물리적·화학적 성질을 가지는 물질이다. 모든 광물은 단일 원소나 두가지 이상의 원소로 이루어진 화합물이며, 지각은 여러 종류의 광물 집합체인 암석으로 구성되어 있다. 자연에서 발견된 광물의 종류는 약 5,500여 종으로 지각구성 성분의 1% 이상을 차지하는 지각의 8대 원소(O, Si, Al, Fe, Ca, Na, K, Mg)가 전체의 98% 이상을 차지한다.

암석을 구성하는 석영, 장석, 운모, 각섬석, 휘석, 감람석 등과 같은 주요 광물을 조암광물(rock forming minerals)이라 한다(표 1-2). 조암광물의 90% 이상은 규소와 산소의 결합에 의해 형성되는 사면체 결정구조를 갖는 규산염광물이다. 비규산염광물에는 원소광물, 산화광물, 탄산염광물, 황화광물, 인산염광물, 할로겐광물 등이 있다. 비규산염광물은 산업발전에 필요한 경우가 많으나 규산염광물에 비하여 적은 양이 산출되며 품위가 높아야 경제적 가치가 있다.

표 1-2 조암광물 현황

구분		이온 및 특징	광물의 종류
규산염광물		SiO_4 사면체를 기본단위로 중합체를 이룸	• 석영, 정장석, 휘석, 각섬석, 흑운모 등
비규산염광물	원소광물	없음	• 금, 은, 금강석, 황
	산화광물	O^{2-}	• 자철석, 적철석, 강옥, 금홍석
	할로겐광물	Cl^-, F^-	• 암염, 형석
	황화광물	S^{2-}	• 활철석, 황동석, 방연석
	탄산염광물	$(CO_3)^{2-}$	• 방해석, 고회석(dolomite)
	황산염광물	$(SO_4)^{2-}$	• 석고, 중정석
	인산염광물	$(PO_4)^{3-}$	• 인회석

　광물의 결정형 및 물리적·화학적·광학적 특성을 활용하여 광물감정을 할 수 있다. 광물을 감정하는 방법에는 육안으로 감정하는 방법과 편광현미경을 이용하는 현미경 감정법 및 X-선 회절분석기, 전자현미경분석기 등의 분석기기를 이용하는 방법이 있다. 광물의 육안 감정법은 주로 광물의 물리적·화학적·광학적 성질과 결정형을 이용하는 방법으로 확대경(lupe), 경도계, 조흔판 등의 휴대용 시험도구를 사용한다.

1) 광물의 물리적 성질

　광물의 물리적 성질로는 비중, 색과 조흔색(streak color), 광택, 깨짐과 쪼개짐, 고유한 굳기인 경도(hardness) 등이 있다. 일반적으로 광물의 비중은 2~4이고 금속광물은 대부분 4 이상이다. 광물의 표면색이 동일한 광물은 자기 재질의 조흔판 표면에 그으면 나타나는 광물의 분말색인 조흔색의 차이를 이용하여 식별할 수 있다(표 1-3).

　모스(Mohs)는 표준이 되는 굳기가 다른 10개의 광물을 정하여 굳기를 비교하는 모스 경도계를 고안하였고 제일 굳기가 낮은 것을 1도로 하고 10도까지 분류하여 광물의 굳기를 상대적으로 측정한다. 모스경도계 등급은 1도 활석, 2도 석고, 3도 방해석, 4도 형석, 5도 인회석, 6도 정장석, 7도 석영, 8도 황옥, 9도 강옥, 10도 다이아몬드이다. 야외조사 시 광물의 굳기를 개략 판단하는 경우에 대용물의 굳기는 손톱(약 2.5), 동전(약 3), 못(약 4~4.5), 칼날이나 창유리(약 5.5), 조흔판(약 6.5), 줄(약 6~7), 사포(약 8)이다.

표 1-3 광물의 표면색과 조흔색

광물	화학식	표면색	조흔색	광물	화학식	표면색	조흔색
금	Au	황색	황색	적철석	Fe_2O_3	흑색	적색
황철석	FeS_2	황색	흑색	자철석	Fe_3O_4	흑색	흑색
황동석	$CuFeS_2$	황색	녹흑색	갈철석	$Fe_2O_3 \cdot nH_2O$	흑색	황갈색

2) 광물의 화학적 성질

광물은 종류에 따라 다양한 물리적 특성을 가지며 구성하는 원소에 따라 고용체(solid solution), 동질이상(polymorphism), 유질동상(isomorphism)의 화학적 성질을 가지고 있다.

고용체는 고체와 액체 사이의 변화에 의해 큰 구조적 변화 없이 화학성분이 변하는 광물로 화학식이 $(Mg, Fe)_2SiO_4$로 나타내는 감람석과 사장석을 들 수 있다. 동질이상은 화학성분은 같으나 결정구조가 다른 것으로 화학성분이 탄소인 흑연과 금강석, FeS_2인 황철석과 백철석, SiO_2인 α-석영과 β-석영, Al_2SiO_5인 홍주석, 규선석, 남정석을 들 수 있다. 유질동상은 화학성분은 다르나 결정구조가 같아 물리적 성질이 유사한 광물로 방해석($CaCO_3$), 능철석($FeCO_3$), 마그네사이트($MgCO_3$)를 들 수 있다.

3) 광물의 광학적 성질

빛이 광물표면에서 반사되거나 내부를 통과하면서 일어나는 현상을 광물의 광학적 성질이라고 하며, 편광현미경을 이용하면 광물의 다양한 광학적 성질을 관찰할 수 있다.

일반적으로 조암광물 중 규산염광물은 빛이 통과하는 투명광물이나 대부분의 금속광물은 불투명광물이다. 빛이 투과시킬 수 있도록 약 0.03mm 두께로 광물의 박편(thin section)을 만들어 편광현미경을 이용하여 광물의 형태와 크기, 광물의 배열 상태, 운모류에 볼 수 있는 화려한 색인 간섭색 및 어느 순간 검정색으로 변하는 소광현상 등의 광학적 특징을 관찰할 수 있다.

(2) 암석(rock)

원소가 화학적으로 결합을 이룬 것이 광물이라면 암석은 한 종류 또는 그 이상의 광물들의 물리적 결합으로 생성된 집합체이다. 즉 석영(SiO_2), 황철석(FeS_2) 등은 광물이고 화강암, 석회암, 대리암 등은 여러 광물이 모여 이룬 암석이다. 이러한 암석이 모여 지각을 이루고 지구를 구성하게 된다. 암석은 생성 방법 및 과정 등의 성인에 따라 화성암, 퇴적암, 변성암으로 분류한다.

1) 화성암(igneous rock)

화성암은 용융상태인 마그마가 지하의 약한 부분이나 틈을 따라 지표로 흘러나오거나 지하 깊은 곳에서 서서히 냉각·고결되어 생성된 암석이다. 화성암은 마그마의 냉각 위치에 따라 **표 1-4**와 같이 분출암과 관입암으로 분류한다.

표 1-4 화성암의 분류

분류	마그마의 냉각 위치	암석	산출상태
분출암	지표	화산암	• 용암류, 화산암설
관입암	지표 부근	반심성암	• 암맥, 암상, 병반, 암경
	지하 심부	심성암	• 저반, 암주

① 화성암의 산출상태

화성암은 산출상태에 따라 마그마가 지각 내에서 다른 암석을 관입·고결하여 생성되는 관입암(intrusive rock)과 지표로 분출되어 빨리 고결된 분출암(extrusive rock)으로 분류한다(그림 1-2). 관입암에는 마그마가 지하 깊은 곳에서 대단히 천천히 고결된 심성암과 지표 부근에서 비교적 빠르게 고결된 반심성암이 있다.

화성암의 산출상태는 분출암과 관입암에 따라 다르다. 분출암은 화산의 화구나 지각의 틈을 따라 분출된 것으로 용암류(lava flow)와 화산암설로 산출한다. 관입암은 관입 시 관입체의 구조적 관계에 따라 심성암은 규모가 큰 저반(batholith)이나 암주(stock)로 산출하며, 반심성암은 규모가 작은 암맥(dyke), 암상(sill), 병반(laccolith), 암경(neck)으로 산출한다.

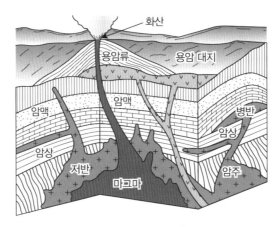

그림 1–2 화성암의 산출상태

② 화성암의 분류

화성암은 생성 시 마그마가 식으면서 굳은 위치와 SiO_2의 함량을 기준으로 **표 1–5**와 같이 분류한다. 생성 깊이에 따라 마그마가 지각 내부의 깊은 곳에 관입하여 굳어진 조립질(coarse texture)의 심성암, 마그마가 지표에 분출되어 빠르게 굳어진 유리질 또는 세립질(fine texture)의 화산암, 비교적 지하 얕은 곳에 관입하여 굳어진 반정질(hypocrystalline texture)의 반심성암으로 구분한다. 또한 SiO_2의 함량에 따라 산성암, 중성암, 염기성암, 초염기성암으로 분류한다. 일반적으로 산성암은 석영과 정장석으로 구성되어 밝은색을 띠며 염기성암은 흑운모, 각섬석, 휘석, 사장석으로 구성되어 어두운 색을 나타낸다.

표 1–5 화성암의 분류

산출상태	SiO_2(%)	산성암 65% 이상	중성암 65~52%	염기성암 52~45%	초염기성암 45% 미만
세립질 ↕ 조립질	화산암	유문암	안산암	현무암	코마티아이트
	반심성암	석영반암	섬록반암	휘록암	–
	심성암	화강암	섬록암	반려암	감람암
색		밝은색 ←————————————————→ 어두운 색			

화성암을 구성하는 조암광물은 마그마의 냉각 고결에 따라 고온성 광물로부터 저온성 광물에 이르기까지 단계별로 광물들이 정출되는데, 이러한 광물의 조성은 마그마의

화학조성과 온도에 상당한 영향을 받는다. 보웬(Bowen)은 마그마에 녹아 있는 여러 가지 광물들이 마그마가 냉각될 때 온도에 따라 정출됨을 발견하였으며, 이와 같이 순차적으로 생성되는 반응과정을 보웬의 반응계열이라 한다(그림 1-3). 반응계열 중 불연속반응계열에서는 감람석 → 휘석 → 각섬석 → 흑운모 순서로 광물이 정출된다. 연속반응계열에서는 Ca 사장석이 먼저 형성되고 잔류마그마와 나트륨 이온이 반응하여 연속적으로 Na 사장석이 정출된다. 결정화 작용의 마지막 단계에서 장석과 백운모가 형성되며 최종 잔류마그마에는 실리카가 풍부하여 석영이 정출된다.

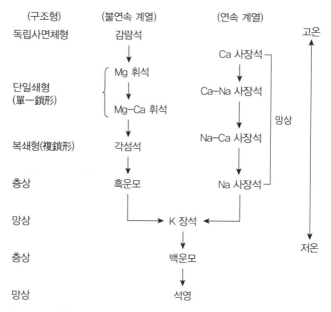

그림 1-3 조암광물의 생성 순서를 나타내는 보웬의 반응계열(김수진, 1996)

③ 화성암의 구조(structure) 및 조직(texture)

화성암의 큰 노출면이나 작은 화성암편에서 보이는 특징적인 구조와 조직은 표 1-6 과 같다. 화성암의 큰 노출면인 노두 규모에서 볼 수 있는 구조로는 괴상, 유동구조, 유상구조, 호상구조, 구상구조, 포획암 등이 있다. 화성암의 작은 암편에서 볼 수 있는 구조로는 다공상구조, 행인상구조, 구과상구조, 미아롤리구조가 있다. 구성광물들이 서로 모여서 관찰되는 화성암의 조직으로는 현정질조직, 비현정질조직, 유리질조직,

반정질조직, 반상조직, 문상조직, 취반상조직, 포이킬리조직 등이 있다.

표 1-6 화성암의 구조와 조직

구분			내용
화성암 구조	노두 규모	괴상 (massive)	• 노출면이 균일한 모양으로 방향성을 가지지 않고 두꺼운 형태를 가지는 구조
		유동구조 (fluxion structure)	• 마그마가 어떤 방향으로 유동한 흔적이 나타나는 구조
		유상구조 (flow structure)	• 화산암이 유동하여 굳어질 때에 가지게 된 평행구조
		호상구조 (banded structure)	• 색을 달리하는 광물들이 층상으로 번갈아 배열되어 만들어지는 평행구조
		구상구조 (orbicular structure)	• 광물들이 어떤 점을 중심으로 구상으로 뭉쳐져서 이루고 있는 구조
		포획암 (xenolith)	• 마그마가 기존 암석을 관입할 때 기존의 암석의 일부가 마그마 속으로 들어와 굳어진 구조
	작은 암편	다공상구조 (vesicular structure)	• 용암 속 휘발성 성분이 용암이 굳어질 때 고결되어 화산암 중에 기공(vesicle)이 많은 구조
		행인상구조 (amygdaloidal structure)	• 기공들이 다른 광물질로 채워진 행인(amygdale)이 많은 구조
		구과상구조 (spherulitic structure)	• 한 점을 중심으로 광물질이 방사선 모양으로 자라서 구형으로 만들어진 구과(spherulite)가 많은 구조
		미아롤리구조 (miarolitic structure)	• 화강암질 암석 중에 작은 공동이 있는 구조
화성암 조직		현정질조직 (phaneritic texture)	• 육안으로 화성암을 구성하는 입자들과 구별이 가능한 조직으로 입상조직이라고도 함
		비현정질조직 (aphanitic texture)	• 구성광물이 육안상으로 구별이 되지 않으나 현미경으로 관찰이 가능한 조직
		유리질조직 (glassy texture)	• 현미경으로도 결정이 거의 관찰되지 않고 전부 비결정질로 되어 있는 조직
		반정질조직 (hypocrystalline texture)	• 결정과 유리가 섞여 있는 암석이 가지는 조직
		반상조직 (porphyritic texture)	• 큰 결정들과 그들 사이를 메우는 작은 결정들 또는 유리질로 되어 있는 조직
		문상조직 (graphic texture)	• 광물들이 일정한 방향으로 나타나 고대 상형문자 모양의 배열 상태를 보이는 조직
		취반상조직 (glomeroporphyritic texture)	• 반상조직을 가지는 암석에서 다양하게 구성된 반정들이 뭉쳐 집합체를 이루는 조직
		포이킬리조직 (poikilitic texture)	• 하나의 큰 광물결정 속에 다른 종류의 작은 결정들이 불규칙하게 들어가 있는 조직

2) 퇴적암(sedimentary rock)

퇴적암은 암석이 풍화·침식과정에 의해 부서져 물, 바람 등과 함께 운반되어 일정지역에 퇴적물이 계속적으로 쌓여 오랜 기간 압축·고화과정을 거쳐 생성된 암석이다.

① 퇴적암의 분류

퇴적암은 구성 물질의 기원, 입자의 크기, 화학성분 등에 따라 쇄설성 퇴적암, 화학적 퇴적암, 유기적 퇴적암으로 분류한다(표 1-7).

쇄설성 퇴적암은 암석의 풍화·침식작용으로 생성된 자갈, 모래 등의 쇄설성 입자들이 쌓여서 형성된 암석이다. 화학적 퇴적암은 물에 녹아 있던 화학성분이 침전되거나 물이 증발되어 생성된 암석으로 방해석, 고회석(dolomite) 등의 탄산염암과 석고, 암염, 처트(chert) 등의 비탄산염암으로 분류한다. 유기적 퇴적암은 생물의 유해, 식물 등이 쌓여 형성된 암석으로 식물체가 탄화되어 만들어진 석탄, 석회질 생물체로 인한 석회암, 규질 생물체로 인한 규조토 등이 있다.

표 1-7 퇴적암의 분류

분류	생성과정	물질 기원	퇴적물(지름)	퇴적암
쇄설성 퇴적암	• 처음부터 고체로 존재하다가 퇴적된 물질	암석 조각, 광물 입자	자갈(2mm 이상)	역암
			모래(0.0625~2mm)	사암
			실트(0.0625mm 이하)	셰일
			점토(0.0039mm 이하)	
		화산 분출물	화산진, 화산재(4mm 이하)	응회암
			화산력, 화산탄(4mm 이상)	집괴암
화학적 퇴적암	• 암석에서 용해되어 용액이 되었다가 침전되면서 고체로 됨	화학성분	암염(NaCl)	암염
			석고	석고
			방해석	석회암 - 탄산염암
			고회석	고회암 - 탄산염암
			석영	처트
유기적 퇴적암	• 생물의 유해가 쌓여 퇴적된 것	생물의 유해	석회질 생물체	석회암
			규질 생물체	규조토
			식물체	석탄

② 퇴적암의 특징적 구조

퇴적암의 특징적인 구조는 충상으로 발달되는 평행구조인 층리(bedding), 모래 지층에서 일정한 방향을 갖지 않는 층리인 사층리(cross-bedding), 수심이 얕은 물 밑에서 생긴 물결자국인 연흔(ripple mark), 퇴적물이 건조한 대기에 노출되어 논바닥이 갈라지는 형태의 건열(sun 또는 mud crack), 퇴적암에 자갈 모양의 물체가 채워져 있는 결핵체(concretion)와 생물의 유해 등이 지층 중에 남아 있는 화석(fossil) 등이 있다.

3) 변성암(metamorphic rock)

변성암은 기존의 암석이 온도와 압력으로 인한 변성작용을 받아 새로운 광물조성과 조직을 갖게 되는 암석이다.

① 변성암의 분류

변성암은 변성작용의 요인에 따라 파쇄 변성작용에 의한 파쇄암, 압력과 온도의 변성작용에 의한 광역변성암, 온도의 변성작용에 의한 접촉변성암으로 분류한다(표 1-8). 파쇄암은 파쇄 변성작용으로 조암광물이 잘게 부스러지거나 심하게 변형된 암석으로 압쇄암, 슈도타킬라이트(pseudotachylyte), 안구상편마암(augen gneiss)이 있다. 광역변성암은 동력변성 작용에서 온도와 압력에 의한 변성의 정도가 커짐에 따라 점차 원암인 세일(shale)로부터 슬레이트(slate, 점판암), 천매암(phyllite), 편암(schist), 편마암(gneiss) 순서로 생성된다. 접촉변성작용에 의해 만들어지는 접촉변성암은 압력의 영향을 받지 않아 일정한 방향성을 갖지 않는 조직을 가지며 대리암, 혼펠스(hornfels) 등이 있다.

표 1-8 변성암의 분류

기존 암석		변성작용	조직	작다 ← 변성 정도 → 크다
퇴적암	세일	접촉변성	혼펠스	혼펠스
		광역변성	엽리, 편마	슬레이트 → 천매암 → 편암 → 편마암
	사암	광역변성	입상 변정질	규암
	석회암	접촉, 광역변성		대리암
화성암	현무암	광역변성	엽리	녹색 편암 → 편마암
	감람암	접촉변성	사문암	사문암

② 변성암의 특징적 구조

변성암의 특징적인 구조는 판상의 광물이 평행하게 배열되는 엽리(foliation), 얇은 판으로 쪼개지는 성질인 벽개(cleavage), 편암 내에 발달하는 엽리인 편리(schistosity), 편마암 내에 발달하는 엽리인 편마구조(gneissosity), 광물이 한 방향으로 평행하게 배열하는 선구조(lineation) 등이 있다.

(3) 지질구조(geological structure)

지질구조는 오랜 시간 동안 변형작용을 받아 형성된 지각의 모양으로 습곡, 단층, 부정합, 절리, 기타 지각운동에 의한 선구조 등이 지질구조를 이루는 주요 요소이다.

1) 습곡(fold)

습곡은 수평으로 퇴적된 지층이 횡 압력을 받아 물결처럼 굴곡된 단면이 나타나는 구조로 볼록하게 위로 올라간 부분을 배사(anticline), 오목하게 아래로 내려간 부분을 향사(syncline)라고 한다.

습곡의 종류는 습곡 축면의 형태에 따라 정습곡(normal fold), 경사습곡(inclined fold), 등사습곡(isoclinal fold), 횡와습곡(recumbent fold) 등이 있다(그림 1-4). 정습곡은 습곡 축면이 수직이며 두 날개는 반대 방향으로 같은 각도로 경사진 습곡이고, 경사습곡은 습곡 축면이 수직에서 기울어 있고 두 날개의 경사가 서로 다른 습곡이다. 등사습곡은 습곡 축면과 두 날개의 경사 방향이 같은 습곡이고, 횡와습곡은 습곡 축면이 거의 수평으로 기울어져 있는 습곡이다.

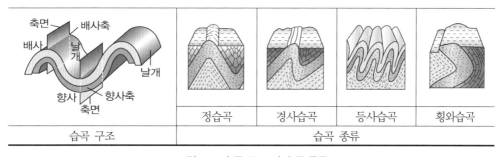

그림 1-4 습곡 구조 및 습곡 종류

2) 단층(fault)

단층은 외부의 힘을 받은 지층이 부서지거나 끊어지는 변형현상이며, 단층으로 어긋난 면인 단층면에서는 암석이 부서지거나 분말화된 것을 흔히 볼 수 있다. 단층면은 구조적으로 취약하여 큰 힘을 받으면 이미 형성된 단층면을 따라 지층이 움직인다. 이러한 단층면이나 단층면 사이에 점토가 끼어 있는 단층점토나 각력(rubble)이 끼어 있는 단층각력은 단층을 찾는 데 좋은 단서가 된다. 단층면 사이를 통과하던 광화용액에서 침전된 물질로 채워지는 경우가 있으며, 이 중에 유용광물이 들어 있으면 이는 광맥으로 채굴의 대상이다.

단층의 종류는 단층면이 어긋나는 방향에 따라 정단층(normal fault), 역단층(reverse fault), 주향이동단층(strike-slip fault) 등이 있다(그림 1-5). 정단층은 단층면을 기준으로 상반이 하반보다 아래에 있는 단층이고, 역단층은 단층면을 경계로 위에 있는 상반이 하반보다 위로 올라간 단층이다. 주향이동단층은 단층면을 경계로 상반과 하반이 단층면을 따라 수평으로 이동된 단층이다.

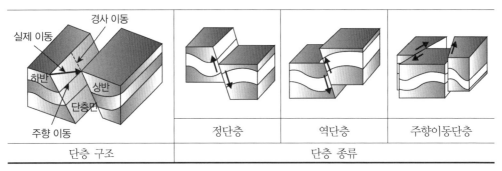

그림 1-5 단층 구조 및 단층 종류

3) 부정합(不整合, unconformity)

하나의 지층이 다른 지층이나 암체 위에 퇴적되어 겹쳐 있고 두 개의 서로 다른 층 사이에 시간적 간격이 있었다고 인정될 때 오랜 지층과 새로운 지층과의 관계를 부정합이라 한다. 부정합 관계에 있는 상하 지층 사이의 침식면인 부정합면은 아래에서 발견되는 암석의 종류와 암석이 교란된 상태로부터 부정합면 위에 쌓인 지층이 퇴적하기 전에 어떤 지각변동이 일어났는지 알 수 있다.

부정합의 종류는 지층 사이의 형태에 따라 평행부정합(disconformity), 경사부정합(angular unconformity), 난정합(nonconformity)이 있다(그림 1–6). 평행부정합은 부정합면을 경계로 먼저 쌓인 지층과 나중에 쌓인 지층이 평행인 부정합이고, 평행이 아니고 경사진 부정합을 경사부정합이라 한다. 난정합은 부정합면 아래에 층리가 없는 화성암이나 변성암이 있는 구조이다.

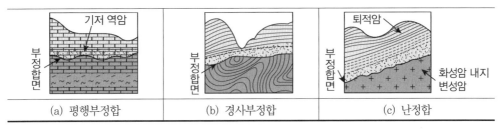

그림 1–6 부정합 종류

4) 선구조(lineation)

선구조는 지각변동으로 생긴 암석 내에 존재하는 선상의 구조 요소로서 암석의 선구조는 조암광물들이 그들의 연장된 방향을 서로 평행하게 가질 때에 나타난다. 선구조는 암석에 따라 차이가 나므로 측정자료를 암체의 분류와 광상조사에 활용한다.

(4) 광상(ore deposit)

지각을 구성하고 있는 광물이나 암석이 여러 가지 지질현상으로 금, 은, 동, 아연 등과 같은 특정원소나 다이아몬드와 같은 유용광물의 형태로 특정장소의 암석이나 토양 등에 다량 농집되어 광상을 형성하게 된다.

유용광물이 지각에 자연상태로 농집되어 있는 부분으로서 유용광물이 국부적으로 집합하여 채굴의 대상이 되는 곳을 광상이라 한다. 광상은 성인에 따라 화성광상, 퇴적광상, 변성광상으로 분류한다.

1) 광상의 형성

일반적인 광상의 형성과정은 맨틀 움직임과 지각변형으로부터 출발하여 마그마 발생과 함께 다양한 지질작용으로부터 야기된 물, 가스와 같은 유체가 열과 압력에 의한 유동성에 따라 다양한 지층과 암석을 통과하면서 형성한다(그림 1-7).

암석의 균열을 따라 침투한 지하수는 규산염광물, 산화광물, 황화광물 등을 용해시키며 지하수가 순환하는 과정에서 뜨거운 관입암체와 접촉·반응하여 특정 이온이 용출되어 다량의 원소를 함유한다. 이러한 이동과정에서 유체가 통과하는 암석 매체로부터 금속이온뿐만 아니라 착이온 등의 성분을 다량 추출하여 유용금속을 다량 함유한 광화유체(mineralizing solution)로 변화한다(최선규, 2013). 광화유체는 대규모 지질매체 또는 구조대를 통한 유동과정에서 지질매체의 환경변화에 따라 고체상의 유용광물로 정출이 유도되는 침전메커니즘이 작용하며 집중적 농집과정이 발생하여 광상이 형성된다.

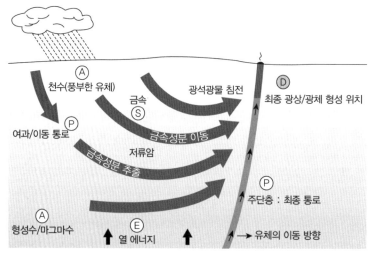

유용금속(+착이온)(S), 유체(A), 에너지(E), 이동통로(P), 농집/침전환경(D)

그림 1-7 금속광화작용에 영향을 미치는 핵심인자 간 복합적 상호작용의 모식도(최선규, 2013)

2) 광상의 산출상태 및 산화

광상은 여러 가지 형태를 가지고 있으며 맥상으로 발견되므로 이런 광상을 광맥(ore vein)이라 한다. 일반적으로 광맥은 규칙적인 모양을 보이나 불규칙한 모양의 광맥도 많다.

　　광상의 크기와 모양인 산출상태는 규칙적 모양을 갖는 광체에는 맥상광체와 관상광체가 있고, 불규칙한 모양을 갖는 광체에는 괴상광체와 광염상광체와 망상광체가 있다 (그림 1-8). 맥상광체는 일정한 크기의 맥폭과 방향성을 갖는 광체로서 주로 단층대와 같은 파쇄대에서 발달한다. 관상광체는 연장이 긴 원통형의 광체로서 주로 지질구조의 교차 부분이나 화산 분화구에서 형성되며 대규모 경제성 광상이 발견되는 광체이다.

　　괴상광체는 석회질 퇴적암에 화성암체가 관입하거나 단층 등을 따라 광화유체가 유입되어 석회-규산염 광물을 침전시켜 생성된 광체이다. 광염상광체는 광석광물이 모암 내에 산포되어 산출되고, 망상광체는 미세하게 분포하는 세맥(vein) 내에 광석광물이 집중적으로 산출된다. 일반적으로 광염상광체와 망상광체는 혼재하여 발달한다.

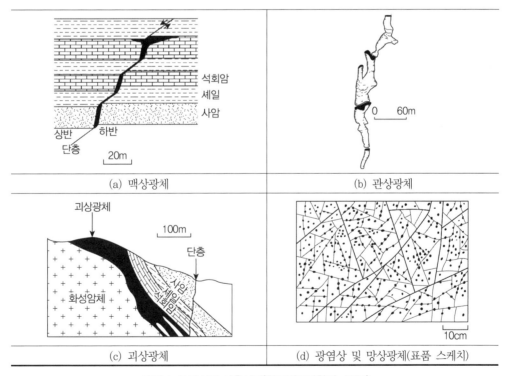

그림 1-8 광상의 산출상태(한국지구과학회, 1998)

지하수면 상부에 있는 광상의 윗부분은 공기와의 반응에 의하여 산화를 받는 부분으로 산화대(oxidation zone)라고 한다. 산화를 쉽게 받는 황화광물은 물, 산소와 반응하여 산화되고 황산염으로 변화되어 광석 노두는 암갈색의 다공질 석영 집합체로 남는데, 이를 곳산(gossan)이라 한다. 산화대에서 일차광석이 물에 용해된 금속성분들과 지하수면에서 반응하여 침전되는 부분을 교결대(cementation zone)라 하며 자연은, 자연동, 황동석, 황철석, 휘동석, 반동석, 코벨라이트(covellite) 등의 광물이 교결대에서 발견된다.

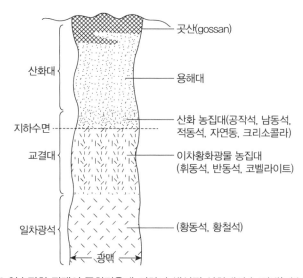

그림 1-9 열수광화 광맥의 풍화작용에 의하여 생성된 산화대와 농집대(김수진, 1996)

3) 광상의 분류

① 화성광상(igneous deposit)

화성광상은 화성암의 생성과정인 화성활동에 수반되어 생성된 광상으로 마그마가 고화될 때 단계적으로 온도, 압력, 성분의 변화에 따라 농집되는 광물의 종류가 다르다. 화성광상은 초기단계부터 정마그마광상(orthomagmatic deposit), 페그마타이트광상(pegmatite deposit), 기성광상(pneumatolytic deposit), 열수광상(hydrothermal deposit)으로 분류할 수 있다(그림 1-10).

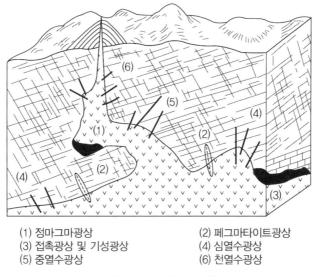

(1) 정마그마광상   (2) 페그마타이트광상
(3) 접촉광상 및 기성광상   (4) 심열수광상
(5) 중열수광상   (6) 천열수광상

그림 1-10 광상의 성인과 종류(정창희, 1986)

마그마가 식는 초기에 밀도가 큰 광물이 가라앉아 생성되는 정마그마광상은 600℃
보다 높은 온도에서 광상이 형성되며 자철석, 크롬철석, 티탄철석, 백금, 니켈 등의
광물이 생성된다. 마그마가 지하 깊은 곳에서 굳어져 화강암이 생성된 후 남은 휘발성
분이 많은 잔류마그마가 암석의 틈으로 흘러들어 굳어져서 생성되는 페그마타이트광
상은 500~600℃에서 생성되며 석영, 장석, 운모 등의 큰 결정과 리튬, 우라늄 등의
희유원소(rare element) 광물을 포함한다. 마그마 고결 말기에 마그마가 더 냉각되어
남아 있던 수증기와 휘발성분이 주위 암석과 반응하여 생성되는 기성광상은 374~
500℃에서 생성되며 Sn, Mo, W, F를 포함한 주석석, 휘수연석, 철망간중석, 회중석,
형석 등의 광물을 산출한다. 특히 화성암체 주위에 석회암이 있으면 휘발성 성분이
석회암과 교대하여 칼슘 성분을 많이 포함한 광물의 집합체를 스카른(skarn)이라고
한다. 과거 세계적인 텅스텐광상으로 유명한 영월군 소재 상동광산도 스카른광상에
속한다.

화성암체에서 주위로 밀려나간 수증기와 휘발성 성분이 이동하는 동안 온도가
374℃ 이하로 떨어지면 수증기는 고온의 열수로 변하여 주변 암석 틈 사이에 여러
가지 광물을 침전시키는 열수광상을 형성한다. 열수광상을 만드는 고온의 수용액인

광액(ore solution)에는 규산분이 많이 포함되어 있어 주로 석영맥을 형성한다. 석영맥 중에 대부분 황철석과 황동석, 섬아연석, 유비철석 등이 포함되어 금, 은, 구리, 납, 아연 등과 같은 유용광물을 함유한다.

② 퇴적광상(sedimentary deposit)

퇴적광상은 유용광물을 포함한 암석이 풍화·침식·운반·퇴적되는 과정에서 유용한 광물이 집중적으로 퇴적되어 형성되는 광상으로서 사광상(placer deposit), 풍화잔류광상(잔류광상), 침전광상으로 분류할 수 있다.

풍화작용과 침식작용에 의해 하상으로 운반된 비중이 크고 풍화에 강한 유용광물들이 물의 흐름으로 이동하여 쌓인 사광상에는 금강석, 백금, 금, 자철석, 모나자이트, 석류석 등의 광물이 발견된다. 풍화잔류광상은 계속되는 풍화작용으로 광상의 위치 또는 가까이에서 잔류 농집되어 형성되는 광상으로서 기후조건과 풍화를 받는 암석의 성분에 영향을 받는다. 온대지방에서 장석이 풍화작용을 받으면 고령토(kaolin)를 주성분으로 한 진흙이 주된 풍화잔류물이 되며, 열대다우지방에서는 수산화알루미늄 광물이 모인 광석인 보크사이트(bauxite)를 주로 하는 알루미늄 잔류광상이 생성된다.

물에 녹아 있던 유용한 광물성분이 화학적으로 결합·침전되어 생성되는 침전광상에는 암염, 석고 같은 화학적 침전광상과 동·식물의 사체가 쌓여서 농집된 석회암, 석탄 등과 같은 유기적 침전광상이 있다.

③ 변성광상(metamorphic deposit)

변성광상은 화성광상이나 퇴적광상이 지각변동에 의한 변성작용을 받아 생성된 광상이다. 변성작용으로 생성된 광상은 석면, 흑연, 활석광상 등이며 대규모 철광상이 형성되기도 한다. 퇴적암 중에 소량 남아 있는 유기질 기원의 비정질 탄소가 변성작용을 받아 흑연광상으로 형성되는 것과 고회석이 변성할 때 물과 이산화탄소 등이 첨가되면 활석광상이 되는 것이 변성광상의 예로 들 수 있다.

(5) 한국의 지질계통 및 광상 분포

광상의 성인과 생성시기, 분포 등은 지질계통과 지체구조에 밀접하게 연관된다. 한반도의 지질은 시생대 시대의 지층에서부터 고생대와 중생대를 거쳐 최근 지질시대인 신생대에 이르기까지 지질시대별로 다양한 지질현상과 암석이 분포한다(표 1–9). 한반도는 면적에 비해서 금속·비금속광물과 석탄 및 석회석 등 약 300여 종의 다양한 광종이 널리 분포되어 있어 광물자원의 박물관이라 불렸다.

한반도는 오랜 지질시대를 거치면서 수차례의 조산운동과 그와 연관된 화성·변성활동 등이 작용하여 현재와 같은 지질구조를 형성하였다. 한반도에서 대표적인 고생대 지층은 하부 고생대의 조선누층군과 상부 고생대의 평안누층군이며, 대표적인 중생대 지층은 대동층군에 해당하는 충남 남서부에 위치하는 남포층군과 영월~문경에 분포하는 반송층군과 경상분지에 위치하는 경상누층군이다(이병주 외, 2010). 광상은 용도에 따라 주로 금속광물이 있는 금속광상, 유용 비금속광물이 있는 비금속광상으로 나눌 수 있다. 산출 대상물에 따라 금광상, 은광상, 구리광상 등으로 나누는데 2종류 이상의 유용광물이 대상인 경우에는 금은광상, 납아연광상과 같이 복합명으로 표기한다.

한반도에서 중생대에는 마그마작용에 의하여 형성된 쥐라기의 대보화강암체와 백악기의 불국사화강암체 주변에 많은 광화작용이 수반되어 다양한 금속광상(Au, Ag, Cu, Pb, Zn, Fe, W, Mo, Sn 등)이 형성되었다(이현구 외, 2007). 또한 평안남도와 강원도, 충북 일대에 분포한 고생대 조선누층군에 두껍게 퇴적된 석회석광상이 형성되어 있고, 강원도 삼척, 태백 등에 분포한 고생대 평안누층군에 석탄이 매장되어 있다.

지질도는 지표에 드러난 각종 암석과 구조 등 지질정보의 분포를 나타낸 지도이다. 지질도는 암석의 주향과 경사, 지질구조 등의 현장조사 자료와 항공사진 등을 판독하여 채취한 암석 표본을 현미경과 정밀분석기기로 분석한 자료들을 지형도에 각각 표기하고 종합하여 제작한다. 한국의 지질도는 지형도를 기본으로 하여 암석과 지층 단위들의 분포, 습곡과 단층, 지질계통도 등을 포함하고 있다. 한국지질자원연구원에서 1 : 50,000 축척을 기본으로 1 : 250,000과 1 : 1,000,000 축척의 지질도를 발간하고 있다.

표 1-9 지질연대 및 한반도에 분포하는 층서(이병주·선우춘, 2010)

대	기	연대	층서			암석
신생대	제4기	1.8Ma	충적층 신양리층(제주도)			
	신제3기		서귀포층			
			연일층군			
			장기층군			
		23Ma	양북층군			
	고제3기	65Ma	/////////////			불국사화강암
중생대	백악기	146Ma	경상누층군	유천층군		
				하양층군		
				신동층군		
	쥐라기	200Ma	/////////////			대보화강암
			대동층군(남포층군, 반송층군)			
	트라이아스기	251Ma				송림화강암
고생대	페름기		평안누층군	동고층		
				고한층		
				도사곡층		
				함백산층		
		299Ma		장성층		
	석탄기			금천층		
		359Ma		만항층		
	데본기	416Ma	/////////////			
	사일루리아기	444Ma				
	오도비스기		조선누층군	두위봉층		옥천층군?
				직운산층	영흥층	
				막골층		
				두무골층	문곡층	
		488Ma		동점층		
				화절층	와곡층	
	캄브리아기			풍촌층	마차리층	
				묘봉층	삼방산층	
		550Ma		장산층		
원생대	후기		/////////////			
			상원계			
	중기		연천계 서산층군 경기편마암 복합체			화강암 관입
	전기					
시생대			지리산편마암 복합체 소백산편마암 복합체 마천령편마암 복합체 낭림육괴 관모육괴			
		4.5Ga				

주) 빗금 부분은 한반도에서 관찰되지 않는 결층임(Ma : 백만년)

1.2.2 광물자원 분류

산업원료로 사용되는 광물자원은 광종의 물리적 특성과 사용 용도에 따라 **표1-10**과 같이 금속(metal)광물, 비금속(nonmetal)광물, 에너지(energy)광물로 분류한다.

동일한 광물이라도 경제적으로 사용하는 용도에 따라 금속광물과 비금속광물로 분류하기도 한다. 예로서 수산화알루미늄 광물이 모인 광석인 보크사이트(bauxite)는 알루미늄을 제련하기 위한 용도로 사용될 때에는 금속광물로 분류하고, 내화재 원료로 사용할 때에는 비금속광물로 분류한다.

표 1-10 광물자원의 분류

구분			유용 광물자원
금속광물	함철금속광물		• 철, 니켈, 크롬, 망간, 마그네슘, 텅스텐 등
	비철금속 광물	베이스메탈	• 구리, 납, 아연 등
		귀금속	• 금, 은, 백금 등
		희소금속	• 리튬, 코발트, 몰리브덴, 텅스텐 등
비금속광물	화학공업원료 요업원료 건축재료원료		• 형석, 활석, 인회석, 유황 등 • 고령토, 납석 등 • 석회석
에너지광물	화석에너지원료 핵에너지원료		• 석탄, 석유, 천연가스 • 우라늄, 토륨

국가가 특정한 광물의 수급 및 가격안정이나 전략적인 필요에 따라 광업권 설정 대상으로 지정한 광물을 법정광물이라 하며 광물의 품위, 광량·심도 등을 고려하여 광업권을 지정해주고 있다. 국내 법정광물은 광업법에 따라 국가로부터 허가를 받아야만 채굴·취득할 수 있다. 법정광물은 국가마다 다르며 그 시대의 과학의 발달과 경제적, 사회적 변천에 따라서 증감될 수 있다. 국내 법정광물은 **표1-11**과 같으며 금속광물, 비금속광물, 에너지광물로 분류할 수 있다.

각국에서는 광물 수급의 우선순위, 신산업의 기여도, 자원고갈 등을 고려하여 핵심광물(전략광물, critical minerals)을 선정·관리하고 있으며, 우리나라도 4차 산업혁명에 필수적인 코발트, 리튬, 텅스텐, 니켈, 망간 등을 핵심광물로 관리하고 있다. 첨단산업 등에 필요한 핵심광물 수요는 크게 증가할 것으로 예상되나, 이러한 핵심광물은 일부 국가에 집중되고 있으며 정부차원에서 통제하고 있는 실정이다.

표 1-11 우리나라의 법정광물

구분	광종별 법정광물
금속광물	• 금, 은, 동, 연, 아연, 백금, 주석, 창연, 안티몬, 수은, 철, 크롬철, 티탄철, 유화철, 망간, 니켈, 코발트, 텅스텐, 리튬, 카드뮴, 탄탈륨, 니오비움, 사금, 몰리브덴, 베릴륨, 지르코늄, 바나듐 및 희토류
비금속광물	• 유황, 석고, 납석, 활석, 석회석, 남정석, 홍주석, 형석, 하석, 명반석, 중정석, 규조토, 장석, 고령토, 사문석, 수정, 운모, 불석, 석회석, 연옥, 규사, 규석, 인, 붕소, 흑연, 마그네사이트, 보크사이트, 금강석
에너지광물	• 석탄, 석유, 우라늄, 토륨

주) 광업법 개정에 따라 변동 가능

(1) 금속광물

특정원소들이 일정 수준 이상으로 농집되어 있어 경제성을 갖는 암석을 광석(ore mineral)이라 한다. 일반적으로 금속광물은 암석이나 광석 내 특정원소의 함량에 따라 개발 여부가 결정되며 채굴된 광물자원은 선광·제련과정을 거쳐 금속원료 자원으로 사용한다(표 1-12).

금속광물은 자연금속이나 금속화합물(산화물 계통, 황화물 계통)로서 광석 중에 함유된 유용금속을 추출하는 것으로 제철, 제강용 원료로 사용되는 함철금속광물과 비철금속광물로 분류한다. 비철금속광물은 소비량의 다소나 용도의 차이에 따라 베이스메탈 (卑金屬, base metal), 귀금속(precious metal), 희소금속(희유금속, rare metal)으로 분류한다.

베이스메탈은 가열하면 쉽게 산화되고 이온화경향이 비교적 큰 금속으로 납, 아연, 주석, 코발트 등 일반적인 실용금속이 해당한다. 희소금속은 지각 내 부존량이 적거나 추출이 어렵지만 산업적으로 수요가 큰 금속자원이다. 각 나라별로 희소금속 분류가 다르나 우리나라의 경우 리튬, 몰리브덴, 텅스텐 등 약 35종이다. 희소금속은 철이나 베이스메탈에 희소금속을 첨가하면 특수한 성질을 지닌 합금이나 화합물을 만들 수 있는 특성으로 산업비타민이라 불리우며, 첨단산업과 신에너지산업에 폭넓게 이용되고 있다.

표 1-12 주요한 금속과 그들의 광석과 활용분야(문희수·최선규, 2001)

금속	광석광물	광상의 종류	금속 함유량(%)	활용분야
알루미늄(Al)	깁사이트(gibbsite, $Al(OH)_3$)	풍화잔류광상	Al; 34.7	• 합금, 경금속, 자동차, 비행기
안티몬(Sb)	스티브나이트(stibnite, Sb_2S_3) 테트라히드라이트(tetrahedrite, $Cu_{12}Sb_4S_{13}$)	열수광상	Sb; 71.7	• 주석관, 청동, 에나멜, 요업
크롬(Cr)	크롬철석(chromite, $(Fe, Mg)Cr_2O_4$)	정마그마광상	Cr; 46.4	• 합금, 도금, 내화벽돌, 염료
코발트(Co)	린나아이트(linnaeite, Co_3S_4)	열수광상	Co; 11-53	• 강철합금, 요업염료, 촉매제
구리(Cu)	칼코사이트(chalcocite, Cu_2S) 황동석(chalcopyrite, $CuFeS_2$) 반동석(bornite, Cu_5FeS_4)	열수광상	Cu; 79.9 34.7 63.3	• 합금, 전자공업
금(Au)	자연금(native gold, Au) 일렉트럼(electrum, AuAg)	열수 혹은 사광상	Au; 80-98 70-75	• 귀금속합금, 화학기구, 전자공업
철(Fe)	적철석(hematite, Fe_2O_3) 자철석(magnetite, Fe_3O_4) 능철석(siderite, $FeCO_3$)	퇴적광상 혹은 마그마성	Fe; 70 72.35 48.21	• 각종 기계공업, 합금
납(Pb)	방연석(galena, PbS)	열수광상	Pb; 86.6	• 축전지, 합금, 유리, 염료
몰리브덴(Mo)	휘수연석(molybdenite, MoS_2)	열수광상	Mo; 60	• 특수강, 필라멘트, 유리색소
니켈(Ni)	펜틀란다이트(pentlandite, $(Fe,Ni)_9S_8$)	마그마성	Ni; 10-40	• 특수강합금, 로켓, 원자로용
백금(Pt)	자연백금(native platinum, Pt)	마그마성	Pt; 다양함	• 촉매, 전자공업, 화학용구
은(Ag)	자연은(native silver, Ag) 휘은석(argentite, Ag_2S)	열수광상	Ag; 100 87	• 귀금속, 합금, 사진, 전기도금
토륨(Th)	모나자이트(monazite, $(Ce,La,Th)PO_4$)	사광상	Th; 2-24	• 원자로원료, 특수유리, 합금
주석(Sn)	석석(cassiterite, SnO_2)	열수광상	Sn; 78.7	• 주석판, 청동
티타늄(Ti)	금홍석(rutile, TiO_2)	사광상	Ti; 60.0	• 고압용기, 염료, 섬유공업
텅스텐(W)	흑중석(wolframite, $(Fe,Mn)WO_4$) 회중석(sheelite, $CaWO_4$)	열수광상	W; 60 63	• 특수강, 초경기계, 합금
우라늄(U)	유라니나이트(uraninite, UO_2)	열수광상	U; 83.3	• 원자로원료, 촉매, 색소
아연(Zn)	섬아연석(sphalerite, ZnS)	열수광상	Zn; 67	• 합금, 염료, 살충제, 의약품
수은(Hg)	진사(cinnabar, HgS)	열수광상	Hg; 86.2	• 전기공업, 촉매, 부식제

(2) 비금속광물

비금속광물은 금속광물과 같이 금속성분의 추출을 목적으로 하지 않고 광물이 가지고 있는 화학적·물리적 성질을 산업원료로 이용한다. 비금속광물은 용도에 따라 **표 1–13**과 같이 화학공업원료, 건축재료원료, 요업원료 등으로 분류할 수 있으며 국내외적으로 금속자원에 비하여 풍부하게 부존되어 있다. 건축재료원료로 사용되는 시멘트는 분쇄한 석회석을 점토질원료, 규석 등을 혼합하여 약 1,500℃까지 가열하여 제조한다. 석회석을 900℃ 이상으로 가열하면 열분해반응으로 생석회(CaO)가 만들어지며, 물을 첨가할 경우 수화반응에 의해 소석회($Ca(OH)_2$)가 형성된다.

표 1–13 주요 비금속광물의 용도

구분	대표적 광물	용도 및 국내 주요 산지
화학공업원료	형석 (fluorite)	• 불소의 원료광물로 용광로, 전기로의 용제 – 강원도 춘천, 충남 금산
	활석 (talc)	• 요업재료 및 제지, 농약, 화장품, 페인트 – 충북 중원(동양 활석*), 충남 공주(평안 활석*)
	인회석 (apatite)	• 인산비료 원료, 합성세제, 가축사료 제조 – 대부분 수입 의존
	중정석 (barite)	• 시추작업에서 이수의 비중 가중제 – 경기도 화성(삼보*)
	유황 (sulfur)	• 황산의 제조 원료로 탈수, 탈색, 정제 원료 – 대부분 수입 의존
건축재료원료	석회석 (limestone)	• 시멘트제조나 제철용으로 주로 사용 – 강원도 삼척, 정선, 충북 단양 등
요업원료	고령토 (kaolinite)	• 도자기/내화재 원료, 제지용 코팅제, 충전제 – 경남 하동, 경북 경주, 전남 해남, 강진 등
	납석 (pyrophyllite)	• 내화벽돌 제조나 요업재료 – 전남 완도, 경남 진해, 경북 경주 등

주) 괄호 안은 광산명으로 별표(*) 표기 광산은 폐광산

(3) 에너지광물

에너지광물은 석탄, 석유, 천연가스 등과 같은 화석에너지원료와 우라늄, 토륨 등과 같이 원자력발전에 사용되는 핵에너지원료, 기타 지열자원 등으로 분류할 수 있다.

화석에너지원료에 국한하여 소개하면 다음과 같다.

1) 석탄(coal)

세계적으로 가장 풍부하게 부존되어 있는 석탄은 고생대~신생대 제3기에 번성했던 식물 유해가 퇴적하여 생화학적 과정을 거쳐 지압과 지열 등에 의해 변화되어 생긴 가연성 탄질물이다. 식물이 변해서 석탄이 되기까지 박테리아 작용과 부분적인 산화작용에 의해서 진행되며 최초의 탄화물질은 토탄(peat)이다. 토탄은 그 위에 퇴적물이 쌓이면서 압력을 받아 수분과 휘발 성분이 제거되고 고정탄소 함량이 증가되면서 토탄(peat) → 갈탄(lignite) → 역청탄(bituminous) → 무연탄(anthracite)으로 변화된다.

석탄은 검은색 또는 검은 갈색을 띠며 탄소, 산소, 질소, 수소를 주성분으로 하고 가연성이 좋아 연료 또는 화학공업 재료로 널리 사용되고 있다. 세계적으로 가장 많이 매장되어 있는 역청탄은 화력발전 연료나 시멘트제조(크링커)용으로 주로 사용되며 제철용 코크스로 사용하고 있다. 석탄의 거래에는 탄질, 발열량, 점결성 등이 중요인자이며 일반적으로 좋은 탄질의 경우 발열량이 6,500~7,000kcal/kg 정도이다. 국내 석탄은 주로 무연탄 상태로 산출되어 가정용 연탄이나 발전용탄으로 사용하며, 연탄의 발열량은 4,400kcal/kg 정도이다.

외국의 석탄층은 대부분 수평탄층이거나 완만한 경사를 가지며 탄폭과 연장이 규칙적으로 분포한다. 국내 석탄층은 옥천지향사를 따라 분포하므로 심한 습곡 등의 지질작용에 의해 탄층이 복잡하고 탄폭이 불규칙하여 연속성이 부족하며 급경사 탄층을 이루는 것이 특징이다(표 1-14).

표 1-14 국내 석탄부존 지층의 특징(정선군, 2005)

지층	고생대 평안누층군	중생대 대동누층군	중생대 경상누층군	신생대 제3기
시기	약 3억 년 전	약 2억 년 전	약 1.5억 년 전	약 6천만 년 전
탄전명	삼척, 정선, 강릉, 문경, 호남	충남, 경기	–	북평, 경주, 영일
비고	식물화석 다수	식물화석 다수	발달이 빈약하여 경제성이 없음	토탄으로 개발가치가 없음

우리나라 석탄은 **그림 1-11**과 같이 탄량, 탄질이 경제적인 개발가치가 있고 탄층이 풍부하게 매장된 지역인 탄전(炭田, coal field)지역에 분포하고 있다. 남한의 주요 탄전은 삼척탄전, 정선탄전, 문경탄전, 호남탄전 등이며 정선탄전의 부존 면적이 가장 넓게 분포하고 매장량은 삼척탄전이 전체 가채 매장량의 약 40%를 차지하고 있다. 삼척탄전, 정선탄전은 고생대 평안누층군에 집중 분포하여 대규모로 개발되었다. 충남탄전은 중생대 대동누층군에 분포한 탄층을 개발하였으며 탄층발달 상태도 빈약하고 열량이 낮아 소규모로 가행되었다.

1. 강릉탄전
2. 정선탄전
3. 삼척탄전
4. 영월탄선
5. 단양탄전
6. 문경탄전
7. 보은탄전
8. 충남탄전
9. 전북탄전
10. 호남탄전
11. 경기탄전
12. 경주영일탄전
13. 부평탄전

신생대 제3기

중생대 대동누층군

고생대 평안누층군

그림 1-11 탄전 분포도

대표적 탄전지역인 삼척탄전의 일반적인 지질은 **표 1-15**와 같이 하부로부터 석탄기의 만항층, 금천층과 페름기의 장성층, 함백산층, 도사곡층, 고한리층이 분포하며 이러한 지층들은 단층에 의해 반복 또는 단절된다. 함탄층은 주로 장성층이며 장성층 하부에 존재하는 금천층에서도 일부 탄층이 존재하기도 한다. 장성층은 암회색 사암, 흑색 셰일 및 석탄층으로 이루어진 3~4매의 탄층으로 구성되는데, 일반적으로 상부로부터 두번째 탄층인 중탄층이 탄폭 및 연장성이 양호하여 주로 개발 대상이 된다.

경북 영일지역 일대의 신생대 제3기층에 갈탄이 일부 부존하나 경제성이 낮으며, 함경남북도 일원의 제3기층에 형성된 양질의 갈탄이 비교적 넓게 부존하는 것으로 보고되고 있다.

표 1-15 일반적인 삼척탄전의 지질 계통표

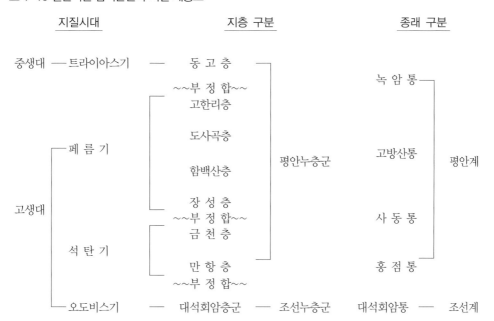

2) 석유(petroleum)

석유는 온도와 압력 조건에 따라 액체 또는 기체상태로 존재하는 자연 발생적 탄화수소 혼합물로서 지하에서 회수되는 석유자원은 원유와 천연가스이다. 석유의 생성조건은 유기물을 포함한 퇴적암이 널리 발달하여 큰 퇴적분지를 형성하여야 하며 석유가 모이기 쉬운 지층구조를 이루어야 한다. 석유부존을 위해서는 근원암(source rock), 저류암(reservoir rock), 덮개암(cap rock)과 같은 지질구조와 저류암내 탄화수소를 포획·저장하기 위한 트랩(trap)구조의 조건이 갖추어져야 한다(그림 1-12).

석유를 생성할 수 있는 근원암은 유기물을 다량 함유한 셰일이나 이암이다. 석유가 보존되기 위한 집유구조에는 암석 구성입자 사이에 공극이 있어 석유나 가스를 포함하는 다공질 투수성 암층(사암, 석회암)인 저류암과 저류암 위에 있는 치밀한 퇴적암(셰일, 이암)인 덮개암이 필요하다.

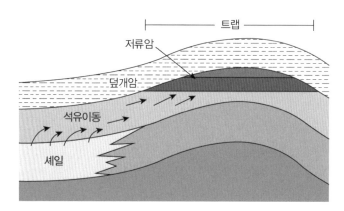

그림 1-12 근원암에서 퇴적암의 집적구조로의 석유 이동(강주명, 2009)

석유, 천연가스와 같은 전통에너지(conventional energy)는 일정 공간에 모여 있는 곳에 시추를 실시하여 회수하는 방식으로 특정 국가 등에 의한 과점적 성격이 강하다. 기존 전통에너지인 화석연료 채굴방법이 아닌 새로운 기술개발로 채굴되고 있는 자원을 비전통에너지(unconventional energy)라고 한다. 비전통에너지는 그림 1-13과 같이 비전통석유와 비전통가스로 분류하며 초중질유, 오일샌드, 셰일가스, 가스하이드레이트 등이다. 비전통에너지는 전통에너지에 비해 세계적으로 고르게 분포하고 부존량이 풍부하여 기술발전을 통한 경제성 확보 등을 통해 전통에너지원의 대체에너지로 활발하게 개발하고 있다.

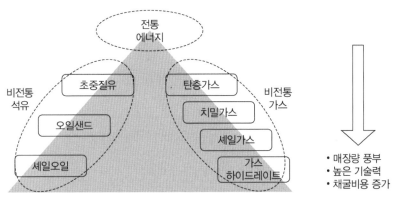

그림 1-13 비전통에너지의 분류(IEA, 2012)

비전통가스 중 셰일가스는 미세한 진흙 등이 퇴적하여 굳어진 셰일지층에 함유되어 있는 천연가스로 넓은 지역에 걸쳐 연속적인 형태로 분포되어 있으나 가스추출이 어렵다는 기술적 문제가 있다. 1990년대 후반 수압파쇄(hydraulic fracture)공법 개발과 수평정 시추기술이 발전함에 따라 최근 미국 등을 중심으로 활발하게 생산하고 있다(그림 1-14).

수압파쇄공법은 수직으로 뚫은 시추공에 물과 모래, 화학물질 등을 섞은 액체를 고압으로 주입하여 가스가 내재된 암석층에 균열을 일으켜 가스를 채취하는 기술이다. 수평정 시추는 수직방향으로 암석층을 굴착한 후 다시 수평으로 가스 저장층에 진입한 후 저장층과 수평을 유지하며 파이프를 연장하여 시추하는 기술이다. 각국에서는 수평정 시추와 다단계 수압파쇄를 기술적으로 결합시켜 넓게 펼쳐진 셰일층에서의 셰일가스 회수율을 높이고 있다.

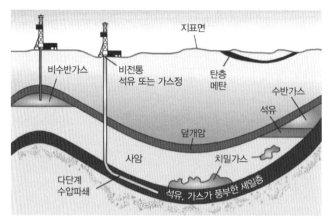

(a) 전통/비전통가스 부존 형태

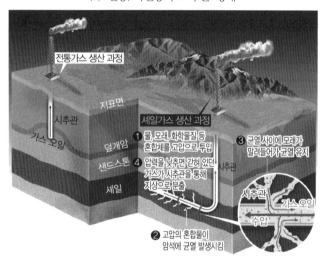

(b) 셰일가스 채굴기술

그림 1-14 전통/비전통가스의 부존 형태 및 셰일가스 채굴기술(나경원 외, 2013)

일반적으로 셰일가스의 효율적인 개발을 위해서는 많은 수의 수평정이 필요하며, 수평정에 수압파쇄공법을 적용하므로 많은 양의 용수가 요구된다. 이러한 셰일가스 생산과정에서 수압파쇄 시 사용하는 화학물질로 인한 수질오염, 다량의 용수사용으로 인한 수자원 고갈, 지진 발생원인 제공 등과 같은 문제 제기로 환경규제가 강화되고 있는 추세이다.

1.3 광산 분류 및 광산개발

1.3.1 광산 분류 및 광업권 등록

(1) 광산 분류

광업은 산업에 필요한 원료자원을 확보하고 원료를 공급하여 주는 국가기간산업으로 광업법에 광업은 광물의 탐사 및 채굴과 이에 따르는 선광·제련 또는 그 밖의 사업이라고 정의하고 있다.

광산(mine)은 지하 또는 지표의 광물장원을 개발하는 작업이 진행되는 장소로서 광산안전법에 광산을 광업을 경영하는 사업장이라고 정의하고 있다. 국내 광산은 광산안전법상 일반광산, 석탄광산, 석유광산으로 분류한다. 일반광산은 금속광산과 비금속광산으로, 석탄광산은 메탄가스 함유량 등에 따라 갑종탄광과 을종탄광으로 분류한다. 갑종탄광은 주요 배기갱도의 기류 중에서 메탄가스 함유율이 0.25% 이상, 채탄작업장의 기류 중에서 메탄가스 함유율이 1% 이상, 통기시설의 운전을 1시간 정지한 경우 통행갱도 또는 채탄작업장에서 메탄가스 함유율이 3% 이상, 갱내에서 메탄가스가 폭발하거나 연소한 사고가 있었던 경우 중 어느 하나에 해당하는 석탄광산이다.

우리나라는 작은 면적에 비해 약 300여 종의 다양한 광물자원이 전국적으로 분포되어 있으나, 외국에 비해 상대적으로 매장량이 적어 개발여건이 양호한 석회석 등 일부 비금속광물을 제외하고는 대부분 수입에 의존하고 있다. 국내 석탄광산은 삼척, 정선 등 주요 탄전지역에 분포하나, 금속광산은 다양한 소규모 광종이 전국적으로 산재되어 있다(그림 1-15).

남한에서는 약 5,600개의 광산이 존재하였으며 금속광산과 석탄광산은 채산성 악화 등으로 대부분 폐광하였고, 가행광산의 대부분은 석회석, 납석, 규석, 장석, 고령토 등을 생산하는 비금속광산이다. 약 2,200여 개의 금속광산은 1930년대 일제 강점기부터 개발되었고 해방 이후 재채굴 형식으로 개발되다가 1980년대 이후 대부분이 폐광되었다. 약 400여 개의 석탄광산은 1960년대 이후 개발되었으나 1980년대 연료사용 패턴 변화

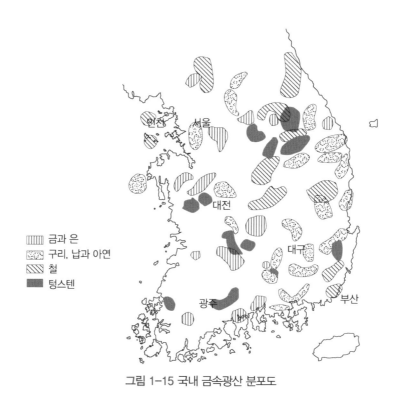

그림 1-15 국내 금속광산 분포도

등으로 소비가 급감함에 따라 1980년대 후반부터 실시된 정부 차원의 석탄산업합리화 조치로 대부분이 폐광되었다.

(2) 광업권 등록

광물자원에 대한 광업권리 부여는 각국의 광업법제도에 따라 토지소유자주의와 광업권주의로 분류할 수 있다. 영미 계통 국가에서는 광업권을 토지소유자에게 부여하며, 우리나라를 비롯한 일본, 독일, 프랑스, 캐나다 등 대륙계통 국가들은 광업권을 토지소유권과 분리시켜 별도로 광업권자에게 부여하는 광업권주의를 채택하고 있다.

자원의 합리적 개발을 위해서는 국가의 규제와 보호가 필요하므로 우리나라는 광업법을 제정하여 운용하고 있다. 광업법에 광물의 채굴·취득을 위해서는 국가로부터 채굴허가를 얻어야 하고 광업권 설정을 등록하도록 규정하고 있다.

1) 광구(鑛區, mining lot)

토지를 지번을 부여하여 구분하듯이 광업권에도 광업권을 행사하는 것이 인가되어 등록된 일정한 토지의 구역인 광구가 존재한다. 광구의 형태는 나라마다 모양을 달리하나 우리나라는 광업법에서 광구의 경계는 직선으로 정하고 1개 광구를 경도선 1분과 위도선 1분으로 둘러싸인 사변형의 구역으로 단위구역을 정하고 있다. 그림 1-16은 석탄광산 광구도의 예로서 광구 내 부존된 석탄을 채탄하였다.

광업지적의 단위구역은 경도 1분, 위도 1분 차가 있는 구역으로 분할하되 경도선에서 1분의 차로 15등분하고 위도선에서 1분의 차로 10등분하여 나누어진 150개 구역 중에서 광구번호를 부여한다(예 : 충주지적 41호). 광구의 면적은 최대면적은 300ha로 하고 최소면적으로 석탄·흑연(인상흑연은 제외) 및 석유(천연피치 및 가연성 천연가스 포함)는 30ha, 그 밖의 광물은 3ha로 하고 있다.

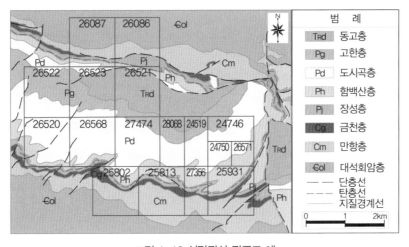

그림 1-16 석탄광산 광구도 예

2) 광업권

광업권은 등록을 한 일정한 광구에서 등록받은 광물과 이와 같은 광상에 부존하는 다른 광물을 채굴하고 취득하는 권리이다. 광업권은 허가와 등록에 의하여 설정되며, 권리변동은 광업원부에 등록함으로써 효력발생이 된다. 권리의 내용은 광물의 채취에

한정하고 토지를 사용할 권한은 포함하지 않으나 필요한 경우에는 수용, 사용의 권리가 인정된다. 광업권자와 계약에 의해 타인의 광구에서 광물을 탐사·채취·취득하는 권리를 조광권이라 하며, 광물은 조광권자의 소유가 된다.

우리나라는 그동안 탐사와 개발이 일원화되어 있던 광업권을 2010년 광업법 개정을 통해 탐사권과 채굴권으로 분리하였다. 탐사권은 광물을 탐사하는 권리로서 존속기간은 최대 7년이다. 광물을 채굴하고 취득하는 권리인 채굴권의 존속기간은 20년이며 연장이 가능하나, 연장할 때마다 그 연장기간은 20년을 넘을 수 없다.

해저광물자원 개발법에 따라 해저광물은 대한민국 대륙붕에 부존하는 천연자원 중 석유 및 천연가스 등을 말한다. 해저광구에서 해저광물을 탐사·채취 및 취득하는 권리인 해저광업권은 국가만이 가질 수 있다. 해저조광권은 설정행위에 의하여 국가소유의 해저광구에서 해저광물을 탐사·채취 및 취득하는 권리이며, 탐사권과 채취권이 있다. 탐사권의 존속기간은 10년, 채취권의 존속기간은 30년을 초과할 수 없으며 허가를 받아 채취권을 5년씩 두 차례만 연장할 수 있다.

3) 국내 광업권 등록 및 광산개발 절차

국내 광업권 등록 및 광산개발 절차는 그림 1-17과 같으며, 법정광물에 대해 광업권 등록을 받으려는 자는 주무부처장관에게 광업권설정 출원서를 제출하여 광업권을 취득해야 한다. 광업권을 취득했다고 바로 광물 생산작업을 할 수 있는 것이 아니라 광업권자는 채광을 개시하기 전에 광구 소재 관할 시·도지사로부터 채굴계획인가를 받아야 한다.

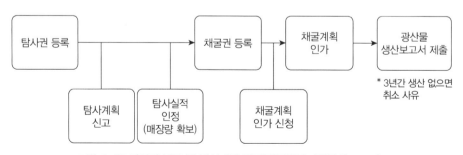

그림 1-17 광업권 등록 및 광산개발 절차(한국광물자원공사, 2012)

　　채굴계획은 광물을 생산하기 위한 구체적인 계획으로 광업법에 따라 채굴계획인가 신청서에 **표 1-16**의 항목을 포함한 채굴계획서와 측량실측도를 첨부하여 해당 지자체장에게 신청한다. 광산개발과 관련된 각종 관련법에 의한 검토를 거쳐 공익에 장애가 없다고 판단되어야 채굴계획인가를 받을 수 있다.

표 1-16 채굴계획서 내용

• 광산의 연혁 • 광산의 지질 및 광상 개요 • 광량 • 채굴방법과 계획 • 선광 및 제련방법과 계획 • 생산판매계획 및 수지예산 • 주요 시설계획 • 광산보안시설계획 　- 저광장 및 폐석적치장의 위치와 구조 　- 갱내수 및 폐수 등의 처리시설과 구조 　- 광산보안시설 및 장비확보 계획 　- 지반침하 또는 사면붕괴 등에 대한 광해방지를 위한 사전 대책 및 계획

1.3.2 광산개발

1) 광산의 개발과정

　　일반적으로 광산개발은 **그림 1-18**과 같이 시장조사 등 자료조사, 탐사, 사업타당성조사, 개발·건설, 생산, 폐광 복구의 단계로 수행된다. 광산개발은 부존 가능성이 있는 광상의 잠재적 가치에 대해 탐사하고 시추를 통해 매장량을 산출한 후 경제적 타당성조사에 의해 광상이 광산건설 및 광산운영 대비 충분한 경제적 가치가 확보된다고 판단될 경우에 개발한다. 광산개발 프로젝트는 조사부터 광산개발까지 10년 이상의 시간과 많은 비용이 소요되므로 개발 단계별 주요 수행내용 및 목표를 정하여 추진하여야 한다.

　　개발과정에서 광물가격이 하락하거나 예상하지 못한 환경문제로 개발이 보류 또는 취소되는 경우도 있다. 그러나 광물가격이 상승할 경우에는 중단되었던 프로젝트를 재추진하거나 추가 광상의 발견을 위해 인근지역에 대한 탐사로 개발이 확대될 수도 있다.

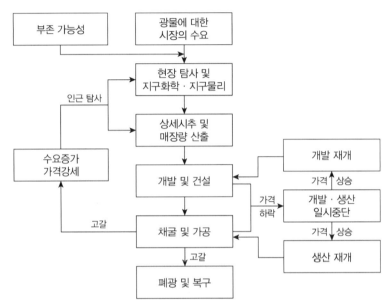

그림 1-18 광산의 개발과정(임용생, 2010)

2) 광산개발 주체

광산개발은 그림 1-19와 같이 프로젝트를 주도적으로 추진하는 광산회사와 개발 관련 인허가 등을 주관하는 정부, 지역사회, 금융기관 등이 상호 밀접한 관계를 맺고 개발을 추진한다. 개발추진 과정에 자문회사, 건설회사, 설비회사 등은 광산회사와 계약을 체결하여 개발에 참여하고 있다.

소형 광산회사들은 주로 탐사전문회사로 광상의 발견과 매장량조사 등을 통해 프로젝트의 가치를 향상시켜 투자를 유치하거나 탐사단계에서 광산의 건설 및 운영이 가능한 중대형 광산회사에 프로젝트를 매각하기도 한다. 2000년대 이후 대형 광산회사간의 인수·합병을 통해 호주의 BHP Billiton, 영국의 Rio Tinto 등과 같은 초대형 광업회사가 탄생하였으며 이로 인하여 금속광물의 상당 부분을 특정회사가 생산하는 과점체제가 구축되고 있는 상황이다.

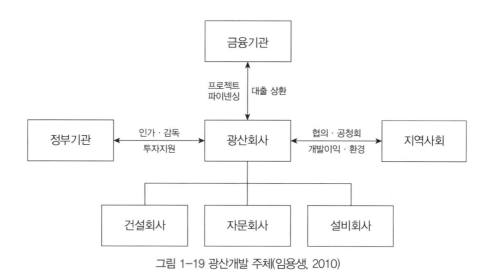

그림 1-19 광산개발 주체(임용생, 2010)

1.3.3 자원개발 및 복구 관련 적용 법규

각국에서는 부존자원의 효율적인 생산과 광산개발로 인한 피해방지 등을 위하여 자원개발 및 환경보호 관련 법규를 제정하여 관리하고 있다.

국내 자원개발 관련 법규로는 광업법, 광산안전법, 석탄산업법, 해저광물자원 개발법, 해외자원개발 사업법이 있고, 광산개발로 인한 환경피해인 광해 예방과 복구 관련 법규는 광산피해의 방지 및 복구에 관한 법률(이하 '광해방지법'이라 한다)이 있다. 정부에서는 체계적이고 효율적인 자원개발 및 광해복구 등을 위해 일정주기마다 기본계획을 수립하여 광업을 육성하고 광산개발에 의한 환경피해를 예방하고 있다.

국내 자원개발 및 광해복구를 위한 관련 법규의 제정 목적과 주요 내용은 표 1-17과 같다. 광산개발을 위해서는 광업권의 설정, 채굴계획의 인가 등의 광업활동에 필요한 각 단계별 허가절차를 받은 이후에 생산활동을 하며, 채산성 악화 등으로 폐광을 하면 채광지에 대한 복구를 실시한다. 일반적으로 광업활동은 자원개발 전주기적 특성을 갖고 있으며, 표 1-18과 같이 광업활동 단계별로 다양한 법률적 적용을 받는다.

표 1-17 국내 자원개발 및 복구 관련 법규

법규	목적	주요 내용
광업법 (1951년 제정)	• 광물자원을 합리적으로 개발함으로써 국가 산업이 발달할 수 있도록 하기 위하여 광업에 관한 기본 제도를 규정	• 광업권/조광권 등록 및 취소, 채굴계획의 인가 등
광산안전법 (구. 광산보안법) (1963년 제정)	• 광산근로자에 대한 위해와 광해를 방지함으로써 지하자원의 합리적인 개발을 도모	• 광산안전 관련 규정, 안전교육, 광산안전기술기준 등
해저광물자원 개발법 (1970년 제정)	• 한반도와 해안에 인접한 해역이나 대륙붕에 부존하는 해저광물을 합리적으로 개발함으로써 산업 발전에 이바지	• 해저광업권/해저조광권 등록 및 취소, 존속기간 등
해외자원개발 사업법 (구. 해외자원개발 촉진법) (1978년 제정)	• 해외자원개발을 추진하여 장기적이고 안정적으로 자원을 확보함으로써 국민경제의 발전과 대외경제협력의 증진에 기여	• 해외자원개발 사업계획의 신고 및 자금 조성, 투자회사 설립 등
석탄산업법 (1986년 제정)	• 석탄자원의 합리적 개발 및 석탄산업을 육성·발전시키고 석탄 및 석탄가공제품의 수급 안정과 원활한 유통 도모	• 석탄자원의 합리적 개발, 수급 조정, 석탄광업의 폐광 등
광산피해의 방지 및 복구에 관한 법률 (2005년 제정)	• 광산피해를 적정하게 관리함으로써 자연환경을 보호하고, 모든 국민이 쾌적한 환경에서 생활할 수 있도록 지원	• 광해방지사업 범위, 광해방지 사업금, 시설의 유지관리 등
한국광해광업공단법 (2021년 제정)	• 광물자원산업의 육성·지원과 광산피해의 관리로 전주기적인 광업지원 체계를 구축	• 한국광해광업공단 설립, 사업 범위 등

표 1-18 광업활동의 단계별 적용 법규

광업활동 단계	인허가 내용	관계 법규	소관부처
광업권 설정	광업권설정인가	광업법	산업통상자원부
채굴계획인가	채굴계획인가	광업법	산업통상자원부, 시·도지사
	산림훼손 인허가	산지관리법	산림청, 시·도지사
	토지형질변경 인허가	국토의 계획 및 이용에 관한 법률	시·도지사
채광, 파쇄	광산종업원 위해 방지	광산안전법	산업통상자원부
선광	폐수배출시설 설치 및 관리	광산안전법, 광해방지법, 수질환경보전법	산업통상자원부, 환경부
광물찌꺼기 처리	폐기물처리시설 설치 및 관리	광산안전법, 광해방지법 폐기물관리법	산업통상자원부, 환경부
	광물찌꺼기 집적 등으로 인한 광해방지	광산안전법, 광해방지법	산업통상자원부
휴·폐광	휴·폐광 시 광해방지조치 의무	광산안전법, 광해방지법	산업통상자원부
	훼손지역 원상복구 의무	광해방지법, 산지관리법	산업통상자원부, 산림청, 시·도지사
	폐기물처리 및 관리	광해방지법, 폐기물관리법	산업통상자원부, 환경부

CHAPTER 2

자원탐사

2 자원탐사

2.1 자원탐사 개요

자원탐사는 지구상에 부존되어 있는 경제성 있는 유용광물을 발견하는 조사단계로서 각종 탐사 등을 통하여 광체 존재와 발달 여부, 품위와 매장량 등 자원개발 관련 설계 기초자료 제공을 목적으로 실시한다. 지표에 노출되거나 지하 천부에 부존하는 유용광물은 경험적으로 쉽게 발견할 수 있으나 점차 고갈됨에 따라 지하 심부에 부존된 자원개발에 있어 필수적으로 탐사를 실시하고 있다.

최근 광물자원은 광체의 심부화와 저품위 광체가 일반화되고 있는 실정으로 광상 유형별 지질부존 특성과 광상 부존 모델에 따라 잠두광체의 배태 가능성을 확인하기 위해 유망 광화대를 대상으로 체계적인 탐사를 실시하는 것이 요구된다. 광물자원은 그림 2-1과 같이 대상 광종에 따라 품위, 매장량 규모에서 많은 차이를 보인다. 일반적으로 석탄 및 퇴적 철광상은 광체의 균질성과 연속성이 양호한 지질학적 배태 양상을 나타내나 비철금속 및 귀금속은 광체의 균질성과 연속성이 불량하므로 유용한 광체를 발견하기 위해 다양한 탐사기법을 적용할 필요가 있다.

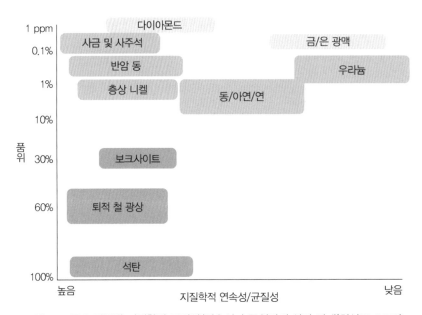

그림 2-1 주요 광종별 지질학적 균질성/연속성과 품위와의 상관 관계(최선규, 2013)

자원탐사 시 광상의 존재가 유망한 지역에 대해 항공탐사와 지구화학탐사 등 광역탐사를 실시하여 광상 존재 가능성이 높은 이상대(anomaly) 구간을 도출한다. 이상대 지역 일대에 지질광상조사와 지구물리탐사 등 정밀탐사를 실시하여 가장 유망성이 있다고 판단되는 곳에 시추탐사를 실시한다. 시추탐사로 광체의 규모와 형상을 확인하고 3차원 모델링 프로그램을 활용하여 광체의 품위와 매장량을 산정한다.

일반적인 자원탐사 흐름도는 그림 2-2와 같으며 좋은 탐사결과를 도출하기 위해서는 어느 하나의 탐사를 단독으로 수행하기보다는 지질조사와 지구화학탐사, 지구물리탐사를 병행하여 수행하는 것이 바람직하다.

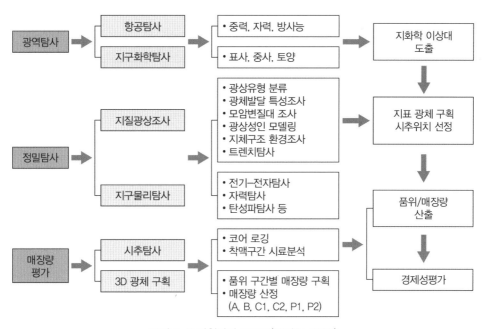

그림 2-2 자원탐사 흐름도(조성준, 2017)

자원탐사 방법은 대상 목표물에 따라 지구화학탐사, 지구물리탐사와 같은 간접탐사와 트렌치탐사, 시추탐사와 같은 직접탐사로 분류하며 탐사장소에 따라 육상탐사, 해상탐사, 항공탐사로 분류한다. 대부분의 광물탐사는 잠두광체가 탐사목표이므로 간접탐사와 직접탐사를 동시에 적용하고 있다.

2.2 지질조사

지질조사는 어떤 지역의 지질상태를 파악하기 위하여 암석의 종류와 분포, 지질구조, 광상의 산출상태 등을 조사하는 것이다. 지질조사는 조사장소에 따라 지표에서 실시하는 지표지질조사와 갱내에서 실시하는 갱내지질조사로 구분한다.

2.2.1 지표지질조사

지표지질조사는 조사지역의 지질을 파악하기 위해 암석과 광물, 지형 등을 조사하여 지질도를 작성하는 것으로 광역지질조사와 정밀지질조사를 실시한다. 조사지역에 대해 항공물리탐사 등의 원격탐사로 지층의 경계 및 거시적 지질구조를 파악하고 광역지질조사로 암석을 판별하며 광물과 관련성이 있는 모암 및 변질대 분포와 습곡, 단층, 선구조 등 지실구소 요소를 파악한다. 이러한 자료들을 종합하여 지형도상에 암석이나 지층의 분포를 나타낸다.

지표지질조사 시 필요한 용품으로는 조사지역 지형도, 야장(field note), 지질조사용 망치, 클리노미터, 확대경(loupe), 사진기 및 휴대용 GPS, 조흔판, 묽은 염산 용액 등이 있다. 광역지질조사를 통해 유용광물이 농집된 광화대 및 인근 지역에 대해 정밀지질조사를 실시하여 광체발달 규모, 변질대를 자세하게 스케치하고 암석시료를 채취한다.

(a) 지층의 주향, 경사 측정	(b) 습곡구조 측정

그림 2-3 지표지질조사(대한석탄공사, 2001; 한국지질자원연구원, 2005)

(1) 지표지질조사의 대상

광상을 조사할 때 조사지역의 지질, 지형의 조사나 광상 존재의 징후가 되는 지표의 색, 광천(mineral spring), 가스의 분출, 특수식물의 번식상태, 과거 갱도나 폐석·광물찌꺼기, 지명이나 지방의 전설 등 모든 사항들이 조사대상으로 포함될 수 있다. 지표지질조사는 광상의 일부가 지표에 노출되어 있는 부분인 노두(outcrop)를 대상으로 주로 실시한다. 노두 발달이 미약한 경우는 노두 부근에 광상의 노두가 풍화작용을 받아 파쇄 분리된 전석(drift ore)이나 풍화토를 대상으로 실시한다.

노두는 광종에 따른 그 자체의 특수성이나 풍화작용 등에 의해 발견이 용이한 비교되는 특징을 가지고 있다. 이러한 특징을 발견하기 위해 광종에 따라 지표상에 나타나는 독특한 착색현상, 광천, 가스 및 냄새, 적설 상태의 차이, 특수식물의 번식상태 등을 조사한다. 석영맥의 노두는 광채있는 회백색을 띠며 황철석이 존재하는 하천의 암석은 갈색을 띠는 착색현상이 나타나고, 인산광물의 노두는 물과 반응하여 야간에 빛을 발하는 광염현상이 나타난다. 산화성 노두가 존재하면 산화 시 발생하는 열로 인해 눈이 쌓이지 않고 녹아버리기 때문에 겨울철 탐사 시 특징이 될 수 있다. 또한 황철석을 수반한 대규모 구리광상의 경우 최상부 풍화대에서는 황산염류가 유출되고 수산화철이 적갈색을 띠는 철산화물의 농집대인 곳산(gossan)이 형성되며 그 하부에 변질되지 않은 황화광체가 부존하므로 노두조사 시 중요한 지표라 할 수 있다.

(2) 노두조사

광상의 노두가 발견되면 그 위치를 지형도에 표시하고 지층의 분포와 지질구조 등을 파악하기 위해 노두의 주향과 경사를 측정하며, 광체 중심부로부터 외곽으로 이동하면서 시료를 채취한다. 시료채취는 광체의 분포, 맥폭, 평균품위 등을 조사하기 위한 작업이므로 전체 광상을 대표할 수 있는 시료를 채취하여야 한다.

노두조사 결과 등 광상과 관련되는 광물, 암석의 특징 등을 관찰하여 표 2–1과 같은 양식의 지질조사 야장에 기록한다. 노두가 퇴적암인 경우 층리면을, 편암 등과 같은 변성암인 경우 편리면의 주향경사를 측정한다. 노두에서 단층이나 부정합 또는 관입관계가 보이는 경우에는 경계면의 주향경사와 단층면과 부정합 상태 등을 관찰하여 기록한다.

표 2-1 지질조사 야장 샘플

지질조사 목록					
시료번호			날짜		
암석명			작성자		
사진번호			소속		
화성암					
색	무색, 암회색, 암적색, 연녹색			비고	
입도	세립(mm), 중립(mm), 조립(mm)				
산출상태	저반, 암주, 암맥, 실				
주 광물	석영, 정장석, 사장석, 흑운모, 백운모, 각섬석, 휘석, 감람석				
부수광물	자철석, 방해석, 인회석, 녹니석, 견운모				
변성암					
색	무색, 암회색, 암적색, 연녹색			비고	
입도	세립(mm), 중립(mm), 조립(mm)				
주 광물	석영, 정장석, 사장석, 흑운모, 백운모, 각섬석, 휘석, 감람석				
변성광물	석류석, 규선석, 각섬석류, 남정석, 십자석				
변성구조	엽리, 편리, 반정				
변성도	고, 중, 저				
지질구조	단층, 습곡, 절리, 파쇄대				
측정요소	주향/경사				
퇴적암					
색	무색, 암회색, 암적색, 연녹색			비고	
입도	세립(mm), 중립(mm), 조립(mm)				
주 광물	석영, 정장석, 사장석, 흑운모, 백운모, 각섬석, 휘석, 감람석				
퇴적구조	층리, 사층리, 습곡, 단층, 파쇄대				
변성구조	엽리, 편리, 반정				
변성도	고, 중, 저				
지질구조	단층, 습곡, 절리, 파쇄대				
측정요소	주향/경사				

1) 주향(strike), 경사(dip) 측정

일반적으로 화성암과 일부 변성암은 방향성이 없고 불규칙하나, 층리가 잘 나타나는 퇴적암과 편리의 발달이 양호한 변성암은 연장 방향을 짐작할 수 있다. 이러한 방향을 제시하기 위하여 주향과 경사를 사용한다. 주향과 경사를 측정하여 지층과 편리는 물론 습곡, 단층, 절리와 같은 지질구조를 파악할 수 있다.

주향과 경사는 클리노미터(clinometer), 브런턴컴퍼스(brunton compass), 클리노컴퍼스(clinocompass)를 이용하여 측정한다(그림 2-4). 주향은 지층면이 수평면과 만나서 이루는 교선의 방향을 진북을 기준으로 측정한 각이며, 경사는 주향에 직각으로 경사진 방향과 지층면이 수평면과 이루는 각이다. 클리노미터의 나침판이 가리키는 방향이 주향으로 나침판과 달리 클리노미터에서 E와 W가 바뀌어 표시된 이유는 주향선의 방향을 클리노미터에서 직접 읽어 알도록 하기 위함이다. 즉 주향방향은 클리노미터의 눈금판에서 NS를 잇는 선이 가리키는 방향과 일치하지만 우리가 눈금을 읽을 때는 자침이 가리키는 방향을 읽기 때문이다.

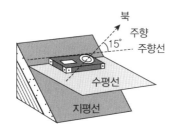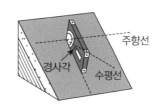

그림 2-4 주향과 경사 측정

표2-2는 측정된 주향과 경사를 지도상에 표시한 예로서 긴 선은 주향, 짧은 선은 경사이다. 주향은 북을 기준으로 해서 동 또는 서로 그 방향을 나타내며 90°를 넘지 않는다. 지층면과 수평면의 교선이 북쪽에서 45° 동쪽으로 기울어져 있으면 주향은 N45°E(N45E)로, 경사각이 35°이고 남동쪽으로 경사지면 경사는 35°SE(35SE)로 표기한다. 또한 공학적 목적으로 불연속면의 방향성을 측정하는 경사방향(dip direction)은 주향에서 시계방향으로 90° 더하여 북방향(N)과 이루는 각이며, 경사방향/경사(3자리 숫자/2자리 숫자) 방법으로 표기한다. 여기에서 경사는 그 면의 진경사를 의미하므로 주향측정 값 N45E와 경사측정 값 35SE를 경사방향과 경사로 표시하면 135/35이다.

주향, 경사는 자북 기준으로 측정하며 지형도는 진북 기준으로 작성하므로 주향과 경사를 지형도상에 표기할 때에는 진북과 자북이 이루는 각인 편각(declination)을 보정하여야 한다. 예를 들어 서울에서 측정한 주향값이 N40E이라면 서울지역의 편각이 6.5°W이므로 편각을 보정하면 N33.5E이다.

표 2-2 주향과 경사 표시 방법

부호	주향	경사	경사방향과 경사
⟋35	N45E	35SE	135/35
60⟍	N50W	60SW	220/60
40	EW	40S	180/40
60 ⊣	NS	60W	270/60
⊕	수평	0	000/00
90	EW	수직	000/90

문제 다음 그림으로부터 주향, 경사, 경사방향과 경사를 표기하시오.

풀이 ① 주향 : N30°E(또는 N30E)

② 경사 : 40°SE(또는 40SE)

③ 경사방향과 경사 : 120/40

문제 절리의 주향과 경사가 각각 N50°E, 30° SE인 경우, 경사방향과 경사는?

풀이 경사 = 30°

경사방향 = 90° + 50° = 140°

∴ 경사방향/경사 = 140/30

2) 노두의 진맥 폭

노두가 지표에서 측정된 맥폭은 수직광맥일 때를 제외하고는 진맥 폭이 될 수 없으므로 클리노미터로 노두의 경사각을 측정하여 다음 식에 의해 노두의 진맥 폭을 산출한다.

$$W_t = W_a \cdot \sin\theta$$

여기서, W_t : 진맥 폭(m)

W_a : 노두에서 측정된 맥폭(m)

θ : 광층의 경사각(°)

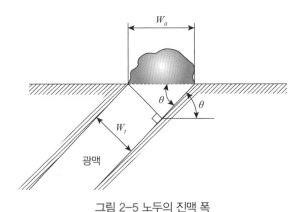

그림 2-5 노두의 진맥 폭

문제 발견된 노두에서 측정된 맥폭이 1.2m이고 클리노미터로 측정한 광층의 경사각이 30°라면 이 광맥의 진맥 폭은?

풀이 $W_t = W_a \cdot \sin\theta = 1.2 \times \sin30° = 1.2 \times 0.5 = 0.6\text{m}$

3) 노두선 작도 및 노두선으로부터 주향, 경사의 결정

지형도는 등고선에 의해 땅의 높낮이와 지형의 변화를 알 수 있게 나타낸 것으로 지형도상의 거리와 실제거리의 축소비율인 축척을 사용하여 표기한다. 1 : 5,000 지형도에서 거리가 10cm일 때 실제거리는 $10 \times 5,000 = 50,000\text{cm} = 500\text{m}$이다. 지형도상에 암석의 종류와 분포에 대해 기록한 지도를 지질도라 하며, 동일한 암석끼리 연결하고 다른 암석과는 경계선을 그어 지형도상에 표시한다.

발견 노두의 분포를 지형도상에 도면화하기 위해서는 작도에 의한 방법으로 수평투영하여 지형도상에 발견 노두의 분포선인 노두선 또는 지층경계선을 작도법으로 표시할 수 있다.

<div>+ + + + + +</div>	화강암	▦	석회암	50⟋30	지층의 주향, 경사	60⟋40	엽리의 주향, 경사	⊠	갱정
v v v	화산암	☰	셰일	⊕ +	수평 지층	30⟋40	절리의 주향, 경사	⊣	갱도
/ /	암맥	⠿	사암	—┼—	수직 지층	30⟋40	단층의 주향, 경사	⤬	사갱
+~+~+	편마암	◦◦	역암	↗⟍	배사	⟋↘	향사	⬭	채굴적

그림 2–6 지질도 기호 및 표기

발견 노두를 지형도에 나타내는 노두선(지층경계선) 작도는 **그림 2–7 (a)**와 같이 노두 발견지점의 주향과 경사를 표시하고 동일 표고의 지형등고선과 지층등고선이 만나는 점을 연결하면 발견 노두의 분포선이며, 노두와 모암과의 지층경계선이다. 지형도에 표시된 노두선으로부터 주향과 경사는 **그림 2–7 (b), (c)**와 같은 방법으로 작도에 의해 구할 수 있다. (b)와 같이 노두선이 동일등고선과 2점(A, B)에서 만날 때 2점을 연결하면 주향선이다. (c)와 같이 차례로 연속된 등고선상에 동일노두선과 3점(A, B, C)에서 만날 때는 A와 C를 연결하고 그 중간점(D)을 구한 후 가운데 교점(B)과 중간점(D)을 연결하면 이선이 주향이다.

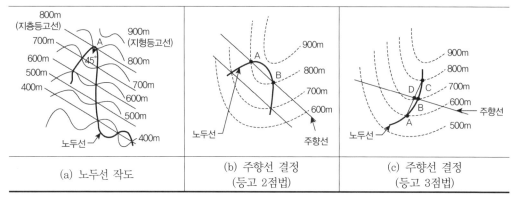

(a) 노두선 작도	(b) 주향선 결정 (등고 2점법)	(c) 주향선 결정 (등고 3점법)

그림 2–7 주향과 경사 측정 방법 및 표시 방법

문제 등고선상에 노두가 다음 그림과 같이 있을 경우 주향과 경사를 각각 구하시오.
(단, 두 주향선 간의 수평거리는 400m이다.)

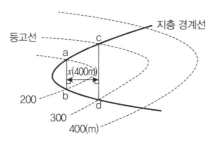

풀이 주향은 선 $\overline{ab}$와 $\overline{cd}$이고 경사각은 α일 때, 주어진 등고선 간격(h)과 주향선 간격
(x)을 이용하여 경사는 다음과 같이 구할 수 있다.

$$\tan\alpha = \frac{h}{x} = \frac{100}{400} = 0.25\,(\mathrm{m})$$

$\alpha \fallingdotseq 14°$

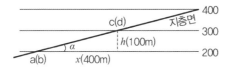

(3) 지표지질조사 수행

지표지질조사는 일반적으로 **그림 2-8 (a)**와 같이 단계별로 수행한다. 지질도와 지질
단면도 자료는 조사구역 일대의 지질분포와 광상의 발달양상을 파악할 수 있으므로
향후 광산평가 작업 시 기초자료로 활용한다.

지질조사 측선에 따라 노두를 스케치하고 노두에서 관찰된 암석 종류, 습곡 및 단층
등의 지질구조, 층서 등의 지질정보를 측정·촬영하고 노두위치에서의 지질특성을 지형
도에 기재하며 일정구간에 대한 주요한 지질특성이 연속되는 경우 노선지질도를 작성
한다. 또한 조사에서 얻은 여러 노선지질도를 종합하여 암종별 분포대, 지질구조 측정자
료 등을 지형도상에 표기하여 지질도를 작성한다. 광체를 중심으로 지질도에 도시된
암석 및 지층의 분포와 지질구조, 광체에 대한 심부의 발달상태 등을 표기한 지질단면도
(cross section)를 작성한다.

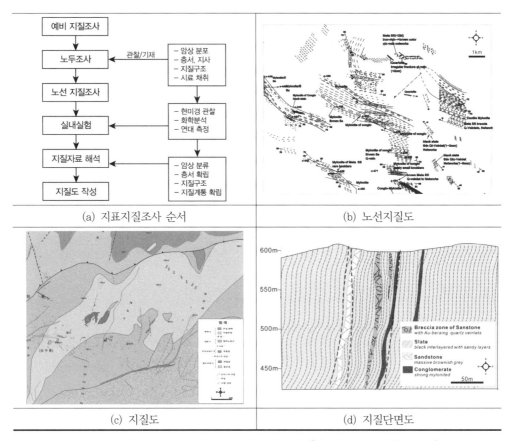

(a) 지표지질조사 순서   (b) 노선지질도

(c) 지질도   (d) 지질단면도

그림 2-8 지표지질조사 단계별 수행 및 지질도 작성(한국직업능력개발원, 2016)

일반적으로 지질도에 사용되는 암층서 단위는 퇴적암은 층(formation)을 사용하고, 화성암과 변성암은 암석명을 사용한다. 지질도로 암석의 종류, 주향, 경사 등을 파악할 수 있으며, 지질평면도의 수직구조가 잘 나타나게 하려면 주향 방향에 수직으로 단면도를 작성하여야 한다.

지질도와 현장지질조사 자료를 이용하여 지질단면도의 작성 예시는 **그림 2-9**와 같으며 작성방법을 개략 설명하면 다음과 같다. 지질도에 표기된 모든 지층의 경계선, 단층, 습곡, 주향과 경사 등의 지질정보가 포함되도록 지질도의 수직 방향으로 지질단면선(X-Y)을 선정한다. 이 지질단면선에 등고선의 교점을 잡아 아래의 수직단면에 고도별로 투영하여 표시하고 교점들을 연결하여 지표단면선을 작도한다. 지질단면선에 걸치는 암층 경계선의 교점을 수직면에 고도별로 투영하여 암층의 경계선을 표기한다. 이와 같은 방법으로 지질도에 표기된 지층, 지질구조선, 광체구간, 시추공 자료 등의 각종 유용한 자료들을 수직단면에 투영하여 광체단면도를 작성할 수 있다.

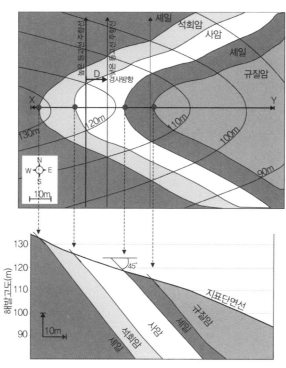

그림 2-9 지질단면도 작성

　　지질조사 결과로 획득한 지층의 층서, 구성 암석, 두께 등을 식별이 용이하게 지질주 상도를 작성할 수 있다(그림 2-10). 지질주상도는 어떤 지역에 분포하는 지층을 조사하 여 쌓인 순서에 따라 지층의 층서와 두께, 암석의 종류 등을 여러 가지 기호와 색으로 표시한 그래프이다. 조사지역 전체의 층서를 나타낸 것을 종합주상도라고 하며 각 지층의 시대와 암질의 특성, 지형의 접촉면 위치 등을 나타낸다.

　　여러 개소의 노두주상도를 작성하여 동일한 기준면 또는 부정합면을 서로 대비하여 직선으로 연결한 종합주상도를 지질도에 첨부하면 지층의 구분, 지층 간의 관계, 광상 상태 등의 유용한 정보를 개략적으로 파악할 수 있다.

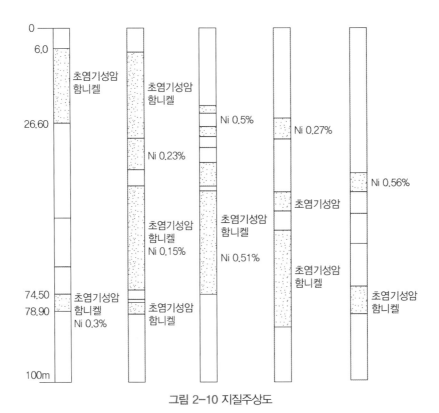

그림 2–10 지질주상도

2.2.2 갱내지질조사

갱내지질조사는 광물자원을 발견할 목적으로 개설된 탐광갱도에서 이미 작성된 갱내도를 이용하여 갱도 벽면에서 관찰되는 갱내의 광체를 효과적으로 탐사하고 지질구조의 지하 발달양상을 파악하기 위해 실시한다. 조사 시 지질상태, 광맥, 광물의 종류 등을 조사하고 광석의 품위를 확인하기 위하여 일정 간격으로 갱도면을 쪼아 홈을 파서 이때 생기는 광편 시료를 채취한다(그림 2–11). 시료채취 위치와 광체 두께 등을 측정하여 야장에 기입하고 광편을 실내분석하여 광상을 조사한다.

갱내지질조사는 지표지질조사와 유사한 방법으로 그림 2–12 (a)와 같이 단계별로 수행한다. 개설된 갱도를 대상으로 측량한 갱내실측도를 기본으로 갱내의 암상, 광체, 지질구조 등 지질·광상 자료를 도면에 기록한 갱내지질도를 작성한다. 또한 광체의 발달양상 등을 예측하기 위해 갱내지질도에서 광체를 중심으로 임의 단면 수직면에 지하

지질정보를 투영한 갱내 지질단면도를 작성한다. 지표지질도와 갱내지질도에서 표기된 지층 및 관입암의 경계선, 지질구조선, 광체구간 등을 연결하여 광체단면도를 작성할 수 있다.

그림 2-11 갱내지질조사

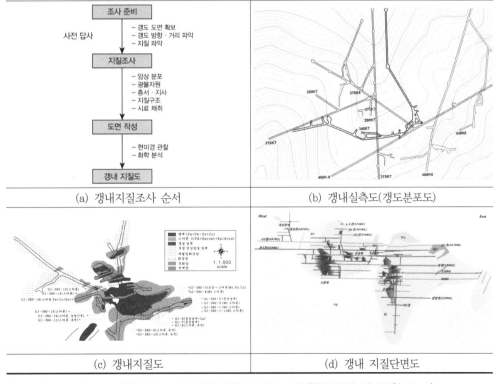

그림 2-12 갱내지질조사 단계별 수행 및 지질도 작성(한국직업능력개발원, 2016)

2.3 지구화학탐사

지구화학탐사(geochemical exploration)는 광상의 성인과 광상을 둘러싸고 있는 암석, 토양, 퇴적물, 식물 등에 함유되어 있는 원소들의 분포를 조사·분석하여 광화작용과 관련있는 지구화학적 이상분포를 발견하는 것을 목적으로 실시한다.

광범위한 미탐사지역이나 노두발달이 희박한 지역에서 적용되는 방법으로 특정광물과 공생하는 지시원소(pathfinder element)를 이용하여 지하에 분포하는 광상을 유추할 수 있다. 일반적으로 동, 아연, 니켈, 몰리브덴 등과 같은 황화광물의 탐사에 유용한 방법이며 우라늄, 텅스텐, 주석, 금, 은 등의 탐사에 적용하고 있다.

2.3.1 지구화학탐사 기초원리

지구화학은 지각에 분포되어 있는 원소들의 함량을 측정하고 이 원소들의 분포와 이동을 지배하는 요인을 분석한다. 지구화학탐사는 광상과 관련 있는 원소의 지구화학적 환경과 분산, 지시원소, 원소들의 분포모양 등을 탐사하여 분석한다.

(1) 원소의 분류

노르웨이의 Goldschmidt는 원소의 제1차적인 분포는 지구가 형성될 당시 또는 형성 직후에 이루어진다는 가정하에 원소의 종류를 지구화학적으로 친철원소, 친동원소(친황원소), 친석원소, 친기원소의 4개 종류로 분류하였다(표 2–3). 지구의 핵에 집중되어 있고 철에 대한 친화력을 가지는 친석원소는 대부분 귀금속이며, 황에 대한 친화력을 갖는 친동원소는 황화광물 화합물을 형성하고 상업적으로 중요한 금속들이다. 산소와 쉽게 결합되어 규산염광물과 함께 나타나는 친석원소는 주로 지각에 농집되어 있다.

지각 내 분포하는 원소에는 Al, Ca, Fe, Mg, Na, O, Si 등과 같이 함량이 1% 이상인 주성분원소(major element)와 Mn, Ti 등과 같이 함량이 $0.1 \sim 1\%$인 부성분원소(minor element)와 Cu, Mo, Pb, W, Zn 등과 같이 함량이 0.1%인 미량원소(trace element)가 있다. 지구화학탐사에서는 유가금속이 함유되어 있는 미량원소의 분포가 탐사 대상이다.

표 2-3 Goldschmidt의 지구화학적 원소 분류

원소 분류	원소 특징	대표적 원소
친철원소 (siderophile element)	• 철과 친화력이 높고 산소와 친화성이 낮은 원소로서 지구의 핵에 주로 농집	• 니켈, 백금
친동원소 (chalcophile element)	• 황과 친화력이 높은 원소로서 주로 황화광물에 농집	• 구리, 아연, 납, 비소
친석원소 (lithophile element)	• 규산염과 친화력이 높은 원소로서 주로 지각에 농집	• 리튬, 바나듐, 불소, 염소, 루비듐
친기원소 (atmophile element)	• 대기 중에 가스로 존재하는 원소	• 수소, 질소, 헬륨, 라돈

지구화학적 환경에 따른 원소들의 분포와 재분포 과정인 원소의 분산이 일어나는 환경은 1차환경(심부환경)과 2차환경(지표환경)으로 분류된다. 화성활동이나 변성작용이 일어나는 지하심부의 환경인 1차환경은 온도와 압력이 높고 산소의 함량이 적으며 유체의 이동이 제한적이다. 2차환경은 지하수면 상부의 지표부근 환경으로 풍화·퇴적작용, 토양형성 작용이 발생하는 환경이다. 1차환경과 2차환경에서 일어나는 원소의 분산을 1차분산, 2차분산이라 한다.

(2) 지시원소와 지구화학적 수반 관계

지구화학탐사에서 광체를 발견하기 위하여 채취된 시료에서 분석대상이 되는 탐사의 지침이 되는 원소를 지시원소라 한다. 지시원소는 탐사하는 광체 중에서 경제적으로 유용한 광물의 원소를 선택하는 것이 바람직하나, 유용한 광물의 원소가 화학분석하기 곤란하고 이동도가 거의 없어 해석하기 곤란한 경우에도 지시원소를 사용한다.

광상의 종류에 따른 지시원소는 표 2-4와 같다. 지시원소는 광체의 주요원소와 지구화학적으로 수반 관계가 있는 원소이므로 금 광상은 비소(As)를, 우라늄 광상에서는 라돈(Rn)을 지시원소로 사용한다. 지구화학탐사에서 지시원소는 화학분석이 용이하고 분석비가 저렴하며 지구화학적 환경에서 이동도가 크고 탐사 대상 광체와 지질학적 및 지구화학적으로 관련성이 있는 원소이어야 한다.

표 2-4 광상의 종류와 지시원소의 관계

지시원소	광상 종류	지시원소	광상 종류
As	Au-Ag 광상	Rn	U 광상
B	Sn-W-Be-Mo 광상	Zn	Ag-Pb-Zn 광상
Hg	Pb-Zn-Ag 광상	Zn, Cu	Cu-Pb-Zn 광상
Mo	반암동광상	SO_4	모든 황화물광상

지구화학탐사는 광체 주변에서 광화작용과 관련 있는 원소의 분포가 자연물질에 존재하는 원소의 분포보다 비정상적으로 높게 형성되어 있는 지구화학적 이상을 조사하는 것이다. 이러한 지구화학적 이상은 광역적 또는 국지적으로 나타나며 광화작용에 의한 이상값의 모양은 **그림 2-13**과 같다. 광역적으로 나타나는 이상값은 그 원소의 광역적인 배경값의 최대 상한값보다 높은 이상값이다. 국지적인 이상값은 광화작용과 관련하여 원소가 분산된 결과로서 국지적인 배경값의 최대 상한값보다 높은 이상값이다.

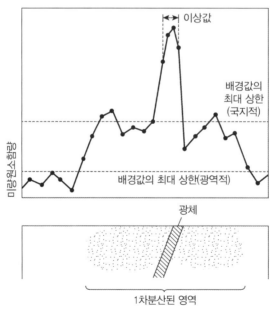

그림 2-13 광화작용에 의한 광역 이상값과 국지 이상값의 비교

2.3.2 지구화학탐사 수행 및 분석

지구화학탐사는 일반적으로 시료채취, 시료의 화학분석, 분석자료의 처리 및 해석, 해석 자료의 도면작성 단계로 진행한다.

(1) 시료채취 및 분석

지구화학탐사를 위한 암석, 토양, 자연수(하천수), 퇴적물, 식물 등의 시료채취 시에는 지표 지질환경을 대표하는 시료를 선정하는 작업이 중요하다. 일반적으로 원래의 암석조성을 가장 잘 나타내는 토양시료를 채취하며, 토양단면 중 금속광물로부터 용탈된 성분이 농집되고 산화철과 점토광물로 구성되어 있는 B층(무기물 집적층)에서 채취한다. 토양시료는 광체의 주향을 가로지르는 방향을 시료채취선으로 하여 일정간격으로 토양을 채취하여 채취지점을 그림 2-14와 같이 도면에 표기한다.

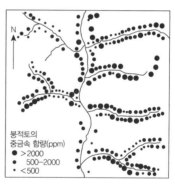

그림 2-14 지구화학탐사의 토양 채취지점 표기 예

야외에서 채취한 시료는 시료 종류별로 표 2-5와 같이 건조, 파쇄, 분쇄, 체질 등의 전처리를 하고 분해과정을 거쳐 분석을 실시한다. 일반적으로 암석시료는 파분쇄 후 체질을 하여 200mesh 이하로, 토양이나 하상퇴적물 시료는 시료를 건조 후 체질한 토양을 미분쇄기를 이용하여 80mesh 이하로 한다. 여기에서 메쉬(mesh)는 입도측정에 쓰이는 체의 구멍으로 1평방인치($25.4mm^2$)당 구멍의 수로 표시한다. 예를 들어 200메쉬라고

하면 $25.4mm^2$ 내에 뚫려 있는 200개의 구멍을 통과한 굵기를 의미한다.

표 2-5 시료 종류별 전처리, 분해, 분석과정(한국직업능력개발원, 2016)

	전처리	⇨	분해	⇨	분석
암석	건조→파쇄→(특정광물 분리)→분쇄→체가름		완전분해		AAS, ICP
					XRF
토양/퇴적물	건조→입단파쇄→체가름→(유기물 제거)		부분분해		AAS, ICP
					XRF
물	현장 여과→양이온 산 첨가				비색법, AAS, ICP, IC
식물	건조→파쇄→(회화)		완전분해		AAS/ICP
					XRF

(2) 지구화학도 작성

분석자료의 해석은 시료채취 위치에 화학분석 자료를 표기하여 이상값이 같거나 그 이상 되는 곳을 연결하는 지구화학도를 작성하는 방법을 주로 사용한다. 지구화학도가 작성되면 광체부존과 관련된 지역에서 지시원소의 함량이 높은 지점을 연결한 등함량곡선이 작성되어 원소의 함량이 낮은 지역을 분리할 수 있다(그림 2-15 (a)). 그림 2-15 (b)는 사문암과 셰일의 경계에 분포하는 산화 노두광체에 대한 시료채취 지점별로 Cu에 대한 화학분석 자료를 등함량곡선에 표시한 사례이다.

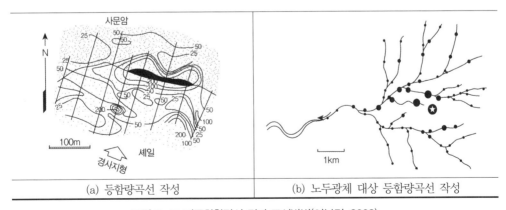

(a) 등함량곡선 작성	(b) 노두광체 대상 등함량곡선 작성

그림 2-15 지구화학탐사 결과 표시방법(이부경, 2003)

광역적인 지구화학적 이상대를 선정할 목적으로 작성되는 지구화학도에 지형도, 지질
도, 지구물리탐사자료 등을 조합하고 GIS를 이용하면 효과적인 탐사자료를 획득할 수
있다. 작성된 지구화학도로부터 자연배경값의 상한인 최저이상값을 기준으로 최저이상
값 기준보다 원소함량이 많게 분류된 영역이 지구화학적 이상대를 나타낸다. 기반암 종류
와 지질단위별로 자연배경값을 파악하고 GIS 프로그램에 최저이상값 기준을 적용하여
작성된 전산 지구화학도로부터 지구화학적 이상대의 원소 함량을 평가한다(그림 2–16).

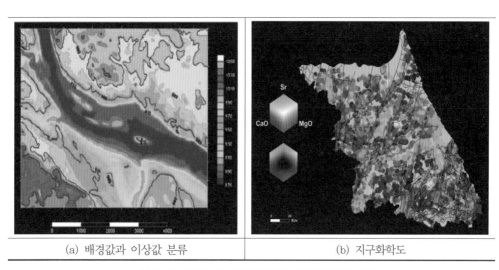

| (a) 배경값과 이상값 분류 | (b) 지구화학도 |

그림 2–16 전산프로그램을 활용한 지구화학탐사 해석

2.4 지구물리탐사

지구물리탐사(geophysical exploration)는 암석이나 지층 구성물질들의 물리적 특성을
측정·해석하여 지하자원의 부존 여부, 지질분포, 지질구조 등을 간접적으로 확인하는
탐사법이다. 지구물리탐사를 통해 획득한 이상대 정보는 광체의 존재와 규모를 대략적
으로 확인하고 좀 더 정밀한 광체 확인을 위한 시추공 위치선정 등에 이용한다.

지구물리탐사법에는 이용되는 물성에 따라 표 2–6과 같이 중력탐사, 자력탐사, 전기
탐사, 전자탐사, 탄성파탐사, 방사능탐사 등이 있다.

표 2-6 지구물리탐사법의 이용 물성

방법	주요 물성	측정에 이용되는 현상
중력탐사	밀도	• 중력가속도 변화
자력탐사	대자율	• 자기장 변화
자연전위탐사	산화전위, pH, 전기전도도	• 전기화학적 전위 변화
유도분극탐사	암석 공극 내 입자의 전기화학적 특성	• 분극전위 변화
전기비저항탐사	전기전도도	• 겉보기 전기비저항 변화
전자탐사	전기전도도, 투자율	• 자기장 강도, 위상 등의 변화
탄성파탐사	탄성계수, 밀도	• 탄성파속도 차이
방사능탐사	방사능 원소의 함량	• 방사능 차이

일반적으로 금, 은, 아연 등의 열수성 금속광물은 석영맥과 함께 맥상으로, 철 등의 초기 마그마 관련 광물은 화성암 복합체 내에서 층상이나 렌즈상 형태로 존재하는 경우가 많다. 석유, 석탄 등 퇴적기원 광상은 지층 내 퇴적층을 따라 형성되는 경우가 대부분이다. 이와같이 광종별 광상의 존재 형태에 따라 탐사방법은 다르나, 주요 광종에 대해 일반적으로 적용하는 지구물리탐사 방법은 표 2-7과 같다.

표 2-7 주요 광종의 적용 지구물리탐사 방법(한국직업능력개발원, 2016)

광종	주요 물성	적용 탐사방법
철, 티탄철	자력 전기적 특성	자력탐사 전기·전자탐사
금, 은, 연, 아연, 동	전기적 특성	전기·전자탐사
석탄	밀도 전기적 특성	중력탐사 전기·전자탐사
석유	밀도 탄성계수	중력탐사 탄성파탐사
우라늄	방사능	방사능탐사

광체의 물성을 파악하여 효과적인 탐사법을 선택하여야 하며, 비용과 시간의 효율성을 위하여 넓은 지역에 대한 개략탐사를 먼저 실시하고 유망지역을 대상으로 정밀탐사를 실시한다. 또한 탐사확률을 높이고 해석상의 오류를 줄이기 위해 한 가지 지구물리탐사법보다는 여러 가지 탐사법을 복합적으로 이용하고 있다.

2.4.1 중력탐사

중력탐사(gravity exploration)는 지구 자체가 가지고 있는 중력장과 암석 또는 광물의 밀도 차에 의한 지구 중력장의 변화를 측정하여 광체나 지질구조에 의한 지표면에서의 중력이상을 파악하는 방법이다(그림 2-17). 중력 측정값은 지하에 부존하는 광체의 밀도가 크거나 광체가 지표 가까이 있거나 광체 직상부에 가까운 곳에서 측정할수록 커진다.

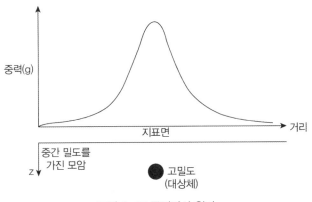

그림 2-17 중력탐사 원리

대표적인 암석 및 광물의 밀도는 표 2-8과 같다. 중력 측정은 중력가속도의 차이를 측정하는 상대중력계를 사용하며, mGal(1/1,000Gal, 1Gal = 1cm/sec^2 = 0.01m/sec^2) 단위를 사용하는 일반 중력탐사와 μGal(1/1,000mGal) 단위를 사용하는 고정밀 중력탐사가 있다.

중력탐사 방법은 조사지역 일대에 격자 형태의 측정망을 설정하고 각 측점에서 중력 값을 측정한다. 측정된 중력 값에서 지하의 구조 및 밀도분포에 의한 중력변화 이외의 모든 영향을 제거해 주는 중력보정을 실시하여 얻은 광체나 지질구조에 의한 중력이상을 해석하여 지하의 상태를 탐지할 수 있다. 중력에 영향을 미치는 요소로는 지하 물질의 밀도 분포, 기온의 변화, 기조력(tidal force)의 변화, 측점의 위도·고도 및 측점 주위의 지형 등이 있다. 중력보정에는 계기보정, 조석보정, 위도보정, 고도보정, 지형보정, 부게(Bouguer)보정, 에트뵈스(Eötvös)보정, 대기보정 등이 있다.

표 2-8 대표적인 암석 및 광물의 밀도(현병구, 2005)

암석, 광물	밀도 (g/cm³)	암석, 광물	밀도 (g/cm³)	암석, 광물	밀도 (g/cm³)
퇴적암	0.7~2.7	석영	2.65	황동석	4.2
화성암	2.2~3.5	다이아몬트	3.52	티탄철석	4.67
변성암	2.4~3.6	지르콘	4.57	황철석	5.0
얼음	0.08~0.92	구리	8.7	자철석	5.12
석유	0.6~0.9	은	10.5	적철석	5.18
보크사이트	2.45	금	19.4	방연석	7.5

그림 2-18은 캐나다에서 중력탐사를 중심으로 탐사를 실시하여 납·아연 광상을 발견한 사례로서 납·아연을 함유한 황화광상의 밀도가 광상 주변에 부존하는 암석의 밀도보다 높아 광상에 의한 중력이상대를 확인할 수 있다.

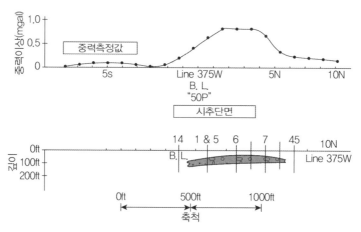

그림 2-18 중력탐사 적용 사례(Seigel 외, 1968)

중력탐사는 석유탐사에도 활용되는데 석유가 지층 내 공극을 따라 이동하여 배사구조 등 특정 지층구조에 집적하는 특성을 이용하는 방법으로 석유 자체를 직접 찾기보다는 지층구조상 융기부를 찾는 것이다. 퇴적암지대에서 배사구조의 융기부는 향사 부분보다 중력 값이 크게 나타난다. 배사구조 저류층과 인접 지층의 중력적 특성의 상이함 때문에 생긴 중력이상치를 이용하여 이러한 지층구조를 발견할 수 있다.

2.4.2 자력탐사

자력탐사(magnetic exploration)는 물질이 자화될 수 있는 정도를 나타내는 대자율(magnetic susceptibility)의 차이에 의한 지역적인 지자기장의 변화를 측정하여 광상의 부존 등을 파악하기 위해 실시한다(그림 2–19). 자화의 크기는 대자율에 비례하여 대자율이 큰 광체일수록 쉽게 자화되므로 지하에 자성이 큰 광물이 있는 경우 자력탐사의 좋은 표적이 된다.

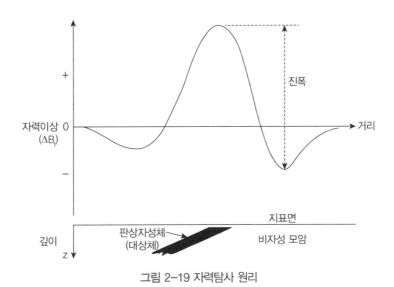

그림 2–19 자력탐사 원리

암석 내의 자성광물의 함량 차이에 따라 대자율은 결정되며 여러 가지 암석, 광물의 대자율은 **표 2–9**와 같다. 광물 중에서는 자철석의 대자율이 가장 크며 적철석, 크롬철석, 티탄철석, 자황철석 같은 자성광물이 농축되어 있는 광상은 일반적인 암석에 비하여 큰 자성을 나타낸다.

자력의 기본단위는 가우스의 십만분의 일인 γ(gamma)를 사용하며, 자력을 측정하는 자력계는 플럭스게이트(fluxgate) 자력계와 핵(proton precession) 자력계가 있다. 일반적으로 자력탐사에 사용되는 핵 자력계는 자기공명 현상을 이용하여 총자기장을 측정하는 기기로 정밀도는 대체로 0.01~0.001nT 정도이다.

표 2-9 암석, 광물의 대자율(Robert J. Lillie, 2001)

물질	대자율
자철석	$1,000 \times 10^{-5}$
감람암	500×10^{-5}
현무암/반려암	200×10^{-5}
섬록암	20×10^{-5}
사암	10×10^{-5}
화강암	1×10^{-5}
암염	-1×10^{-5}

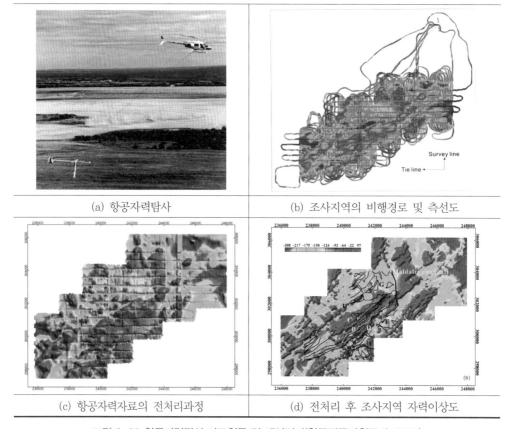

(a) 항공자력탐사	(b) 조사지역의 비행경로 및 측선도
(c) 항공자력자료의 전처리과정	(d) 전처리 후 조사지역 자력이상도

그림 2-20 항공자력탐사 자료획득 및 해석결과(한국광물자원공사, 2012)

자력탐사는 중력탐사와 같은 방법으로 수행되며 광범위한 지역에 대한 광화대의 대자율 분포현황을 파악하기 위한 개략탐사 용도로 항공기에 자력계를 실어 비행하면서 지자기를 측정하는 항공자력탐사를 실시하고 있다(그림 2-20). 항공자력탐사는 항공기에 의한 자기장의 교란을 피하기 위해 버드(bird)라 불리우는 자력센서를 GPS와 함께 탑재하여 조사지역 일대를 일정한 높이로 평행하게 중첩 비행하면서 자료를 획득한다. 항공기 내부에 설치된 기록장치에 의해 실시간으로 지하매질의 총자기장을 측정하여 각종 요인에 기인하는 자기장 성분을 제거하는 전처리과정을 거쳐 해석자료를 획득한다.

2.4.3 전기탐사

전기탐사는 광상과 암석이 가지고 있는 전기적물성 차이에 의한 물리적현상을 측정하는 탐사법으로 자연전위탐사, 유도분극탐사, 전기비저항탐사가 있다.

(1) 자연전위탐사

자연전위(Self-Potential, SP)탐사는 괴상의 광체 주변에서 자연적으로 발생하는 전류에 의해 지표면에서 야기되는 국부적인 전위분포의 변화를 측정하는 방법이다(그림 2-21). 유도분극탐사나 전기비저항탐사와는 달리 인위적으로 지하에 전류를 흘려줄 필요가 없는 간단하면서도 오래된 탐사법으로 황화광체의 탐사에 주로 적용하고 있다. 일반적으로 자연전위는 광체가 지하수면에 걸쳐 있을 때 발생하는 것으로 알려져 있으므로 지하 심부에 부존하고 있는 광상탐사에는 적합하지 않다.

전위분포 측정은 두 개의 전위전극과 전위 차를 측정하는 전위차계로 이루어지며 전도체와 연관되어 발생하는 자연전위는 수십 mV 이하의 배경전위와 수백 mV 정도의 광화전위(mineralization potential)로 구분한다. 황화광물이나 흑연, 석탄, 탄질 셰일 등이 존재하는 곳의 광화전위는 광체를 둘러싸고 있는 지하수의 산화능력 차이에 의해 기전력이 발생되므로 광체 상부 지표에서는 음의 전위가 두드러지게 측정된다.

자연전위는 황화광, 흑연광 등의 탐사에 사용되고 있으며, 석유탐사 및 지하수개발에서 물리검층의 주요 항목이다.

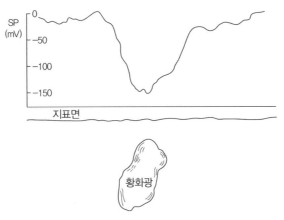

그림 2-21 황화광체에 대한 자연전위탐사

(2) 유도분극탐사

유도분극(Induced Polarization, IP)탐사는 지하에 전류를 일정시간 인위적으로 흘려보냈다가 전류를 끊었을 때 발생하는 분극현상을 측정하여 지하구조를 탐사하는 방법으로 주로 분산상의 황화광체에 이용하고 있다(그림 2-22). 주로 쌍극자 전극배열을 사용하여 한 쌍의 전류전극에 전류를 흐르게 하고 다른 한 쌍의 전위전극에서 전류가 흐르는 동안의

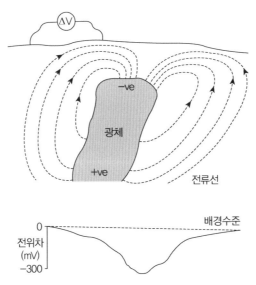

그림 2-22 광체 주변의 전위(Alan E. Mussett 외, 2000)

전위 차와 전류가 끊어진 후의 유도분극 현상을 측정한다. 이 측정값으로부터 지하의 겉보기 전기비저항과 유도분극의 정도를 산출하여 광체의 분포 현황을 해석한다.

유도분극은 전기장이 가해졌을 때 지하 구성물질이 전기화학적 작용으로 분극되는 현상으로서 물리화학 분야의 과전압(overvoltage) 효과와 유사하다. 유도분극은 전류가 광체를 통과할 때 저장되었다가 전류가 끊어지면서 방출되는 전하량에 따라 달라지므로 주로 절연체 매질 내에 흩어진 입자형태로 존재하는 분산형광체(disseminated ore)의 탐사에 적용된다. 분산형광체 중 특히 반암(porphyry)의 관입과 더불어 생성된 대규모 저품위 반암 동광상에 적용되며 층상의 납·아연, 황화물과 결부된 금광상 조사에도 적용하고 있다.

그림 2-23은 캐나다 소재 분산형 동광상에 대해 유도분극탐사를 실시한 자료이다. 탐사 결과 남쪽으로 가면서 풍화대의 두께는 증가하고 겉보기비저항은 상대적으로 낮아지는 것을 알 수 있으며 46N과 52N 사이의 N-3, 4에서 황화광 광화대가 형성됨을 분석할 수 있다.

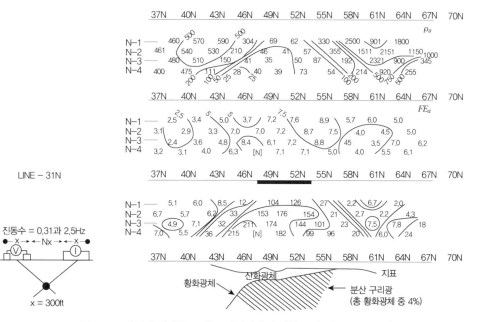

그림 2-23 캐나다 퀘벡주 소재 구리광산에서 얻은 IP자료(Hallof, 1967)

(3) 전기비저항탐사

전기비저항(resistivity)탐사는 인공적으로 지하에 전류를 흘려보내 지하매질의 전기전도도 차이에 의해 발생되는 전위 차를 측정하여 전기비저항을 구함으로써 전도성 물질의 부존양상을 탐지하는 방법이다(그림 2-24).

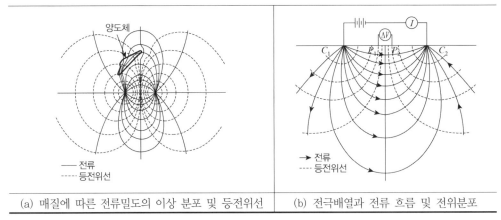

| (a) 매질에 따른 전류밀도의 이상 분포 및 등전위선 | (b) 전극배열과 전류 흐름 및 전위분포 |

그림 2-24 전기비저항탐사 원리

일반적으로 지하에 전류가 흐를 때 전류는 양도체 쪽으로 많이 흐르게 되며 부도체 쪽으로 흐르는 전류의 밀도보다 전류는 항상 크게 나타난다. 이에 따라 지하에 전기전도도가 다른 매질이 각기 존재하면 전류밀도와 전위분포에 이상현상이 발생한다.

암석 및 광물이 가지고 있는 전기전도성의 척도인 전기비저항은 전기전도도의 역수로서 기본단위는 Ωm를 사용한다. 암석의 전기비저항은 주로 전도성광물의 함유량, 암석의 공극률, 공극수의 전기비저항 등에 의하여 달라진다. 일반적으로 오래된 암석, 수분이 적은 암석, 점토 함량이 적은 암석, 염수보다 담수에서 생성된 암석일수록 전기비저항 값이 크게 나타난다.

대표적인 광물과 암석의 전기비저항 값은 **그림 2-25**와 같고 흑연과 황화광물의 전기비저항 값이 낮게 나타난다. 전기비저항이 낮은 광물로 이루어지는 광상은 모암보다 작은 전기비저항을 나타내며, 공극률이 높은 토양이나 암석에 공극수가 채워져 있는 대수층이 존재하면 낮은 전기비저항을 나타낸다.

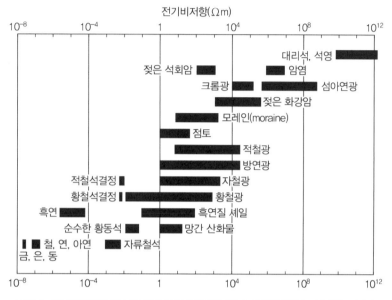

그림 2-25 일반적인 암석형태에 따른 전기비저항의 변화(현병구·서정희, 1997)

　　전기비저항 탐사는 1개 혹은 2개의 전류전극을 사용하여 지하에 전류를 주입하고 2개의 전위전극에서 전위 차를 측정한다. 전극의 배열방법에 따라 웨너(Wenner) 배열, 슐럼버저(Schlumberger)배열, 쌍극자(dipole-dipole)배열 등이 있다(그림 2-26). 일반적으로 수직탐사에서는 슐럼버저배열을, 수평탐사에서는 웨너배열이나 쌍극자배열을 사용한다. 웨너배열은 두 전류전극 사이에 2개의 전위전극이 배열되고 전극간격은 같으며, 슐럼버저배열은 측선의 양단에 전류전극을 고정시키고 전위전극의 간격을 일정하게 한 후 두 전류전극을 모두 일정한 간격으로 측선상에서 이동시킨다. 쌍극자배열은 전류전극과 전위전극을 각기 쌍으로 전개하여 전기비저항을 측정한다.

　　광물탐사에서 전기비저항탐사는 유도분극탐사의 보조수단으로 활용되고 있으며, 일반적으로 사용되는 배열은 쌍극자 간격이 50m 또는 100m인 쌍극자배열법이다(Reynolds, 1997).

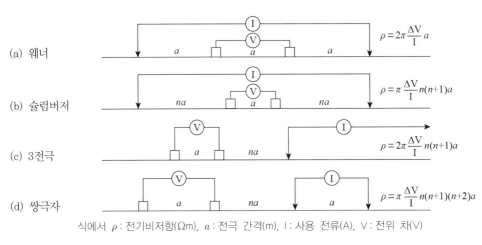

그림 2-26 전기비저항탐사 전극 배열(현병구·서정희, 1997)

탐사자료의 해석은 각 전극으로부터 얻은 값에 거리계수를 반영하여 계산한 겉보기 비저항 값을 수평적인 전기적 구조인 가단면도(pseudo-section)에 반영하고 가단면도 자료를 겉보기비저항 단면으로 전환하는 역산을 수행하여 지하구조를 해석한다(그림 2-27).

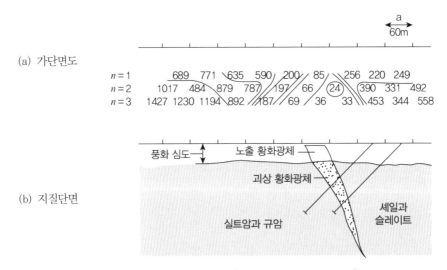

그림 2-27 가단면도와 지질단면(Alan E. Mussett 외, 2000)

`문제` 웨너의 전극배열법을 적용하여 전기비저항탐사를 실시한 결과 100mV의 전위 차를 측정하였다. 이때 사용전류는 2A, 전극의 간격은 20m로 하였다. 전기비저항은?

`풀이` $\rho = 2\pi \dfrac{\Delta V}{I} a = (2 \times 3.14 \times 0.1\,V \times 20\text{m}) \div 2A \fallingdotseq 6.28\,(\Omega\text{m})$

2.4.4 전자탐사

전자탐사(electromagnetic survey)는 지표면에서 전류를 흘려보내 발생하는 1차전자장에 의해 지하의 양도체 광체에서 발생하는 2차전자장을 측정하여 전기전도도가 높은 광체의 분포를 탐지하는 방법이다(그림 2-28). 일반적으로 대부분의 암석들은 매우 작은 2차전자장이 발생하나 괴상 황화광체는 큰 2차전자장이 발생한다.

전자탐사는 송신원의 특성에 따라 주파수영역(frequency domain) 전자탐사와 시간영역(time domain) 전자탐사로 분류할 수 있다. 주파수영역 전자탐사는 송신원에서 발생하는 하나 또는 여러 개의 주파수별로 수신기에서 측정하는 것으로 극저주파인 VLF(Very Low Frequency) 송신소에서 송출하는 전자기파를 신호원으로 사용하는 VLF 탐사법이 대표적이다. 시간영역 전자탐사는 송신기에 일정한 전류를 흘려주다가 단락시킨 후, 지하에 유도되는 맴돌이전류에 의한 2차장을 지연 시간대별로 측정하여 지하의 전기전도도 변화를 탐지한다.

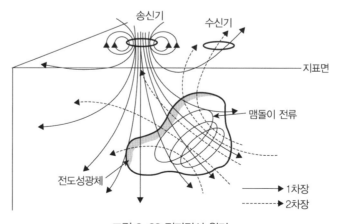

그림 2-28 전자탐사 원리

일반적으로 높은 전기전도도를 갖는 황화광체, 탄층, 흑연 등과 같은 광물의 구분은 전자탐사 결과로 판별하기 쉽지 않으므로 전자탐사법을 포함한 여러 물리탐사 결과를 종합하여 해석하는 방법을 사용한다. 그림 2-29는 캐나다의 흑연 광화대에 대해 전자탐사와 중력탐사를 사용하여 높은 전기전도도를 갖는 황화광체와 흑연질 셰일에 의한 이상을 구분한 사례이다. 222Hz와 3555Hz를 사용하여 탐사한 결과 222Hz에서는 황화광체에 의한 이상만 나타나고 3555Hz에는 서로 다른 광종인 황화광체와 흑연질 셰일의 2개 이상이 나타나고 있다. 또한 중력탐사에서도 전자탐사와 마찬가지로 황화광체에 의한 높은 이상을 나타내고 있다.

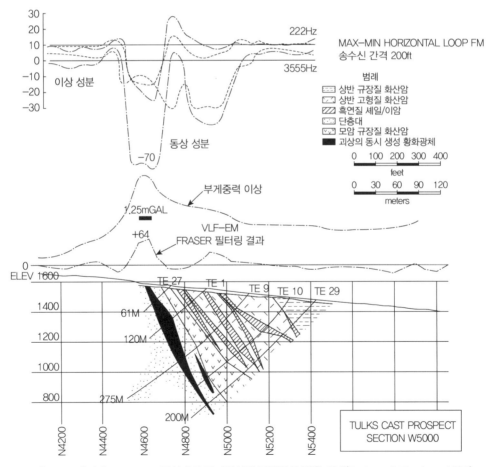

그림 2-29 캐나다 Tulks East 광상에서 전자탐사와 중력탐사 적용 사례(Barbour & Thurlow, 1982)

2.4.5 탄성파탐사

탄성파탐사(seismic survey)는 지표면이나 수면에서 인위적으로 발생시킨 탄성파가 지층경계면에서 반사되거나 굴절되어 되돌아오는 신호를 수진기로 기록하여 지하 지질구조나 석유·가스 등을 탐사하는 방법이다. 탄성파를 발생시킨 후 지표에 기록된 도달시간으로부터 각종 파의 전파시간을 알아내어 지층의 특성을 파악할 수 있다.

탄성파 발생장치는 육상탐사에서 폭약발파나 기계적 진동장비인 바이브로사이즈(vibroseis)를, 해상탐사에서 에어 건(air gun)이나 전극에 고압을 걸어 음파를 발생시키는 스파커(sparker) 등을 사용한다. 수진기는 육상탐사에서 지표의 움직임을 전기에너지로 변환시켜 주는 지오폰(geophone)을, 해상탐사에서 탄성파에 의해 생기는 폰 주변의 압력 변화를 전기적 신호로 변환시켜주는 하이드로폰(hydrophone)을 사용한다.

탄성파는 매질 내부를 통해 전파되는 실체파와 매질의 표면 또는 두 매질의 경계면을 따라 전파하는 표면파로 분류한다. 실체파는 종파(P파)와 횡파(S파)로, 표면파는 레일리(Rayleigh)파와 러브(Love)파로 나눌 수 있다. 탄성파탐사에서 이용하는 물성은 탄성파속도의 차이이며, 탄성파속도는 탄성파가 통과하는 암석의 밀도와 탄성계수로 나타낼수 있다. 밀도가 커질수록 탄성계수가 커지므로 탄성파속도는 밀도가 커질수록 암석이 단단할수록 증가한다. 특히 퇴적암의 탄성파속도는 생성연대와 분포 깊이가 증가함에 따라 커진다. 주요 암석 및 물질의 탄성파속도는 표 2-10과 같다.

표 2-10 주요 암석 및 물질의 탄성파 속도(Alan E. Mussett 외, 2000)

암석 종류	P파 속도 (km/s)	암석 종류	P파 속도 (km/s)	암석 종류	P파 속도 (km/s)	암석 종류	P파 속도 (km/s)
미고결 퇴적물 점토 마른 모래 젖은 모래	1.0~2.6 0.2~1.0 1.5~2.0	퇴적암 경석고 백악 석탄 돌로마이트 석회암 셰일 암염 사암	6.0 2.1~4.5 1.7~3.4 4.0~7.0 3.9~6.2 2.0~5.5 4.6 2.0~5.0	화성암과 변성암 현무암 화강암 반려암 점판암 초염기성 암석	5.3~6.5 4.7~6.0 6.5~7.0 3.5~4.4 7.5~8.5	기타 공기 천연가스 얼음 물 기름	0.3 0.43 3.4 1.4~1.5 1.3~1.4

주) 속도값 범위는 자료 문헌마다 달라지며 이 값들은 대략적인 범위를 나타낸다.

매질의 밀도와 속도의 곱으로 표현되는 음향임피던스의 차이가 나는 곳에서는 탄성파에너지의 일부는 반사되어 지표로 되돌아오고 나머지는 투과되어 계속 전파된다. 두 매질 사이에 밀도와 속도의 차이가 있으면 매질의 경계면에서 탄성파의 반사와 굴절현상이 발생한다. 경계면에서 반사와 굴절의 관계는 스넬(Snell)의 법칙에 따라 다음 식과 같이 입사파 및 반사파가 같은 종류의 탄성파일 때 입사각($\sin\theta_i$)과 굴절각($\sin\theta_r$)은 같음을 알 수 있다. 식에서 v_1은 입사파의 속도이며 v_2는 굴절파의 속도이다.

$$\frac{\sin\theta_i}{v_1} = \frac{\sin\theta_r}{v_2}$$

문제 수평한 두 암석층의 경계면에 각도 50°로 P파가 입사되었다. 입사파의 속도가 3km/sec, 하부층의 P파 속도가 1.5km/sec일 때 굴절각은?

풀이 $\dfrac{\sin\theta_i}{v_1} = \dfrac{\sin\theta_r}{v_2}$

$\sin\theta_r = \dfrac{v_2 \times \sin\theta_i}{v_1} = \dfrac{1.5 \times \sin 50°}{3} \fallingdotseq 0.383$

굴절각(r) $\fallingdotseq 22.5°$

문제 탄성파 전파속도가 1,500m/sec인 층에서 하부층으로 굴절할 때 임계각이 30°이면 하부층에서의 탄성파 전파속도는?

풀이 스넬의 법칙에서

$\sin 30° = \dfrac{1,500\mathrm{m/sec}}{x}$

$x = 3,000\mathrm{m/sec}$

(1) 탄성파반사법탐사

탄성파반사법탐사는 탄성파 파원에서 발생되어 하부 지층경계면에서 반사하여 되돌아오는 반사파를 수진기에서 기록하고 왕복 도달시간과 파형을 분석하여 지하구조 및 지하매질의 물리적 특성을 얻는 방법이다(그림 2–30).

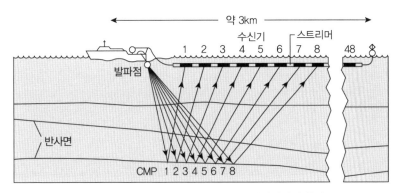

그림 2–30 해상탐사에 적용된 탄성파반사법탐사 원리

탐사심도가 확정되면 발생 에너지원의 종류, 수진기의 수, 수진기 간격 등을 결정하고 주어진 측선을 따라 이동하면서 측정을 반복한다. 탐사결과 획득한 자료는 전처리, 속도분석, 중합(重合, stack), 구조보정 등의 자료처리 과정을 거쳐 지하단면 등의 탐사자료를 얻을 수 있다.

반사법탐사로부터 얻은 퇴적층서, 부정합, 기반암 경계면, 단층 배사구조 등과 같은 자료를 활용한 탄성파 단면도를 분석하여 실제 지층구조를 유추할 수 있다. 특히 이 탐사법은 저류암 내에 탄화수소가 존재할 가능성이 높은 저류 공간인 탄화수소 트랩(trap)을 찾는 석유탐사에 많이 사용하고 있다. 지층은 밀도에 따라 고유의 탄성파속도가 있으므로 탄성파속도와 경계면에서의 반사파를 탐지하여 석유가 존재할 가능성이 높은 저류층 및 배사구조를 발견하는 방법이다. 공극이 크고 투수가 잘되는 사암이나 탄산염암과 같은 저류암과 셰일과 같은 불투수층인 덮개암은 반사되어 되돌아오는 탄성파속도의 차이로 구분할 수 있다.

(2) 탄성파굴절법탐사

탄성파굴절법탐사는 지표에서 인공적으로 탄성파를 발생시켜 속도가 다른 지층 경계에서 굴절되어 진행하다가 상부층으로 굴절되어 지표로 되돌아오는 임계굴절파를 측정하고 자료처리하여 지하 지질구조를 파악하는 방법이다(그림 2–31). 지표에서 발생시킨 탄성파의 임계굴절파를 이용하여 각각의 진원으로부터 수진점에 도달하는 초동을 읽어 주시곡선(time-distance curve)을 작성하고 분석하여 지층속도, 각층 경계면까지의 심도를 구한다.

굴절법은 얕은 심도의 기반암 경계 확인이 용이하고 반사법에 비해 주시곡선의 해석이 간단하며 경비가 적게 들고 해석시간이 단축되는 장점이 있다. 그러나 심부탐사가 어렵고 하부층에 낮은 속도층이나 박층이 존재하는 경우 인지가 어려운 단점이 있다.

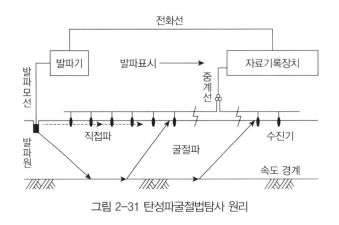

그림 2–31 탄성파굴절법탐사 원리

2.4.6 방사능탐사

방사능탐사(radioactive survey)는 지표 부근의 암석들에 있는 칼륨, 우라늄, 토륨에 의해 발생된 자연방사능을 측정하여 우라늄광상 등 방사성광물의 탐사에 적용한다.

방사성 붕괴는 α입자, β입자와 감마(γ)선을 동반하며 이중 감마선이 암석과 대기를 관통하므로 탐사에 감마선을 측정하고 있다. 감마선은 칼륨, 우라늄, 토륨 각각의 붕괴수를 집계하는 감마선분광계를 사용하여 측정한다. 지표탐사에서 감마선분광계는 대략

지름이 2m 정도인 평평한 지표면을 가진 신선한 암반 위에 설치하며, 항공탐사는 50~ 100m 높이에서 측정한다. 항공탐사 시 우라늄·토륨광상의 방사능 분포에 대해 지표탐사보다 낮은 분해능을 가지므로 전자탐사 또는 자력탐사와 병행하여 수행하며, 이상대가 발견되면 상세한 지표탐사를 수행한다.

그림 2-32(b)는 호주 Ranger 지역의 우라늄 광체에 대해 항공탐사한 결과 5개의 이상대 지역이 도출되었으며, 상세조사 결과 이 중 1번과 3번 이상대에서 산화 우라늄광체를 탐사한 사례이다.

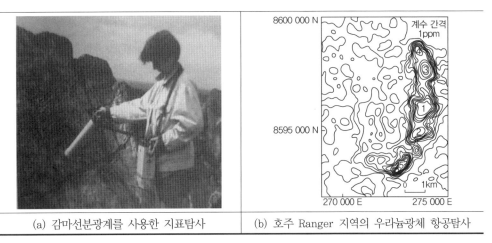

| (a) 감마선분광계를 사용한 지표탐사 | (b) 호주 Ranger 지역의 우라늄광체 항공탐사 |

그림 2-32 방사능탐사 적용 사례(Alan E. Mussett 외, 2000)

2.4.7 물리검층

물리검층(geophysical logging)은 물성측정 검층기(sonde 또는 probe)를 시추공 내에 삽입하여 주위의 이수(mud)나 지층에 기인하는 자연적인 물리현상과 인공적으로 발생시킨 물리현상을 심도에 따라 연속적으로 측정하고 그 자료를 처리·해석하는 방법이다. 이를 통해 시추공 주변 지층과 공내수에 대한 물성이나 지층 및 수리특성을 해석할 수 있다. 물리검층은 이용되는 물리적 원리에 따라 표 2-11과 같이 전기검층, 자력검층, 방사능검층, 음파검층, 온도검층 등으로 분류할 수 있다.

물리검층은 1920년대 프랑스의 슐럼버저 형제가 유전 시추공에서 전기비저항검층을 실시한 이후 석유탐사에서 널리 시행하고 있으며, 광물탐사에도 활용도가 증가하고 있다. 석유탐사에서 시추공에 의하여 관통된 대상 지층의 공극률, 투수계수, 포화도에 의한 정보와 저류층 특성에 대한 자료를 획득할 수 있다. 이러한 검층자료는 탄성파탐사 자료와 비교 분석을 통해 석유 또는 가스의 탐사와 매장량평가 등에 활용되고 있다. 또한 유전개발에서 유체와 가스가 혼합된 생산정 내부에서 검층을 실시하여 저류층의 생산성 평가나 생산과정의 진단 등에도 활용하고 있다.

표 2-11 시추공 물리검층 분류(한국직업능력개발원, 2016)

분류		측정 대상	조사방법	적용 대상	비고
전기 검층	자연전위(SP)	전도도	• 지층수, 이수, 이온을 대상으로 암석 사이에서 발생하는 전위차 측정	• 황화광물, 흑연, 자철석 등	• 기준 전극과 지층의 전위차
	유도분극(IP)	전도도	• 지하에 전류를 흘려보내 분극현상을 유도하고 이 유도분극현상을 측정	• 황화광물, 황화동, 흑연 등	• 시간 영역 주파수 영역
	전기 비저항	전기 비저항, 전도도	• 지표 고정전극과 공내 이동전극 사이에 교류를 보내 두 전극 사이의 전기저항 측정	• 탄층, 금속광(산포상, 소폭), 파쇄대, 지하수 탐사 등	• 고정전극과 이동전극의 전기저항차
자력 검층	자력	자기장	• 공 내 깊이에 따른 총자기장, 자기장의 세 성분 또는 수직 구배를 측정	• 자성광체, 반암동, VMS, SEDEX 등	• 자력탐사 이상 대심도 확정, 주변 자성체 탐사
	대자율	대자율	• 시추공 내 깊이에 따른 암석의 대자율 변화 측정	• 자철광, 자류철광, 황화광, 스카른 등	• 열수변질대
방사능 검층	자연 감마선	감마선	• 지층 중의 방사능물질이 방출하는 감마선 강도 측정	• 탄층, 금광, 우라늄, 토륨 셰일(K40) 등	• 열수변질대, 암상 구분
	밀도	감마선	• 감마선의 콤프턴 산란을 이용하여 암석의 체적밀도 측정	• 중정석, 탄층, 탄화수소 등	• 암석의 체적, 밀도
	중성자	유도 방사능	• 고속중성자를 지층에 방사하여 생기는 유도방사능 측정	• 석유, 가스층 등	• 수소원자 밀도, 지층의 공극률
음파검층		탄성파 속도	• 음원, 수신기가 갖는 sonde를 시추공에 넣어 시추공 주변 탄성파속도 측정	• 탄층, 탄화수소 등	• 지층의 공극률
온도검층		온도	• 시추공 안의 온도분포 측정	• 석유, 가스층 등	• 케이싱 파손, 유체의 누수 등

석탄탐사에서 셰일층이 방사능 동위원소를 많이 함유하는 특성을 이용한 방사능 검층과, 셰일층은 전기비저항 값이 낮고 석탄층은 전기비저항 값이 높으므로 이를 이용한 전기비저항검층을 사용하고 있다. **그림 2-33(b)**는 캐나다 흑연광에서 전기비저항검층을 적용한 사례로 전도체 역할을 하는 흑연의 품위가 증가할수록 전기비저항이 감소함을 알 수 있다.

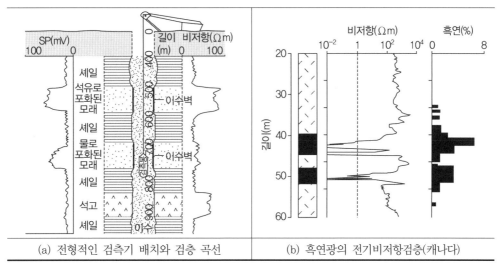

(a) 전형적인 검측기 배치와 검층 곡선   (b) 흑연광의 전기비저항검층(캐나다)

그림 2-33 물리검층 활용(Alan E. Mussett 외, 2000)

2.5 트렌치탐사

트렌치탐사(참호탐사, trenching)는 노두에서 채취한 시료의 품위가 양호할 경우 광상의 규모와 형상, 단층, 광맥의 변화 등과 같은 자료를 얻기 위하여 시추탐사 전에 인력이나 중장비를 이용하여 참호를 파서 육안으로 확인하는 탐사법이다(그림 2-34). 광맥의 주향방향으로 참호를 적당한 간격을 두고 연속적으로 굴착하며, 여러 개의 광맥이 발달하는 경우도 있으므로 참호를 광맥의 수직방향으로 연장해서 평행 광맥의 유무를 조사한다.

지표가 풍화되거나 토양화되어 신선한 노두가 적은 경우와 초목으로 덮인 경우는 트렌치탐사가 유효하다. 트렌치는 폭 0.5~1m, 깊이 1~3m, 연장 10~20m 정도로 표토를 파내고 표토 하부의 신선한 암석을 조사한다. 굴착 결과 인접한 참호 간에 현저한 차이점이 발견될 때는 중간 참호를 굴착하여 상세히 조사할 필요가 있다.

그림 2-34 트렌치탐사

2.6 시추탐사

시추탐사(drilling)는 각종 탐사결과에 의해 추정되는 광상 부존구간에 대하여 시추작업으로 광상의 위치와 부존심도, 형태, 맥폭, 품위, 광량, 상하부 암층의 상태 등을 파악하는 직접적인 탐사방법이다(그림 2-35). 자원개발에서 시추탐사는 품위와 매장량 산출 시 필수요소로서 지질조사, 지구화학탐사, 지구물리탐사는 시추탐사를 효율적으로 수행하기 위한 선행탐사라고 할 수 있다.

시추탐사는 다른 탐사보다 비용이 많이 소요되나 회수된 시추코어(core)와 시료샘플의 실내시험 등으로 얻은 다양한 정보를 활용하여 품위와 매장량을 추정하며 이를 통해 광산개발계획을 수립할 수 있다. 또한 시추코어에서 나타나는 절리, 강도, 풍화, 산화작용 등과 코어를 대상으로 시험하여 획득한 RQD 등과 같은 지질공학적 자료들은 광산설계단계에서 고려해야 할 주요 요소이다.

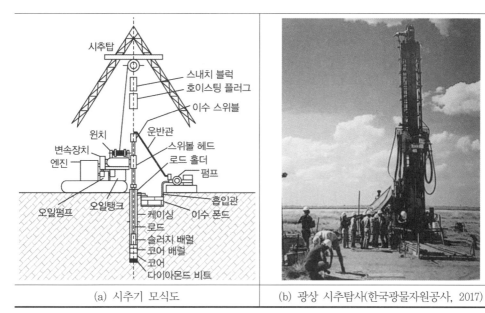

(a) 시추기 모식도　　　(b) 광상 시추탐사(한국광물자원공사, 2017)

그림 2-35 시추탐사

2.6.1 시추 일반

시추기를 이용하여 지하의 광체까지 굴착하는데 굴착은 시추공의 바닥을 뚫고 들어
가는 비트(bit)에 의하여 이루어진다. 시추는 시추장소, 대상 광종, 굴착방법, 비트의
종류 등에 따라 표 2-12와 같이 분류할 수 있다.

표 2-12 광종, 굴착방법 및 비트 종류에 따른 시추의 분류

구분			종류 및 사용
대상 광종		탄전시추, 광상시추, 사광시추, 유전시추	• 석탄광 탐사　• 일반광(금속, 비금속) 탐사 • 사금 탐사　• 석유자원 탐사
굴착방법		충격식시추	• 엠파이어(empire) 시추 • 와이어로프(wire rope) 시추
		회전식시추	• 메탈비트 시추　• 다이아몬드 시추 • 숏 볼(shot ball) 시추
비트 종류	재질	메탈비트 다이아몬트비트	• 표토층이나 연암층 굴착 시 사용 • 경암층 이상 굴착 시 사용
	코어채취 여부	코어비트 논코어비트	• 서피스비트, 임프레그네이티드비트 • 파일럿비트, 콘케이브비트, 테이퍼비트

시추는 굴착방법에 따라 비트에 충격을 주어 암석을 파쇄하고 천공하는 충격식시추 (percussion drilling)와 로드 또는 코어배럴(core barrel) 하단에 연결한 비트에 압력과 회전력에 의해 천공하는 회전식시추(rotary drilling)로 구분할 수 있다. 국내외에서 수행 되는 시추탐광에는 광체부존 여부 확인을 위한 대상 암반이 경암이므로 일반적으로 다이아몬드 비트를 사용하는 회전식시추로 코어를 회수한다.

비트는 재질에 따라 연암층에 사용되는 메탈비트와 경암층에 사용되는 다이아몬드 비트가 있고, 코어채취 여부에 따라 코어비트와 논코어(non-core)비트로 구분한다(그림 2-36). 코어비트에는 강철로 된 크라운 끝의 매트릭스 표면에 다이아몬드를 부착한 서피스비트와 금속 분말과 다이아몬드 분말을 혼합하여 제조한 임프레그네이티드비트 가 있다. 논코어비트에는 파일럿비트, 콘케이브비트, 테이퍼비트가 있으며 연암, 중경암 굴착에는 중앙부가 오목한 표면 셋트 비트인 콘케이브비트를 사용한다.

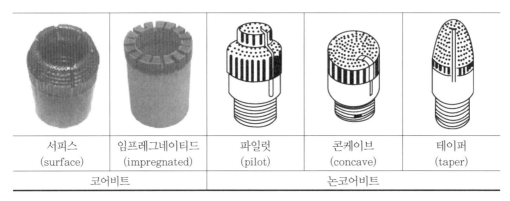

서피스 (surface)	임프레그네이티드 (impregnated)	파일럿 (pilot)	콘케이브 (concave)	테이퍼 (taper)
코어비트		논코어비트		

그림 2-36 비트 종류

코어의 직경은 시추공 직경에 따라 다양하며, 최적의 시추비용으로 코어채취율을 높이기 위해 적정한 코어 직경을 선택하여야 한다(표 2-13). 광산 시추탐광은 시추공경 기준으로 N size로 실시하여 암석의 구성광물, 조직 등의 암상을 파악하고 암석의 공학 적특성을 측정한다. 일반적으로 균질하고 견고한 암층에는 작은 공경, 석탄층이나 연암 층 등에는 큰 공경을 사용하는 것이 효과적이다.

표 2-13 비트의 종류와 규격(한국직업능력개발원, 2016)

구분	비트 규격(mm)[1]		코어 직경(mm)[2]
	내경	외경	
EX	21.46	37.08	21.5
AX	30.10	47.37	30.0
BX	42.04	59.18	42.0
NX	54.74	74.80	54.5

주 1) 한국산업규격 : 시추용 다이아몬드 코어비트
　 2) 한국산업규격 : 로터리 다이아몬드 시추기-A형

2.6.2 시추탐사 설계 및 분석

광체의 광화대를 확인하는 직접적인 증거는 전체 광상을 대표하는 시료의 채취와 분석으로 확인되며 시료는 시험채굴이나 시추를 통해 얻는다. 시추위치는 광상부존 가능성이 높은 지역에 대해 지질도, 각종 물리·화학적 탐사도, 기존 시추자료 등을 종합 분석하여 선정한다(표 2-14).

표 2-14 시추위치 선정 관련 분석자료(한국직업능력개발원, 2016)

구분	도면이 제시하는 유용 정보	분석 내용
지질도	• 지질, 암상, 충서, 구조, 광상 등	• 전반적 지질환경 이해
지구화학탐사도	• 지표 분포 화학원소들의 농도 분포	• 이상대 여부 파악
지구물리탐사도	• 밀도, 대자율, 전기전도도, 투자율, 탄성계수 등	• 이상대 여부 파악
시추탐사도	• 시추공 위치, 하부 광황(폭, 품위 등)	• 광체 하부·연장 파악
갱내지질도	• 갱내지질 상황(폭, 품위 등)	• 광체 갱내 광황 파악
항공사진	• 지형 구배, 수계발달 사항 등	• 선구조 파악

(1) 시료채취 샘플링 패턴

시추작업 설계시 시추공 수와 간격은 광종과 광체의 유형에 따라 달라진다. 지질조건의 변동이 심할 경우 많은 시추공을 천공하고 지질조건의 변동이 없을 경우에는 적은 시추공을 천공한다. 시료채취 샘플링 패턴은 넓은 간격의 적은 시추공으로부터 좁은 간격의 많은 시추공으로 단계적으로 진행하는 것이 효율적이다.

초기 시추탐사 시에는 이상대가 확인된 지역에 대해 광상의 확인이나 지질학적 특성을 파악하기 위해 광역적으로 시추를 실시한다. 이 결과를 분석하여 광화대의 상태, 매장량 규모, 추가광상 발견 등을 위해 좁은 간격으로 상세 시추탐사를 실시하여 조사의 정밀도를 높인다.

그림 2–37은 괴상 황화광체의 탐지, 형상화, 샘플링을 위해 단계별로 시추탐사를 실시한 예로서 시추는 3단계로 실시하였다. 1단계(a)로 이상대구간에 대해 광역적으로 5개 공을 시추하였다. 1단계 시추결과를 분석한 후 2단계(b)에서 15개 공을, 3단계(c)에

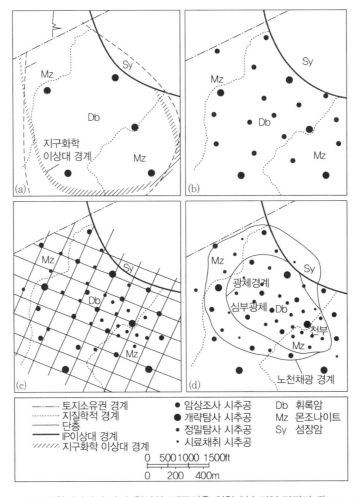

그림 2–37 괴상 황화광체의 탐지, 형상화, 샘플링을 위한 연속적인 탐광단계(Bailly, 1968)

서 31개 공을 추가하는 상세 시추조사를 실시하였다. 단계별 시추위치는 앞 단계의 결과에 의해 선정하며 최종단계에서는 등간격을 가지는 격자망(grid system)형태로 규칙적으로 시추하는 것이 최소의 비용으로 최대의 성과를 도출할 수 있다.

시추공 간격은 광체의 유형에 따라 달라지나 호주 JORC Code에 따르면 석탄 매장량 산출 시 품위변화가 거의 없는 층상광체의 경우 시추공 간격은 1~4km 이내이며, 품위 변화가 심한 경우에는 시추공 간격이 더 좁아진다. 금속광상은 대부분 불규칙한 괴상광체로 존재하고 부존형태와 품위변화가 심하므로 시추공 간격은 100m 이내로 좁은 간격의 바둑판모양의 격자망형태로 실시하는 것이 일반적이다.

(2) 시추시료 검층(logging)

시추시료 검층은 시추상자에 심도별로 정리된 코어에 대해 지질전문가가 확대경 등을 사용하여 코어의 암석학적, 광물학적 조성을 육안으로 조사한다(그림 2-38). 또한 광석의 조성분석을 위해 코어를 절단하여 실험실에서 박편을 만들어 현미경 등으로 분석하며, 시료의 광석 함량과 품위(grade)를 정확하게 파악하기 위하여 분석장비로 분석을 한다.

광석의 상품가치 척도인 품위는 금속, 유용광물 또는 유용성분의 함량(중량 퍼센트)으로 표시한다. Cu, Zn 등은 광석 중 유용금속의 중량인 %로, 석회석은 CaO의 중량인 %로, Ag는 g/톤, 다이아몬드는 ct/톤(1ct(캐럿, carat)=0.2g) 단위로 표시한다. 또한 비금속은 순도나 품질(활석-백색도, 고령토-색도 등), 석탄은 탄소 함량과 발열량, 석유는 황 함량과 비중으로 품위를 정한다. 광산에서 채굴되는 구리광석의 품위는 평균 0.3~3% 정도로 원광석의 품위가 2.5%라면 1kg의 원광석에는 25g 정도의 구리가 포함되어 있고 나머지는 다른 원소로 구성되어 있다는 의미이다.

금속의 가행품위는 광산별로 다르나 일반적으로 Al 35%, Fe 30%, Cr 25%, Mn 20%, Pb와 Zn 4%, Ni 2%, Sn 1%, Cu 0.5%, U 0.1%, Ag 0.05%, Au 0.001% 정도이다. 시추결과에서 확인된 광상의 두께, 품위 등에 따라 시추구역 내의 평균품위를 계산한다. 품위 계산은 우선 각 시추공의 평균품위를 구하고 각 구역의 평균품위를 산출하며, 최종적으로 전 구역의 총 평균품위를 계산한다. 품위 산출은 시추탐사 시 획득한 많은 샘플에 대한 평균품위로서 복잡한 통계계산이 필요하므로 전산프로그램을 활용하고 있다.

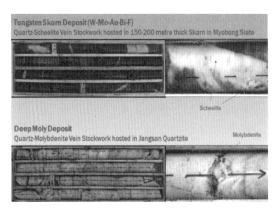

그림 2-38 시추코어(심찬섭, 2013)

(3) 시추탐사도 작성

시추탐사 지역의 현황을 파악할 수 있도록 지형도상에 등고선과 광체의 두께, 시추위치 등을 표기하는 시추탐사도와 시추탐사 결과를 시추주상도로 작성하는 것이 필수적이다.

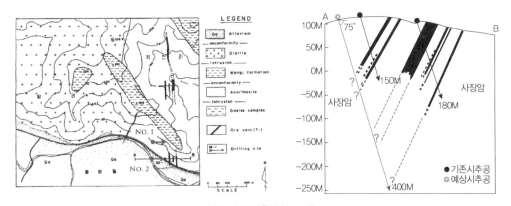

그림 2-39 시추탐사도 예

시추주상도에는 시추위치, 심도, 각도 등의 일반사항과 심도별 암종, 시추 시 특이사 항과 광맥을 착맥한 결과 등을 기재한다(그림 2-40). 일반적으로 시추 작업일지와 지질 기술자의 육안상 코어 검층자료 등을 종합하여 시추주상도를 작성하였으나, 최근에는

상용화된 주상도작성 전산프로그램을 활용하고 있다. 프로그램을 사용하여 시추공별
지질 정보와 코어에서 획득한 광석품위 등의 DB 자료를 입력하여 시추주상도와 함께
지층 또는 광체의 심도별 품위변화 등을 유추할 수 있다. 이러한 프로그램의 각종 DB
자료는 광체에 대한 형상 모델링 및 매장량산출 등을 위한 기초자료로 활용한다.

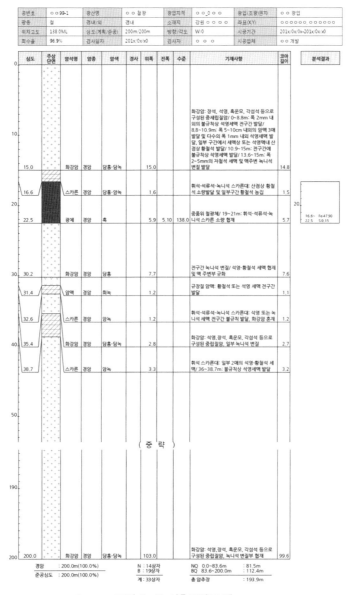

그림 2-40 시추주상도 예

2.7 매장량평가

매장량평가는 광체의 지질학적 부존특성에 대한 이해를 바탕으로 각종 탐사와 시추조사 등을 통해 광체의 규모 및 품위를 추정하여 매장량 등급을 결정하고 등급별 매장량을 산출하는 일련의 과정이다(그림 2-41). 매장량평가는 광산평가, 개발계획 수립 등에 필수적이며 가행기간 중에도 개발계획 수립, 개발비용 산출, 품질관리, 선광방법 등의 개선을 위해 지속적으로 평가가 필요하다.

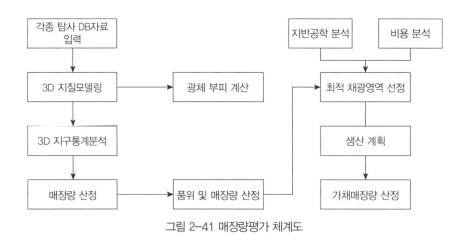

그림 2-41 매장량평가 체계도

2.7.1 매장량평가 기준

세계적으로 적용되는 광물량은 자원량(resources)과 매장량(reserves)으로 구분하며, 각 국가별로 정의 기준을 제정하여 운영하고 있다. 자원량은 지질학적 정보와 탐사의 결과로 얻어진 유용광물의 추정 부존량으로 실제 채굴가능 여부를 알기 위해서는 추가 조사가 필요하다. 자원량은 지질학적 증거와 신뢰도가 증가되는 순서로 예상(inferred)자원량, 추정(indicated)자원량, 확정(measured)자원량으로 구분한다.

매장량은 자원량 중 채광, 선광·제련, 시장, 경제성, 환경, 법률, 정부차원의 변경요인 등의 채광에 영향을 미치는 요소를 반영하여 경제적 가치가 확인된 광물의 양으로 추정(probable)매장량과 확정(proved)매장량으로 구분한다. 매장량은 현재의 기술과 경제여

건으로 이용 가능한 자원량으로 채광에 영향을 미치는 요인을 검토한 후 경제적으로
채굴이 가능할 경우 자원량에서 매장량으로 전환될 수 있다.

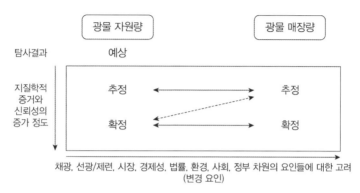

그림 2-42 자원량 및 매장량 관계

(1) 국내 매장량 기준

국내 매장량은 한국산업표준의 광량계산 기준으로 계산하며 석탄, 석회석, 석유에
따라 광량 산출기준은 다르나 광체부존이 확실한 정도에 따라 예상매장량, 추정매장량,
확정매장량으로 분류한다(표 2-15).

표 2-15 국내 매장량 분류

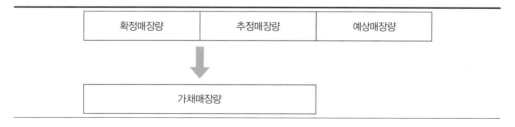

추정매장량은 광상의 1면 내지 2면이 갱도 또는 시추에 의해 광상의 상태와 품위가
충분히 추정될 수 있는 구역 내로 하되 규칙광상은 1면 이상, 불규칙광상은 평행한
2면 이상이 확인된 구역을 대상으로 한다. 확정매장량은 광상의 2면 내지 4면이 갱내
또는 시추에 의해 광상의 상태와 품위가 확정된 구역 내로 하되 규칙광상은 평행한

2면 이상, 불규칙광상은 3면 이상이 확인된 구역을 대상으로 한다.

예상매장량은 지질학적 가능 매장량이며, 가채매장량은 매장량에 가채율을 곱하여 산출된 매장량의 합계로 경제적으로 가행이 가능한 범위 내에서 산정한다. 일반적으로 노천채광의 경우 가채매장량은 확정매장량의 전체를, 추정매장량의 80% 이내로 산정하며 갱내채광의 경우 가채매장량은 확정매장량의 90% 이내를, 추정매장량의 70% 이내로 산정한다(한국광물자원공사, 2009).

(2) 국외 매장량 기준

매장량에 대한 시장의 혼란을 예방하기 위해 1994년 국제광업협회 내에 국제 매장량 보고 합동 위원회(Combined Reserves International Reporting Standards Committee, CRIRSCO)가 구성되어 국제적으로 통용되는 매장량평가 기준 표준화 작업을 실시하고 있다. 2003년 CRIRSCO는 '국제 리포팅 탬플릿'을 제정히여 광량을 자원량과 매장량으로 구분하여 평가기준을 제시하였다.

CRIRSCO가 제시한 국제표준에 따라 호주는 1989년 제정된 자국의 광량 평가기준인 JORC(Joint Ore Reserve Committee) Code를 개정하였다. 캐나다, 남아프리카공화국, 미국, 러시아 등도 CRIRSCO가 제시한 국제표준에 따라 자국의 광량 평가기준을 제정하거나 개정하여 적용하고 있다. 특히 호주와 캐나다는 매장량이 주식시장의 공시 규정에 포함되므로 매장량평가 기준에 따라 산출된 매장량을 공시하도록 되어 있다.

표 2-16 국가별 매장량 기준(한국광물자원공사, 2012)

호주 (미국)	discovered				undiscovered		
	identified resources(reserves)				undiscovered resources		
	demonstrated		inferred		hypothetical	speculative	
	measured	indicated					
사회주의국가 (러시아) (몽골) (베트남)	A	B	C1	C2	P1	P2	P3
	정밀조사			개략조사		미조사	
	개발 중		미개발	prospective reserves	forecast reserves		

2.7.2 매장량평가 방법

매장량평가 방법에는 시추공에 착맥된 광체를 기본으로 평면도와 단면도를 작성하는 전통적 평가방법과, 수집된 각종 탐사자료를 광체모델링 프로그램을 이용하는 전산모델링 평가방법이 있다. 전통적 평가방법은 작업이 간단하여 초기단계 층상광체의 매장량 평가 시 활용할 수 있으나, 정밀 채광설계 등에 활용하기 위해 대부분 광산개발계획 수립 시 광체모델링 프로그램을 이용하여 품위 및 매장량을 산출한다.

(1) 전통적 평가방법

일정한 간격으로 도면상에 시추공 위치, 품위 등을 도시하고 이를 바탕으로 광체 부존영역을 해석하여 품위 및 매장량을 추정하는 방법으로 평면도법과 단면도법이 있다.

평면도법은 시추공에 착맥된 광체의 두께, 품위 분석결과 등의 자료를 평면도에 도시하고 착맥된 시추공을 중심으로 삼각형, 다각형 등으로 시추공을 연결하여 매장량과 품위를 계산하는 방법으로 완만한 광체에 적용한다. 그림 2-43 (a)는 평면도법 중 삼각형법을 이용하여 인접하는 3개의 시추공을 연결하여 광체의 두께, 면적 등을 계산하여 평균품위를 산출한 사례이다.

단면도법은 광체단면도를 작성하여 각 단면에서의 광체 면적, 평균 품위를 계산하고 인접 단면까지의 거리와 광체 면적을 고려한 각 단면상의 광체 면적을 계산하여 매장량과 품위를 평가하는 방법으로 급경사 광체나 연속성이 불규칙한 광체에 적용한다.

총 평균 맥폭, 총 평균 품위, 총 광량은 다음 식과 같이 구한다.

$$\text{총 평균 맥폭} = \frac{\sum\{(각\ 구획의\ 길이)\times(높이)\times(맥폭)\}}{\sum\{(각\ 구획의\ 길이)\times(높이)\}}$$

$$\text{총 평균 품위} = \frac{\sum\{(각\ 구획의\ 길이)\times(높이)\times(맥폭)\times(품위)\}}{\sum\{(각\ 구획의\ 길이)\times(높이)\times(맥폭)\}}$$

$$\text{총 광량} = \sum\{(각\ 구획의\ 길이)\times(높이)\times(맥폭)\times(품위)\}\times(광석의\ 비중)$$

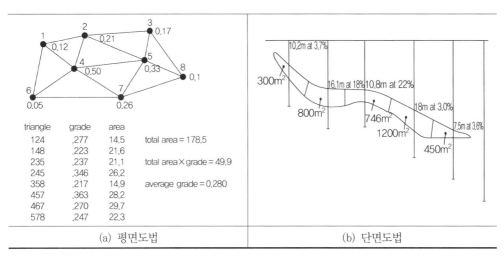

| (a) 평면도법 | (b) 단면도법 |

그림 2-43 평면도법, 단면도법에 의한 품위 및 매장량 산출

문제 A광산에 대한 시료채취 결과 다음 표와 같이 맥폭과 품위가 산출되었다면 이 광석의 평균 품위는?

시료번호	채취시료의 맥폭(m)	품위(%)
1	1	15
2	4	6
3	3	8
4	2	13

풀이 광석의 평균 품위 $= \dfrac{\sum(\text{맥폭} \times \text{품위})}{\sum(\text{맥폭})}$

$$= \frac{\sum\{(1\times15)+(4\times6)+(3\times8)+(2\times13)\}}{\sum\{(1+4+3+2)\}} = \frac{89}{10} = 8.9\%$$

(2) 전산모델링 평가방법

전산모델링 평가방법은 Vulcan, Datamine, Minex, Surpac, Gemcom 등의 광체모델링 프로그램을 활용하여 매장량을 평가하는 방법이다. 광체모델링은 지질조사와 각종 탐사, 시추작업, 시료분석 등으로 수집된 자료를 통하여 지하 광체를 구현하는 작업으로, 향후 탐사작업의 가이드라인을 제시하고 매장량 산출 및 광산개발계획 수립을 목적으로 실시한다.

일반적으로 광체의 3차원 모델링은 그림 2-44와 같이 여러 단계의 과정을 거쳐 수행된다. 광체모델링 프로그램에 지질조사와 물리탐사 자료, 시추탐사에서 확인된 광체구간 자료 등을 이용하여 제작된 2차원 단면도를 연결시켜 획득한 DB자료를 분석하여 광체형상을 3차원으로 구현한다. 이후 다양한 지구통계처리 기법을 이용하여 이미 알고 있는 시료품위 값을 바탕으로 모델링 구역 내 미지의 지점에 대한 품위를 예측하고 매장량의 등급을 구분하여 매장량을 산출한다.

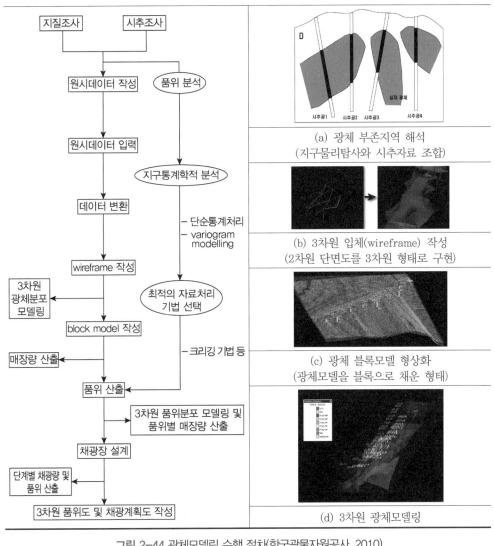

그림 2-44 광체모델링 수행 절차(한국광물자원공사, 2010)

품위와 매장량을 산출하는 통계적 처리방법으로는 Danie Krige에 의한 크리깅 (kriging) 기법을 널리 사용하고 있다. 크리깅은 관심이 있는 좌표에서의 관측값을 추정하기 위해 주변에 이미 알고있는 자료의 선형조합으로 그 값을 예측하는 지구통계학적 기법이다. 시료채취 지점의 거리를 고려하여 계산하는 통계처리 방법과 다르게 크리깅 기법은 광체블록의 거리와 방향을 고려한 3차원상의 위치에 의한 품위를 파악하므로 신뢰성 높은 매장량 계산결과를 산출할 수 있다.

2.8 경제성평가

경제성평가는 대상 프로젝트의 기술적·경제적 타당성 검토를 통해 목표 수익률 실현 여부와 프로젝트의 가치 추정을 위해 실시한다(그림 2-45). 이러한 평가를 통하여 신규사업의 투자 여부 결정뿐만 아니라 개발사업의 지속, 연기, 포기 여부를 결정한다.

일반적으로 자원개발은 높은 투자 위험이 존재하므로 다른 산업보다 정밀한 경제성 평가 작업이 필요하다. 자원개발의 경제성평가는 프로젝트가 진행되는 전 과정에 걸쳐 수행하며, 이를 통해 프로젝트의 다음 단계 추진 여부를 판단하고 현 단계에서의 리스크 분석과 자금조달의 규모를 결정하는 근거자료로 활용한다.

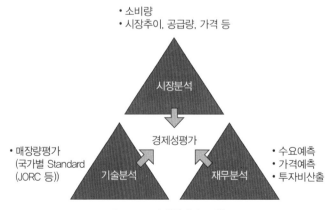

그림 2-45 경제성평가 구성도

2.8.1 경제성평가 방법

일반적으로 프로젝트의 투자의사 결정 시 재무회계를 기초로 투자안의 사업가치를 평가한다. 사업가치를 판단하는 경제성평가 방법에는 순현금흐름을 장부상의 가액으로 결정하는 전통적 기법인 회수기간법(payback period method, PBP)과 순현금흐름을 시간가치를 반영하여 결정하는 현금흐름할인법(Discount Cash Flow, DCF)이 있다. 현금흐름할인법은 본질가치가 운영을 통해 미래에 유입될 현금흐름을 통해 나오는 것으로 보고 미래에 기대되는 영업현금흐름을 일정한 할인율로 할인하여 현재가치를 산출한다. 현금흐름할인법에는 순현재가치법(Net Present Value, NPV)과 내부수익률법(Internal Rate of Return, IRR)이 있다.

자원개발 프로젝트의 경제성평가·분석 및 투자결정을 위한 주요 검토항목은 생산·판매 규모, 판매가, 투자비 및 생산원가, 현금흐름, 할인율(discount rate), 가치평가 방법 등이다. 자원개발사업의 경제성평가 시 투자가치 평가방법 중 보편적으로 사용되는 현금흐름할인법을 사용하며 가치평가에서 큰 영향을 주는 변수는 매장량, 광물가격, 할인율이다.

(1) 회수기간법(payback period method, PBP)

회수기간법은 매년 현금유입액의 누계가 최초 투자액과 같아질 때까지의 기간, 즉 최초 투자액을 모두 회수하기까지 기간을 투자자가 사전에 정해놓은 회수기간과 비교하여 투자안을 평가하는 방법이다. 회수기간법에서 현금유입액은 회계이익이 아니라 현금흐름을 기준으로 한다.

t시점에서의 현금흐름을 C_t, 초기 투자비용을 C_0라고 할 때 다음 식과 같이 초기 투자액을 회수하는 데 소요되는 T가 회수기간이 된다.

$$\sum_{t=1}^{T} C_t = C_0$$

회수기간법은 투자자가 자체적으로 설정한 목표 회수기간보다 투자안의 회수기간이 짧을 경우 채택하고, 반대로 목표 회수기간보다 길 경우 투자안을 기각한다. 여러 투자안들 중 비교가 가능할 경우에는 목표 회수기간보다 회수기간이 짧은 투자안들 중 가장 단기의 투자안을 채택한다.

(2) 순현재가치법(Net Present Value, NPV)

순현재가치법(순현가법)은 투자로 인해 발생하는 현금흐름의 총 유입액 현재가치에서 총 유출액 현재가치를 차감한 가치를 순현재가치, 순현가라고 하며 이러한 순현가를 이용하여 투자안을 평가한다.

자원개발 프로젝트는 투자금 조달방법이 다양하고 10~30년의 가행기간을 가지는 장기적인 현금흐름이 발생하므로 미래에 받게 될 금액을 현재 시점에서의 금액가치로 환산할 때 사용되는 이자율인 할인율의 산정은 경제성평가 시 중요한 요소이다. 순현재가치는 할인율에 따라 달라지고 투자 여부가 결정되므로 적정 할인율 및 현금흐름에 영향을 주는 판매가격, 생산원가, 투자비, 로얄티 등에 대한 검토가 요구된다. 일반적으로 할인율이 낮아질수록 NPV가 증가하며, 리스크가 많은 프로젝트는 높은 할인율을 적용하여 NPV 값을 감소시킬 수 있다.

투자안의 순현재가치는 다음 식과 같이 계산한다. 식에서 적정 할인율은 해당 투자안이 벌어들어야 하는 최소한의 수익률로서 자본비용이라고도 한다.

$$NPV = 현금유입의\ 현재가치 - 현금유출의\ 현재가치$$

$$NPV = \frac{R_1}{(1+k)^1} + \frac{R_2}{(1+k)^2} + \cdots \frac{R_n}{(1+k)^n} - C = \sum_{t=0}^{n} \frac{R_t}{(1+k)^t} - C$$

여기서, R_t : t시점의 현금유입

$\quad\quad C$: $t = 0$ 시점의 순현금유출(순현금유출의 현가)

$\quad\quad k$: 자본비용(=적정 할인율)

순현재가치는 현재가치에서 실제 투자액을 차감한 것으로 산출된 NPV의 값이 0보다 크면 투자의 가치가 있으므로 투자안을 선택하고 NPV가 0보다 작으면 투자안을 기각한다. 또한 복수 투자안의 경우 NPV가 0보다 큰 투자안 중에서 가장 높은 NPV안을 채택한다.

(3) 내부수익률법(Internal Rate of Return, IRR)

내부수익률법은 투자에 대한 현금유입량의 현재가치와 현금유출량의 현재가치를 같도록 하여 수익률을 찾아내는 것으로 NPV가 0과 같아지게 만드는 특정 할인율의 값을 구하는 것이다. 예를 들어 어떤 투자의 내부수익률이 10%라면 이것은 투자의 원금이 내용연수까지 계속 10%의 복리로 성장하는 자본의 복리증가율과 동일한 의미를 갖는다.

내부수익률과 자본조달 이자율을 비교하여 내부수익률의 값이 클 경우 투자안을 채택하고 값이 작을 경우 투자가치가 없는 것으로 평가한다. 또한 복수 투자안의 경우 투자안 중 가장 높은 IRR의 안을 채택한다.

투자안의 내부수익률은 다음 식과 같이 계산한다.

$$NPV = O = C + \frac{R_1}{(1+IRR)^1} + \frac{R_2}{(1+IRR)^2} + \cdots + \frac{R_n}{(1+IRR)^n} = \sum_{t=0}^{n} \frac{R_t}{(1+IRR)^t}$$

여기서, R_t : t 시점의 순현금유입

C : $t = 0$ 시점의 순현금유출(순현금유출의 현가)

문제 2개의 자원개발 프로젝트에 대해 회수기간법, 순현재가치법, 내부수익률법에 의한 경제성을 각각 평가해보시오. (단, 목표 회수기간은 3년, 요구수익률은 13%로 가정)

(단위 : $)

구분	투자시점	1차년도	2차년도	3차년도	4차년도
A프로젝트	−2,000	1,000	800	600	200
B프로젝트	−2,000	200	600	800	1,200

풀이 ① 회수기간법(PBP)에 의한 경제성평가

(단위 : $)

구분	연도별 순현금흐름				
	투자시점	1차년도	2차년도	3차년도	4차년도
A프로젝트	−2,000	1,000	800	600	200
	−2,000	−1,000	−200	400	600
B프로젝트	−2,000	200	600	800	1,200
	−2,000	−1,800	−1,200	−400	800

프로젝트 A의 PBP = 회수까지의 기간+(회수년도의 현금흐름/최종년도까지의

현금흐름)=2년+200/600=2.33년

프로젝트 B의 PBP = 3년+400/1,200=3.33년

⇒ 목표 회수기간(3년)보다 짧은 A프로젝트 투자

② 순현재가치법(NPV)에 의한 경제성평가

$$NPV_A = \frac{1,000}{(1.1)^1} + \frac{800}{(1.1)^2} + \frac{600}{(1.1)^3} + \frac{200}{(1.1)^4} - 2,000 = \$157.64$$

$$NPV_B = \frac{200}{(1.1)^1} + \frac{600}{(1.1)^2} + \frac{800}{(1.1)^3} + \frac{1,200}{(1.1)^4} - 2,000 = \$98.35$$

⇒ NPV가 0보다 크므로 A, B프로젝트에 대한 투자가치가 있으며, 만약 상호
배타적일 경우 A프로젝트 투자

③ 내부수익률(IRR)에 의한 경제성평가

$$NPV_A : 0 = -2,000 + \frac{1,000}{(1+IRR_A)^1} + \frac{800}{(1+IRR_A)^2} + \frac{600}{(1+IRR_A)^3} + \frac{200}{(1+IRR_A)^4}$$

$$NPV_B : 0 = -2,000 + \frac{200}{(1+IRR_B)^1} + \frac{600}{(1+IRR_B)^2} + \frac{800}{(1+IRR_B)^3} + \frac{1,200}{(1+IRR_B)^4}$$

⇒ 프로젝트 A의 IRR=14.49%, 프로젝트 B의 IRR=11.79%로 요구수익률은
13%이므로 A프로젝트 채택

2.8.2 사업타당성조사

사업타당성조사(Feasibility Study, F/S)는 프로젝트의 기술적·경제적으로 시행 가능여부를 조사·검토하는 일련의 과정으로 투자 의사결정에 필요한 기초자료 제공을 목적으로 실시한다. F/S는 시장분석, 기술분석, 재무분석 등을 통하여 투자자금 산정, 수익 및 생산원가와 일반관리비 등의 비용의 적정성 여부를 검토하여 추정 재무제표를 작성하고 현금흐름을 파악하여 경제성분석을 통해 사업가치를 평가하는 것을 목표로 한다.

자원개발 프로젝트의 사업타당성조사에 사용되는 일반적인 절차도는 **그림 2–46**과 같다.

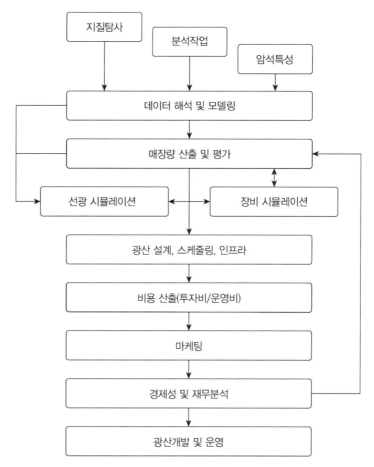

그림 2–46 사업타당성조사 절차도(양형식 외, 2016)

　F/S는 매장량평가는 물론 기술적, 환경적, 법적, 사회적, 정치적 타당성 등을 조사하여 종합적인 분석을 실시한다. 아울러 투자자금의 조달, 지분인수 등의 재무·세무, 법무, 기타 마케팅 등의 타당성을 조사하기 위해 분야별로 심도 있는 실사를 실시하기도 한다.

　F/S 주요 검토 요소는 표 2–17과 같이 광상부존, 채광 및 선광, 인프라, 인력조달, 광해방지 조치, 법령 준수사상 등 광업과 관련된 사항뿐만 아니라 생산성, 품위, 판매가 등 수익성에 미치는 영향도 분석한다. 검토 요소는 개발허가 신청, 환경영향평가, 광물 공급 계약, 자금조달 협상 등의 자료로 활용한다.

표 2–17 사업타당성조사 수행 시 검토 요소(한국광물자원공사, 2009)

법적 부문	지질 부문	채광 부문	선광 부문	기타 부문
소유권	조사방법	광산설계	생산품위	경영관리
광업권	자료파악	채광법	선광징설계	인프라
선취권	광상모델링	장비선정	품위관리	투자비
합작사업	지질구조	광석/폐석운반	광물찌꺼기관리	원가
운영권	피복층	생산계획		경제성
판매권	한계품위	인원계획		환경피해
	박토비(S/R)	지원시설		
	매장량			

　사업타당성조사는 그림 2–47과 같이 사업 진척 단계별로 개념적타당성조사(conceptual F/S), 예비타당성조사(pre F/S), 본타당성조사, 최종타당성조사(final F/S) 단계로 실시한다. 최종 F/S 단계로 진행될수록 조사결과의 정확도가 높아져 개발위험은 감소되고 성공확률이 증가된다. 탐사 초기에 개념적 F/S를 실시하여 프로젝트의 계속 추진여부를 판단한 후, 탐사 진행 또는 완료 시 예비 F/S를 통해 프로젝트의 기술적·경제적 실행가치 유무를 판단한다. 가치가 있으면 환경영향평가 완료단계에서 최종 F/S를 실시하여 프로젝트에 대한 광산건설의 수익성 여부를 최종적으로 판단하고 최적의 채굴 계획 및 예산안을 마련한다.

　사업타당성 단계별 투자의 신뢰도는 단계별 F/S가 진행될수록 높아지며, 투자결정은 환경영향 평가가 완료된 본타당성조사 단계에서 이루어진다.

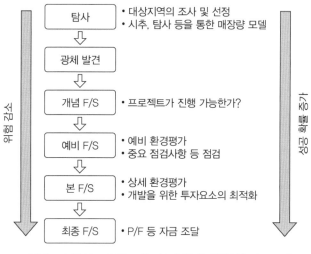

그림 2-47 광산 프로젝트의 F/S 수행과정(양형식 외, 2016)

2.8.3 개발투자 수익성평가

미개발 프로젝트의 경제성과 수익성은 광산개발이 완료되어 정상 생산 중인 광산이라고 가정하여 평가하는 것이 불가피하다. 이때 광산개발 및 운영에 소요되는 총 투자비는 기회비용을 고려하여 일정 수준의 수익률을 보장하는 것으로 가정하는 것이 타당하다.

개발투자 수익성은 다양한 방법으로 평가하는데 건물, 기계장치 등과 같이 가치가 유한한 대상의 평가방법과는 다르게 자원개발 투자 수익성은 일반적으로 연금법이나 상환기금법으로 평가한다. 연금법은 인우드(Inwood) 방식이라 하고 순이익에 복리 연금 현가율을 곱하여 산출하며, 호스콜드(Hoskold) 방식이라 하는 상환기금법은 수익가격을 순수익에 수익현가율을 곱하여 산출한다. 인우드 방식은 적용이 복잡하여 국내 광업권은 주로 호스콜드 방식으로 개발투자 수익성을 평가하고 있다.

호스콜드 방식은 매년 연수익에서 적정한 보수이율에 의해 경영주의 배당이윤을 취하고 나머지 연수익이 상환기금이 되어 축적이율로 가행기간 적립된 금액이 투자금과 같은 액수가 되어 회수한다는 개념이다. 즉 매년 연수익은 경영주의 보수이윤과 투자금회수를 위한 상환기금의 합계가 되어야 한다는 원칙에서 유도된 식으로, 광산개발의 추정 기대수익을 산정하고 이를 평가액으로 활용하는 것이다.

호스콜드 방식에 의한 투자금액은 다음 식과 같다.

$$P_n = a \times \cfrac{1}{S + \cfrac{r}{(1+r)^n - 1}}$$

여기서, P_n : 투자금액

a : 연수익

r : 축적이율(상환기금 이율)

S : 보수이율(경영주의 이윤율)

n : 가행년수

문제 가채광량이 200,000톤인 A광산이 다음과 같은 조건일 때 투자금액은?

(연생산량 : 10,000톤, 광석대 : 20,000원/톤, 생산비 : 15,000원/톤, 축적이율 : 5%,

보수이율 : 10%)

풀이 가행년수(n)= 200,000톤 ÷ 10,000톤/년 = 20년

연수익(a)= 10,000톤/년 × (20,000원/톤 − 15,000원/톤) = 50,000,000원/년

축적이율(r)= 0.05

보수이율(S)= 0.1

호스콜드 공식을 적용하면

$$P_n = a \times \cfrac{1}{S + \cfrac{r}{(1+r)^n - 1}}$$

$$= 50,000,000 \times \cfrac{1}{0.1 + \cfrac{0.05}{(1+0.05)^{20} - 1}} ≒ 383,899,008원$$

자원개발 및 생산

3 자원개발 및 생산

탐사를 통하여 확보된 광체를 효율적으로 안전하게 채광하기 위하여 부존여건과 광종에 따라 개갱방식 등의 개발계획을 수립하고 적정한 채광법을 선정하여 개발한다. 일반적으로 광상이 지표 가까이 부존되어 있을 때에는 노천채광을, 광상이 심부에 부존되어 있으면 지표에 갱구를 개설하여 갱내채광으로 광산을 개발한다.

3.1 개갱

개갱(development)은 탐사작업으로 개발가치가 인정되는 광상의 채광을 위해 광상을 개착하는 단계이다. 개갱은 채광단계 이전에 시행하며 광산에서 계획적인 생산을 하기 위한 필수작업으로 계획, 설계, 건설 등의 과정들을 포함한다. 개갱은 노천채광에서는 광체를 덮고 있는 상부 피복층을 제거하여 광체를 노출하는 작업이며, 갱내채광에서는 지하채광을 위해 지표로부터 광체까지 도달되는 갱도를 개설하는 작업이다.

개갱작업은 일반적으로 채광작업에 일정기간 앞서 시작하고 폐광하기 일정기간 전에 끝난다. 국내의 경우 개갱단계에서 광업권과 토지권 취득, 채굴계획인가 승인, 자금조달계획 등을 확정하여야 한다. 또한 진입도로, 전력, 운반시스템, 선광설비, 폐석·광물찌꺼기 적치장, 사무실 외 제반 지원시설 등을 준비한 후 개갱작업을 시행한다.

3.1.1 개갱계획

개갱계획 수립을 위해서는 생산규모, 갱구위치, 개갱방식을 결정하여야 하며 개갱방식이 결정되면 갱도의 위치, 간격, 방향, 단면형태, 경사 등의 구체적인 계획이 수립된다. 개갱과 전체 채굴량과의 균형을 위한 개갱계수와 채굴작업이 진행됨에 따른 연간 수평발전율, 심도증가율 등이 정해지면 적정한 생산규모가 결정되고 광산의 가행수명도 정해진다. 갱내채광의 경우 갱도굴착 방법이 선정되면 굴착기, 화약 종류, 지보재료 등을 선택하여 개갱작업이 이루어진다.

(1) 개갱계수(development factor)

개갱계수는 광산개발에 있어서 광체에 도달하는 곳까지의 굴착연장이나 굴착량이 채굴광석 1,000톤당 어느 정도인지를 나타내는 지표이며, 개갱계수는 다음 식과 같이 계산한다. 개갱계수가 크다는 것은 같은 채굴량에 대해 갱도굴착량이 많거나 연장이 길다는 것을 의미하므로 개갱계수가 작을수록 투자비 및 원가면에서 유리하다.

① 갱도 연장에 의한 방법

$$D_f = \left(\frac{L}{Q}\right) \times 1,000 (\text{m}/1,000톤)$$

② 갱도 굴착량에 의한 계산 방법

$$D_f = \left\{\frac{(A \times L)}{Q}\right\} \times 1,000 (\text{m}^3/1,000톤)$$

여기서, D_f : 개갱계수(m/1,000톤 또는 m³/1,000톤)

　　　　A : 개갱계획의 갱도 단면적(m²)

　　　　L : 개갱계획의 개갱갱도 굴착연장(m)

　　　　Q : 채굴계획의 채굴계획 광량(톤)

문제 갱도 굴착연장이 3,000m이고 이 갱도의 연간 생산량이 20만 톤인 경우 개갱계수는?

풀이 개갱계수 $= \left(\frac{L}{Q}\right) \times 1,000 = \left(\frac{3,000}{200,000}\right) \times 1,000 = 15 (\text{m}/1,000톤)$

문제 총 가채광량 20만 톤을 채굴하기 위한 개갱계획에서 3×2m 단면의 갱도로 1,000m가 개착되어야 한다면 이 광산의 개갱계수는?

풀이 ① 갱도 연장에 의한 방법 : 개갱계수 $= \left(\frac{L}{Q}\right) \times 1,000 = \left(\frac{1,000}{200,000}\right) \times 1,000$

$$= 5 (\text{m}/1,000톤)$$

② 갱도 굴착량에 의한 방법 : 개갱계수 $= \left\{ \dfrac{(A \times L)}{Q} \right\} \times 1,000$

$$= \left\{ \dfrac{(3 \times 2) \times 1,000}{200,000} \right\} \times 1,000$$

$$= 30(\text{m}^3/1,000\text{톤})$$

(2) 수평발전율(horizontal mining ratio)과 심도증가율(shaft mining ratio)

수평발전율은 완경사 광체에 있어 계획된 연간 생산량에 대하여 주향방향과 경사방향으로 진행되는 거리 및 면적의 정도이며, 주향방향으로 전개된 거리를 수평갱도발전율(drift mining ratio)이라 한다. 심도증가율은 연간 생산량에 대한 채굴심도 증가율이다.

수평발전율과 심도증가율은 계획된 연간 생산량에 대해 채굴작업장이나 채굴갱도가 주향방향과 수직심도로서 얼마나 진행되었는가를 알아보는 지표이다. 이 지표는 다음 해의 생산작업을 위한 시설확장 또는 연장계획 수립, 수평갱도 간의 수직간격 결정, 갱도의 주향과 수직심도로 확장범위 등을 파악하기 위해 사용된다. 일반적으로 수평발전율은 연간 주향 및 경사방향으로 각각 50~100m, 면적은 50×50m~100×100m, 심도증가율은 연간 10~15m 정도로 계획한다(우재억, 2003).

수평발전율, 수평갱도발전율 및 심도증가율은 다음 식과 같이 계산한다.

① 수평발전율

$$R_H = \frac{Q_a}{(t \times \delta)} = S_m \times I_m$$

$$Q_a = S_m \times I_m \times t \times \delta$$

② 수평갱도발전율

$$R_D = \frac{Q_a}{(I_t \times t \times \delta)}$$

③ 심도증가율

$$R_s = I_m \times \sin\theta$$

$$I_m = \frac{Q_a}{(S_m \times t \times \delta)}$$

여기서, R_H : 수평발전율(m)　　　　　　R_D : 수평갱도발전율(m)

　　　　R_s : 심도증가율(m)　　　　　　Q_a : 연간 생산량(톤)

　　　　S_m : 주향방향의 채굴거리(m)　　I_m : 경사방향의 채굴거리(m)

　　　　t : 광층의 맥폭(m)　　　　　　　I_t : 상하 수평갱도 간 광층의 경사거리(m)

　　　　δ : 광층의 평균 비중　　　　　　θ : 광층의 경사각(°)

문제 광층의 경사거리 100m를 1개 수준으로 채굴계획을 세우고 맥폭 3m, 광석 비중 2인 광층에서 연 생산량 3만 톤을 목표로 가행하는 광산의 수평갱도발전율은?

풀이 수평갱도발전율$(R_D) = \dfrac{Q_a}{(I_t \times t \times \delta)} = \dfrac{30,000}{(100 \times 3 \times 2)} = 50\text{m}$

문제 계획된 채굴 주향연장 200m, 맥폭 3m, 비중 2, 경사각 30°인 광층에서 연간 3만 톤을 생산한다면 이 광산의 심도증가율은?

풀이 $I_m = \dfrac{Q_a}{(S_m \times t \times \delta)} = \dfrac{30,000}{(200 \times 3 \times 2)} = 25\text{m}$

심도증가율$(R_s) = I_m \times \sin\theta = 25 \times \sin 30° = 25 \times 0.5 = 12.5\text{m}$

(3) 생산규모의 추정

　광산설계는 적정 생산규모를 결정하고 채광법을 선정하는 것으로부터 시작되며, 개발계획 수립 시 생산규모의 변동에 따라 개발투자비, 가행 시의 연간 금융비용 등을 포함한 생산원가, 가행년수는 변화한다. 생산규모의 단순 산출방법으로 테일러(Taylor) 공식을 적용하여 매장량에 의한 광산 가행년수(Life of Mine, LOM)와 생산규모를 추정할 수 있다. 테일러공식은 여러 형태가 있으며 일반적으로 사용되는 식은 다음과 같다.

$$\text{광산 가행년수(년)} \fallingdotseq (1 \pm 0.2) \times 6.5 \times \sqrt[4]{\text{매장량(백만 톤)}}$$

$$\text{일 생산규모(톤)} \fallingdotseq \frac{\text{매장량(톤)}}{\text{가행년수(년)} \times \text{연간 가행일수(일/년)}}$$

문제 A광산의 매장량이 10백만 톤이고 연간 300일을 가동할 계획이다. 테일러공식을 이용하여 A광산의 가행년수와 일 생산규모를 산출하시오.

풀이 ① 광산 가행년수 $\fallingdotseq (1 \pm 0.2) \times 6.5 \times \sqrt[4]{\text{매장량(백만 톤)}}$

$\fallingdotseq 1 \times 6.5 \times \sqrt[4]{10} \fallingdotseq 11.6(11.4년 \sim 11.8년) \fallingdotseq 12년$

② 일 생산규모 $= \dfrac{\text{매장량}}{\text{가행년수} \times \text{연간 가행일수}} = \dfrac{10,000,000}{12 \times 300} \fallingdotseq 2,778(톤)$

3.1.2 갱구

갱구는 광석을 채굴하기 위하여 지표에 설치된 갱도 입구로서 광산의 관문 역할을 하는 곳이다. 갱구위치, 갱구 수 등의 결정은 광산경영에 중요한 사항이므로 안전성과 경제성을 고려하여 최적의 갱구위치 선정이 필요하다.

갱구위치 선정 시 표 3-1의 사항을 고려하여 선정하되 고려사항에 문제가 없다면 가급적 하부에 설치하며, 가능한 광상의 중앙 가까운 장소로 기반암 중에 설치하는 것이 바람직하다.

표 3-1 갱구위치 선정 시 고려사항

• 하천, 계곡의 최대 홍수수위보다 높은 곳에 위치 • 지상설비와 연계가 편리하고 안전한 위치 • 최저 굴착비와 최저 유지비가 가능한 곳 • 광산의 장래 발전성 • 광상까지 도달거리, 개착하여야 할 암반의 성질 • 운반, 배수, 통기 등의 편의성 • 폐석처리 문제 등	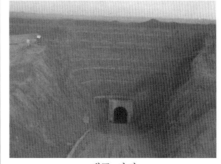 갱구 사진

광상의 유형에 따른 주 진입갱도의 위치 선정은 **그림 3-1**과 같다. 갱구 수는 지형상 광상의 위치, 자본금의 규모, 운반량, 통기목적의 갱내가스 발생량 등을 감안하여 결정한다. 광산개발 시 기본적으로 입기와 배기 등을 고려하여 2개 이상의 갱구를 만드는 것이 필요하고 갱내에서 서로 연결이 되도록 하여야 한다.

갱구의 모양은 수평갱과 사갱의 경우 연약한 암반에서는 원형, 타원형, 아치형이고 견고한 암반에서는 정방형 및 사다리꼴 형태이다. 수갱의 경우 대부분 원형이나 일부는 직사각형 형태도 있다. 수갱 단면 형태가 원형이면 갱도의 유지면에서 유리하나, 굴착 시의 작업 능률면이나 배치 등의 사용면에서 불리하다.

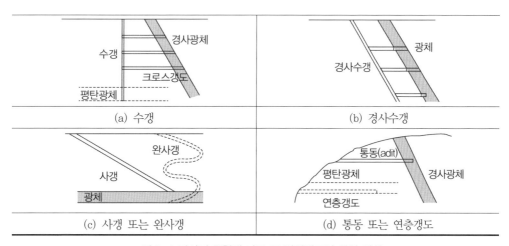

그림 3-1 광상의 유형에 따른 주 진입갱도의 위치 선정

갱도의 크기는 운반량, 통기량, 배수량 및 광산근로자의 통행량 등에 따라 결정한다. 국내 가행 중인 석탄광 갱도의 크기는 주운반갱도는 4.9m(폭)×3.1m(높이) 내외, 사갱은 4.1m(폭)×2.8m(높이) 내외이며, 수갱의 경우 운반용수갱은 직경이 6.2m 내외, 통기수갱은 2~3m 정도이다. 대부분의 비금속광산은 완사갱(ramp way)을 굴착하고 덤프트럭 등으로 운반하므로 갱도크기는 5×5m 이상이다.

갱도구배는 굴곡이 없는 직선갱도가 이상적이며 수평갱도에서의 구배는 자연배수가 되도록 한다. 일반적으로 운반만을 목적으로 할 때 갱도구배는 1/500 정도이며, 배수를 겸할 때는 1/100 정도로 구배를 주는 것이 바람직하다.

3.1.3 주요 개갱법

지표에 갱구가 설정되면 광체에 접근하는 개갱법에는 수평갱, 사갱, 수갱이 있으며 광상의 위치와 형태에 따른 주요 개갱법은 **그림 3-2**와 같다. 지표 및 지하 부존광체의 상태, 확보광량 및 자본금의 규모 등을 종합 분석하여 적정한 개갱법을 선택하여야 한다.

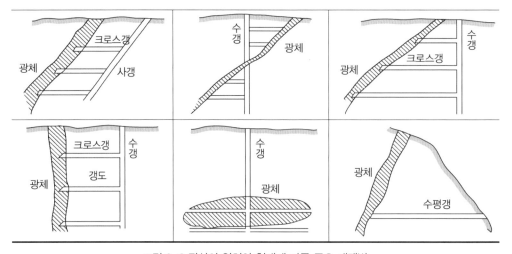

그림 3-2 광상의 위치와 형태에 따른 주요 개갱법

일반적으로 광체에 접근하기 위해서는 수평갱으로 광체와 연결하고 점차 배수수준보다 낮은 하부개발을 위하여 사갱과 수갱을 개설하는 갱도골격 시스템을 구축한 후 채광작업을 개시하게 된다. 갱내채광은 주요 개발갱도인 수평갱, 수갱, 사갱을 굴착하고 주운반갱도로부터 연층갱도, 크로스갱도 등을 개설하여 채광작업을 실시한다. 갱도는 광물, 인력·자재 운반, 통기, 배수 등의 통로로 활용되므로 주로 암반이 견고한 하반에 갱도를 굴착한다.

(1) 수평갱(level)

수평갱에 의한 개갱은 수평갱도를 지표에서 암반 중에 1/100~1/500 구배로 굴착하여 광맥에 착맥하면 그곳에서 광맥의 주향방향으로 굴진하면서 채광작업을 진행한다. 수평 갱도 수준면 이상의 광석을 전부 채굴하면 사갱이나 수갱에 의한 개갱으로 전환하여 심부채굴을 한다. 수평갱도는 개착방향, 위치 및 용도에 따라 통동(adit), 연층갱도(drift), 크로스갱도(crosscut), 소수갱도(drainage level), 중단갱도(sublevel) 등이 있다(표 3-2).

표 3-2 수평갱의 종류 및 용도

수평갱 종류	주요 용도
통동	• 지표 언덕 측면에서 수평으로 개착한 광체에 도달하는 관문 역할을 하는 갱도로 주로 운반, 통기, 배수 등에 사용
연층갱도	• 광맥의 주향방향으로 광체 또는 상·하반 중에 굴착한 갱도
크로스갱도	• 주운반갱도 또는 연층갱도에서 광체의 주향방향과 직각 내지 직각에 가까운 각도로 굴착한 갱도
소수갱도	• 기계력을 이용하지 않고 수평갱도에 배수로를 설치하고 그 갱도의 경사에 의해 갱내 수를 자연배수시키는 갱도
중단갱도	• 상·하 주운반갱도, 수평갱도 사이에 채굴 작업상 편리를 위하여 개설한 수평갱도

(2) 사갱(inclined shaft)

수평갱도 수준면 상부의 광석채굴이 완료되거나 주 개발대상 광체가 배수수준 하부에 부존되어 있는 경우에 갱내나 지표에서 광체 경사에 따라 사갱을 개착하고 수평갱으로 광체에 도달한다(그림 3-3). 일반적으로 개발초기에는 사갱으로 개갱하고 적당한 심도에서 수갱으로 전환하는 것이 이상적인 방법이다. 사갱의 굴착은 암반의 성질에 따라 광맥이나 주로 하반 중에 개착하며, 불가피할 경우 상반에서 광맥의 경사와 반대방 향으로 개착한다. 사갱의 길이는 권양기의 능력에 따라 다르나 일반적으로 1km 이내가 적당하며 심도가 이보다 깊어지면 2단사갱을 굴착하여야 한다.

레일을 설치하는 사갱 운반시스템에서는 일반적으로 15~18° 경사를 적용하지만 광산용트럭, LHD(Load Haulage Dump) 등 내연기관에 의한 무궤도운반을 적용하는 경우에는 평균 8° 정도의 완사갱(ramp way)을 굴착하여 광체에 접근한다.

그림 3-3 사갱

(3) 수갱(shaft)

　지표 또는 갱내에서 직경 4~6m 내외의 갱도를 수직으로 굴착하는 개갱법으로 지표
에서부터 최단거리로 지하심부에 도달할 수 있어 이상적이다. 수갱의 사용 목적은 수평
갱이나 사갱과 마찬가지로 운반, 통기, 배수, 통행이지만 굴착에 막대한 자금과 장기간이
소요된다. 수갱의 위치는 광석의 채굴구역과 지표시설의 관계 및 암반조건 등을 고려하
여 결정하고 운반량과 통기량을 계산하여 단면적과 심도를 설계한다.

　수갱은 새로운 광구를 개발하기 위해 굴착하는 경우와 기 채굴광구의 심부를 개발하
기 위한 통기개선 목적으로 굴착하는 경우가 있다. 그림 3-4는 수갱의 모습으로 수갱의
일정한 심도마다 주운반갱도로 광체에 도달하여 이곳에서부터 광석을 채굴하여 스킵
(skip) 또는 케이지(cage)로 운반한다.

(a) 수갱 전경	(b) 수갱 갱구

그림 3-4 수갱

수갱은 심부의 광석이 채굴완료될 때까지 영구적으로 보존되어야 할 중요갱도이므로 수갱 위치는 광층 중에 개착하기 보다는 광층에 가까운 견고한 암반에 개착하는 것이 바람직하다.

사갱과 비교할 때 수갱의 장단점은 다음과 같다.

▌수갱의 장점

• 최단거리로 지하심부의 광상에 도달할 수 있다.

• 수직광체일 때 사갱에서는 크로스갱도의 거리가 일정하지 않으나, 수갱은 각 심도별 크로스갱도의 거리가 일정하다.

• 사갱에 비해 지압의 영향이 적으며 축벽(築壁, masonry wall)하기가 용이하여 유지비가 감소된다.

• 수갱의 단면은 완전히 유지되지만 사갱은 반팽(盤膨, heaving) 현상이 발생되어 단면을 유지하기가 어렵다.

• 종업원이나 반입자재의 갱내수송이 용이하며 빠르다.

• 수갱에서는 배수문제와 통기문제가 사갱에 비해 쉽다.

▌수갱의 단점

• 굴착비용과 굴착기간이 많이 소요된다.

• 수갱굴착에 특수장비와 설비가 많이 소요되며, 굴착 후에는 굴착장비의 대부분이 사용되지 않아 불필요한 설비가 많아진다.

• 수갱과 광맥과의 교차지점의 유지가 쉽지 않고, 많은 양의 보안광주(safety pillar)를 남겨야 한다.

• 갱구 및 갱저의 설비가 복잡하고 대규모 자본이 소요된다.

• 수직광맥이 아닌 경우 수갱에서 광맥까지의 접근로인 크로스갱도의 길이가 불규칙하다.

3.2 굴착

지표 또는 지표 부근에 있는 광상을 개발하거나 지하심부에 있는 광체를 채굴하기 위한 갱도개설, 광산물 운송 관련 도로 등을 건설하기 위해 암반을 굴착(mine excavation)한다.

굴착방법은 화약발파에 의한 발파굴착법과 기계력에 의한 기계굴착법이 있다. 암석의 강도, 풍화의 정도, 암반의 균열정도 및 소음·진동·비석 등 환경영향 대책에 따라 경제적인 굴착공법을 선정한다. 노천채굴에서는 굴착이 진행되어도 특별한 지보가 필요하지 않으나, 갱내채굴에서는 굴착작업이 진행됨에 따라 지보와 통기를 위한 풍관 등을 설치한다.

3.2.1 암반물성 및 분류

(1) 암석 및 암반의 물성

광체를 채굴하기 위하여 효율적으로 암반을 굴착하고 굴착갱도를 유지하기 위해서는 암석의 물성, 굴착대상 암반의 강도 및 암반의 결함인 균열, 단층 등의 상태를 파악하여야 한다.

1) 암석의 물성

굴착 및 지보설계 시 필요로 하는 암석의 물성에는 비중, 탄성파속도, 탄성계수, 포아송비(Poisson's ratio), 일축압축강도, 인장강도 등이 있다. 암석의 물성은 현지 암반시험 및 시추코어를 이용한 실험실 물성치를 병행 분석하여 평가한다.

① 공극률(porosity)

공극률은 암석의 전체 부피에 대한 암석 내 공극의 부피비이며 일반적으로 퇴적암보다 화성암이 작은 크기의 공극률을 가진다. 암석 내 공극의 부피는 보통 간편한 침수

방법을 사용하며, 공극률은 건조된 시료의 무게와 물로 포화된 시료의 무게 차이를 시료의 부피로 나눈 값이다.

$$n = \frac{\left(\dfrac{M_s - M_d}{\rho_w}\right)}{V} \times 100$$

여기서, n : 공극률(%)

$\quad\quad V$: 시료의 부피(m³)

$\quad\quad M_s$: 포화된 시료의 무게(kg)

$\quad\quad M_d$: 건조된 시료의 무게(kg)

$\quad\quad \rho_w$: 물의 밀도(1,000kg/m³ 또는 1g/cm³)

② 비중(specific gravity) 및 단위중량(unit weight)

밀도(density)는 단위체적당 질량으로 단위는 kg/m³ 또는 g/cm³를 사용한다. 비중은 암석의 밀도와 물의 밀도 비율이므로 밀도와는 달리 단위를 가지지 않는다. 암석의 밀도는 조암광물의 밀도, 암석의 공극률, 암석의 공극 내 존재하는 유체에 의한 영향 등에 따라 좌우되며, 대표적인 광물 및 암석의 비중은 **표 3-3**과 같다.

단위중량은 지구의 중력을 고려한 것으로서 비중량(specific weight)이라고도 하며 암석의 중량을 부피로 나눈 값이다.

$$밀도(\rho) = \frac{M}{V}$$

$$비중(G) = \frac{\rho}{\rho_w}$$

$$단위중량(\gamma) = \frac{W}{V} = \frac{Mg}{V} = \rho g$$

여기서, ρ : 암석의 밀도(kg/m^3) ρ_w : 물의 밀도(1,000kg/m^3 또는 1g/cm^3)

V : 암석의 부피(m^3) W : 암석의 중량(N/m^3)

M : 암석의 질량(kg) γ : 단위중량(N/m^3)

g : 중력가속도(9.8m/s^2)

표 3-3 대표적인 광물 및 암석 비중(Goodman, 1989)

광물	비중	암석		비중
석고	2.3~2.4		화강암	2.5~2.8
사문석	2.3~2.6		섬장암	2.6~2.9
정장석	2.5~2.6		화강섬록암	2.7~2.8
석영	2.65	화성암	섬록암	2.7~3.0
사장석	2.6~2.8		조립현무암	2.8~2.9
녹니석	2.6~3.0		휘록암	2.8~3.1
방해석	2.7		반려암	2.9~3.1
백운모	2.7~3.0		셰일	2.1~2.7
흑운모	2.8~3.1	퇴적암	사암	2.2~2.7
경석고	2.9~3.0		석회암	2.4~2.8
휘석	3.2~3.6		백운암	2.8
감람석	3.2~3.6		편마암	2.6~3.1
자철석	4.4~5.2	변성암	점판암	2.7~2.8
황철석	4.9~5.2		편암	2.7~3.0
방연석	7.4~7.6		대리암	2.8

③ 강도

강도는 암석이 파괴될 때까지 견딜 수 있는 응력으로서 암석에 가해지는 힘인 압축력, 인장력, 전단력에 따라 압축강도, 인장강도, 전단강도로 달라진다. 암석은 일반적으로 압축력에 가장 강하고 전단력, 인장력의 순으로 취약성을 보이며 암석의 인장강도는 압축강도의 약 1/10~1/20 정도이다.

한 방향으로 압축하여 측정하는 일축압축시험은 가장 일반적으로 수행되는 강도시험법으로 시험을 통해 일축압축강도, 영률(Young's modulus), 포아송비와 같은 탄성상수를 얻을 수 있다. 시험방법은 암석코아를 원주형으로 시험편을 성형하여 시험기에 설치한 후 파괴될 때까지 가압하며 시료가 파괴되면 최대하중을 기록한다. 일축압축강도는 다음 식을 이용하여 계산할 수 있다.

$$\sigma_c = \frac{P}{A}$$

여기서, σ_c : 일축압축강도(kgf/cm^2)

　　　　P : 파괴하중(kgf)

　　　　A : 시험편의 단면적(cm^2) → $A = \frac{\pi}{4}d^2$, $d =$ 시험편의 직경(cm)

　인장강도 측정에 적합한 시험법은 직접인장시험이나 시험편 축과 평행하게 하중을 가하는 것이 어려워 대부분 간접시험방법 중 압열인장시험(brazilian tension test)을 일반적으로 사용한다(그림 3–5).

$$\sigma_t = \frac{2P}{\pi\, dt}$$

여기서, σ_t : 압열인장강도(kgf/cm^2),　　　　　P : 파괴하중(kgf)

　　　　d : 시험편의 직경(cm),　　　　　　　t : 시험편의 두께(cm)

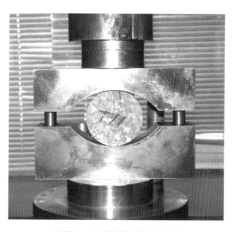

그림 3–5 압열인장강도 시험

문제 현장에서 채취한 암석시편의 질량이 303kg이고 부피가 0.25m³이다. 암석시편의 건조질량이 300kg이고 완전포화질량이 305kg인 경우 공극률은? (단, 물의 밀도는 1,000kg/m³)

풀이 공극률$(n) = \dfrac{\dfrac{M_s - M_d}{\rho_w}}{V} \times 100 = \dfrac{\dfrac{305\mathrm{kg} - 300\mathrm{kg}}{1,000\mathrm{kg/m}^3}}{0.25\mathrm{m}^3} \times 100 = 2\%$

문제 세 변의 길이가 각각 20cm, 50cm, 100cm인 암석블록이 500kg의 질량을 가지고 있다. 이 암석의 비중과 단위중량은?

풀이 밀도$(\rho) = \dfrac{M}{V} = \dfrac{500\mathrm{kg}}{(0.2\mathrm{m} \times 0.5\mathrm{m} \times 1\mathrm{m})} = \dfrac{500\mathrm{kg}}{0.1\mathrm{m}^3} = 5,000\mathrm{kg/m}^3 = 5\mathrm{g/cm}^3$

비중$= 5$

단위중량$(\gamma) = \dfrac{W}{V} = \dfrac{Mg}{V} = \dfrac{(500\mathrm{kg} \times 9.8\mathrm{m/s}^2)}{0.1\mathrm{m}^3} = 49,000\mathrm{N/m}^3 = 49\mathrm{kN/m}^3$

문제 시험편의 직경이 10cm인 시험편의 파괴하중이 500kgf이었다. 일축압축강도는?

풀이 $\sigma_c = \dfrac{P}{A} = \dfrac{(500\mathrm{kgf})}{\dfrac{\pi}{4} \times (10\mathrm{cm})^2} \fallingdotseq \dfrac{500}{78.5} \fallingdotseq 6.37\mathrm{kgf/cm}^2$

문제 직경 5cm, 두께가 3cm인 시험편의 압열인장시험을 실시한 결과 파괴하중이 120kgf였다. 이 암석의 인장강도는?

풀이 $\sigma_t = \dfrac{2P}{\pi dt} = \dfrac{2 \times 120\mathrm{kgf}}{\pi \times 5\mathrm{cm} \times 3\mathrm{cm}} \fallingdotseq 5\mathrm{kgf/cm}^2$

2) 암반의 물성

암반의 물성은 암체 내에 존재하는 단층, 층리, 절리 등의 불연속면의 영향으로 달라지며 변형성과 강도로 물성을 측정할 수 있다. 일반적으로 변형성시험에는 공내재하시험, 평판재하시험, 압력터널시험이 사용되며 강도시험에는 압축시험과 전단시험을 사용한다.

암반의 정성적 평가요소로는 암석의 종류, 굳기, 풍화, 변질의 정도, 균열 및 절리의 상태 등이며, 정량적 평가요소로는 탄성파속도, 암질지수, 일축압축강도, 균열 간격, 암석의 탄성계수 등이 있다. 갱도굴착을 위한 암반분류 기준은 암석의 종류, 탄성파속도, 압축강도, 절리상태, 암질지수 등이 있다.

암반의 물성을 직접 측정하는 것은 비용과 시간이 많이 소요되므로 일반적으로 간접 방법인 암반의 공학적 분류방법을 사용하여 암반의 조건을 수치로 정량화함으로써 굴착에 필요한 자료를 제공한다. 국내 지반조사 표준품셈에 따른 암반분류는 표 3-4와 같으며 시추상황 및 코아상태, 해머타격, 침수시험, 탄성파속도 등 암반의 성질을 종합 분석하여 암반을 분류한다.

표 3-4 지반조사 표준품셈에 따른 암반 분류

암반 분류	시추상황 (비트 기준)	대표암종 (신선암 기준)	풍화도 (광물 변질도)	암석일축 압축강도 (MPa)	시험편 P파 속도 (km/sec)	현장암반 P파 속도 (km/sec)
풍화암	Metal crown bit로 굴삭, 무수보링 가능	–	암 내부까지 풍화 광물 대부분 변질	5 이하	1.8 이하	1.2 이하
연암	Metal crown bit로 굴삭 가능, 코어회수율 낮음	미고결 퇴적암	암 내부까지 풍화 광물 부분 변질	30 이하	3.3 이하	2.5 이하
보통암	Diamond bit로 굴삭, Metal crown bit로 굴삭 시 비효율	사암, 사질셰일, 편암류, 화산 쇄설암	불연속면을 따라 다소 풍화 진행, 광물 일부 변색	30~80	3.0~4.8	2.0~3.5
경암	Diamond bit로만 굴삭	역암, 편마암류, 화성암류	불연속면을 따라 약간 풍화 변질, 암 내부는 신선	80~150	4.3~5.7	3.1~4.8
극경암	Diamond bit의 마모율이 높음	규질암류, 혼펠스, 처트	대단히 신선, 광물 변질 없음	150 이상	5.2 이상	4.5 이상
파쇄대	그라우팅이나 2중 케이싱 설치가 필요한 붕괴암반	단층, 관입, 물의 작용 등에 기인한 파쇄대	–	–	–	상대적 저속도대

표 3-4 지반조사 표준품셈에 따른 암반 분류(계속)

암반분류	암질지수(RQD)	코어회수율(TCR)	절리간격	햄머타격
풍화암	20 이하	−	<5cm	−
연암	10~50	40 이상	<10cm	둔탁음, 타격 시 쉽게 파괴
보통암	30~75	70 이상	10~20cm	탁음, 2~3회 타격 시 파괴
경암	50~100	90 이상	>20cm	금속음, 수 회 타격에도 잘
극경암	90 이상	100	>20cm	부서지지 않고 햄머가 튕김
파쇄대	20 이하	−	<5cm	−

주) 표의 지수는 암반분류의 참고사항이며 절대 기준은 아님

(2) 암반의 공학적 분류

광산에서 암반의 굴착 및 지보설치 등 보강작업은 굴착구간에서 암반의 공학적 분류를 수행하여 갱도나 채광장의 규격에 주어진 암반조건에서 무지보 가능 여부를 검토한다. 지보가 필요한 경우 안정성도표나 암반분류법에서 제시한 지보설치 범위와 적용 가능한 지보방법을 선정하는 것이 필요하다. 암반의 공학적 분류 방법으로 많은 방법들이 제안되었으나 일반적으로 암질지수(Rock Quality Designation, RQD), RMR(Rock Mass Rating), Q분류법(Q-system) 등이 주로 사용되고 있다.

1) 암질지수(RQD)에 의한 분류

Deere(1964)에 의하여 제안된 암질지수 분류법은 시추작업에서 획득한 시추코어를 조사하여 정량적으로 현장암반의 암질을 평가하는 방법이다. 암질지수는 코어회수율(Total Core Recovery, TCR)을 발전시킨 개념으로 RQD와 TCR을 구하는 식은 다음과 같으며 RQD 등급별 암질은 표 3-5와 같다.

$$TCR(\%) = \frac{회수된\ 코어길이의\ 합(cm)}{총\ 시추길이(cm)} \times 100$$

$$RQD(\%) = \frac{10cm\ 이상인\ 코어길이의\ 합(cm)}{총\ 시추길이(cm)} \times 100$$

표 3-5 RQD 등급별 암질

RQD(%)	25 미만	25~50	50~75	75~90	90~100
암질 평가	매우 불량	불량	보통	양호	매우 양호

TCR값은 불연속면의 풍화상태에 크게 좌우되며 불연속면 사이에 있는 암석의 풍화 정도인 암석자체의 강도를 간접적으로 나타내며, RQD값은 불연속면 사이의 암석자체 강도보다는 암반 전체의 강도를 나타낸다. TCR과 RQD값들로부터 암석과 암반의 강도를 간접적으로 예측할 수 있으며 굴착 시 지반상태에 따른 굴착방법 선정 검토에도 활용한다.

문제 시추조사 결과 다음 그림과 같이 코어가 회수되었다. TCR과 RQD를 각각 구하 시오.

풀이

$$TCR = \frac{회수된 \ 코어길이의 \ 합(cm)}{총 \ 시추길이(cm)} \times 100$$

$$= \frac{(17+7+5+22+4+7+12+4+4.5)}{100} = 82.5\%$$

$$RQD = \frac{10cm \ 이상인 \ 코어길이의 \ 합(cm)}{총 \ 시추길이(cm)} \times 100$$

$$= \frac{(17+22+12)}{100} = 51\%$$

2) RMR에 의한 분류

RMR 분류법은 Bieniawski(1973)에 의하여 터널이나 갱내굴착 광산에서 갱도의 유지 기간 및 보강 필요성을 판단하는 것을 목적으로 제안한 분류방법이다. 이 방법은 표 3-6과 같이 현장 및 시추자료로서 판단할 수 있는 5개의 기본인자(암석의 일축압축강도 15점, 암질지수 20점, 절리간격 20점, 절리상태 30점, 지하수상태 15점)와 불연속면의 방향(0~－12점)에 따라 보정하여 합산된 점수로 암반상태를 평가한다.

표 3-6 RMR 분류체계

변수의 분류 평점							
분류 변수		값의 범위					
1	일축 압축 강도	점하중강도 (MPa)	>10	4~10	2~4	1~2	일축압축강도 시험 필요
		일축압축강도 (MPa)	>250	100~250	50~100	25~50	5~25 · 1~5 · <1
	평점		15	12	7	4	2 · 1 · 0
2	암질지수(RQD, %)		90~100	75~90	50~75	25~50	<25
	평점		20	17	13	8	3
3	절리간격		>2m	0.6~2m	0.2~0.6m	6~20cm	<6cm
	평점		20	15	10	8	5
4	절리상태		매우 거침 불연속적 이격 없음 모암 견고	약간 거침 이격<1mm 약간 풍화	다소 거침 이격<1mm 심한 풍화	매끄럽다 이격<5mm 연속 절리	연한 충진물>5 이격>5mm 연속 절리
	평점		30	25	20	10	0
5	지하수 상태	터널길이 10m당 출수량(L/분)	없음	<10	10~25	25~125	>125
		절리수압/ 최대주응력	0	<0.1	0.1~0.2	0.2~0.5	>0.5
		일반적 조건	완전 건조	습기	젖은 상태	물방울 떨어짐	흘러내림
	평점		15	10	7	4	0
불연속면의 방향에 따른 평점의 보정							
절리의 주향과 경사		매우 유리	유리	보통	불리	매우 불리	
평점	터널과 광산	0	-2	-5	-10	-12	
	기초	0	-2	-7	-15	-25	
	사면	0	-5	-25	-50	-60	

산출한 암반평가 점수를 표 3-7과 같은 기준에 적용하여 '매우 양호'에서 '매우 불량' 까지 5등급으로 암반을 분류한다. 평가된 RMR값을 이용하여 무지보상태에서 갱도의 유지기간 및 보강의 필요성을 결정할 수 있다.

표 3-7 RMR 분류 평점에 의한 암반 등급

평점	81~100	61~80	41~60	21~40	0~20
암반 등급	I	II	III	IV	V
암반 상태	매우 양호	양호	보통	불량	매우 불량

3) Q-system에 의한 분류

Q-system은 암반특성을 평가하여 터널 지보량을 산정하기 위해 Barton(1974)에 의해 제안된 정량적인 분류법이다. 이 방법은 암질지수, 절리군 계수, 절리면 거칠기계수, 절리면 변질계수, 지하수 보정계수, 응력저감계수와 같은 6개의 변수를 사용하여 암반을 분류한다. 연약한 암반에서 적용성이 좋은 편으로 갱도굴착 시의 안정성은 지질조건과 갱도의 위치와 방향이 중요한 요소로 작용한다.

Q값은 1,000(대단히 좋은 암반)에서 0.001(가장 연약한 경우)까지의 값으로 표시한다.

$$Q = \frac{RQD}{J_n} \times \frac{J_r}{J_a} \times \frac{J_w}{SRF}$$

여기서, RQD : 암질지수

J_n : 절리군 계수

J_r : 절리면 거칠기계수

J_a : 절리면 변질계수

J_w : 지하수 보정계수

SRF : 응력저감계수

Q 산정에 고려된 항목인 (RQD/J_n)은 블록 크기, (J_r/J_a)는 블록 간의 전단강도, (J_w/SRF)는 주동응력으로 현장암반 특성에 대한 척도로 활용한다. Q-system을 이용한 암반평가 결과에 따라 제안된 최대 무지보 폭에 대한 경험적 설계 활용방안은 다음 식과 같다. 식에서 ESR(Equivalent Support Ratio)은 공동지보비이다.

최대 무지보 폭(m) $= 2 \times \mathrm{ESR} \times \mathrm{Q}^{0.4}$

록볼트 길이(L) $= (2 + 0.15 \times 공동\ 폭) / ESR$

문제 Q-system 암반분류법에서 RQD가 90%, 절리면 변질계수가 1.0, 응력저감계수가 1.0, 절리군의 수와 절리면의 거칠기 평점이 각각 3.0, 지하수에 대한 평점이 0.5인 공동의 최대 무지보 폭은? (단, 공동지보비(ESR)는 1.3이다.)

풀이 $Q = \dfrac{\mathrm{RQD}}{\mathrm{J_n}} \times \dfrac{\mathrm{J_r}}{\mathrm{J_a}} \times \dfrac{\mathrm{J_w}}{\mathrm{SRF}} = \dfrac{90}{3} \times \dfrac{3}{3} \times \dfrac{0.5}{1.0} = 45$

최대 무지보 폭 $= 2 \times \mathrm{ESR} \times \mathrm{Q}^{0.4} = 2 \times 1.3 \times 45^{0.4} \fallingdotseq 11.9\,\mathrm{m}$

(3) 암반의 변형과 파괴

암반의 변형은 암석자체의 변형보다는 불연속면의 변형에 의한 영향이 크며 암반의 파괴는 암석의 내부요인보다는 응력조건의 변화로 인한 불연속면의 변화에 의해 발생한다.

하중의 작용으로 발생한 변형은 하중제거 시 회복 가능한 탄성변형과 변형되어 회복이 되지 않고 잔류하는 소성변형의 합으로 표시한다. 탄성한계 내에서는 후크(Hooke)의 법칙에 따라 변형이 일어나며 변형량은 응력의 크기에 비례한다. 작용하중의 크기가 탄성한계 이내이면 발생변형은 모두 탄성변형이지만, 탄성한계 이상의 하중이 작용하면 탄성변형과 소성변형이 동시에 발생한다.

응력이 계속 증가하면 균열이 생겨 결국에는 암석은 파괴되는데, 물체에 따라서는 파괴변형이 일어나기 전에 소성변형의 단계를 거치지 않는 경우도 있다. 이와 같이 소성변형이 일어나기 전에 파괴되는 물체를 취성파괴(brittle fracture)라 하고, 탄성한계와 파괴점 사이에 충분한 간격이 있어 소성변형이 일어난 후 파괴되는 물체를 연성파괴(ductile fracture)라 한다(그림 3-6). 일반적으로 파괴변형은 단층, 절리 및 다양한 형태의 벽개(cleavage) 등을 일으키며, 습곡 내 형성되는 벽개의 일부도 소성변형에 의한 것으로 간주된다.

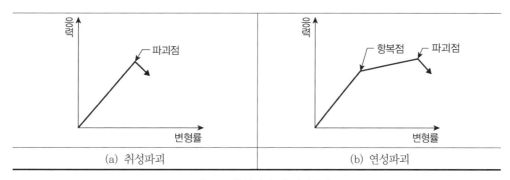

그림 3-6 취성파괴 및 연성파괴

취성파괴는 암석을 한 방향에서 하중을 가하면 응력-변형률 곡선에 특별한 변화가 없는 순간이나 소성변형이 일어나기 전에 파괴가 발생한다. 동일한 암석의 주위로부터 압력을 가한 다음 축방향으로부터 하중을 가하면 **그림 3-6 (b)**와 같이 응력-변형률 곡선의 기울기가 매우 작아지면서 어느 정도로 변형된 뒤에 일어나는 파괴가 연성파괴이다.

3.2.2 발파굴착

발파굴착은 폭약이 폭발하는 힘으로 암석을 파괴하여 굴착하는 방법이다. 암석을 착암기로 천공하고 공내에 장전한 폭약을 기폭시킴으로써 폭발에 의해 생기는 충격파로 암석에 균열을 발생시키고, 가스팽창력에 의해 균열을 성장시켜 암석을 파괴한다.

(1) 화약 및 폭약

화약은 폭발을 일으켜 그 에너지를 공업적으로 이용하는 물질로서 추진적 폭발효과를 이용하는 것을 화약, 파괴적 폭발효과를 이용하는 것을 폭약이라 한다. 화약류를 구성하는 성분의 조성에 따라 단일화합물로 구성된 화합화약류와 두 가지 이상 폭발성 화합물의 혼합물 또는 산화제나 가연성물질의 혼합물 등으로 구성된 혼합화약류가 있다(표 3-8).

표 3-8 조성에 의한 화약류의 분류(교육부, 2007)

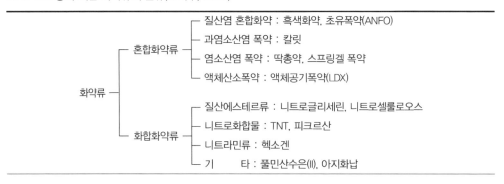

표 3-9는 국내에서 굴착에 사용되는 폭약의 종류별 용도와 특징이며 암반의 특성과 목적에 따라 적절한 폭약을 선택하여야 한다. 초유폭약(Ammonium Nitrate Fuel Oil, ANFO)은 질산암모늄과 경유를 94 : 6으로 배합하여 만든 폭약으로 저렴하고 안전하여 석회석광산 발파작업에 사용한다. 함수폭약(슬러리폭약)은 초유폭약의 단점인 흡습성을 보완한 폭약으로 질산암모늄에 물 등을 혼합하여 제조하며 폭발 후 유독가스의 발생이 적어 갱내발파에 사용한다. 초유폭약과 비슷하나 초안 이외의 용액을 연료유 중에 초미립자로 분산시켜 제조한 에멀전폭약(emulsion explosive)은 온도의 영향이 적고 비중을 조절함으로써 안정된 폭속을 얻을 수 있어 노천발파에 사용한다.

폭약을 기폭시키는 화공품으로 뇌관을 사용하는데 뇌관의 종류 중 뇌관의 윗부분에 점화장치를 한 전기적 또는 비전기적 뇌관에 폭발 지연장치가 있는 지발뇌관을 사용하여 암반을 굴착하고 있다.

표 3-9 폭약의 종류별 용도 및 특징

폭약 종류	용도	특징
다이너마이트	• 경암 및 극경암발파	• 높은 위력 • 광범위한 적용성
에멀전폭약	• 노천발파 및 터널	• 후가스 특성이 뛰어남 • 취급이 용이
함수폭약	• 갱내탄광이나 도심지발파	• 발파 진동 및 소음이 작음
초유폭약	• 석회석광산이나 채석장	• 저비중, 저폭속 • 안정성이 우수

(2) 천공작업

암반을 타격하여 발파공을 천공하는 착암기의 동력은 착암기 선단의 롯드(rod)를 따라 비트(bit)로 전달되고, 비트는 암반에 회전력과 반복 타격으로 충격을 가하여 천공을 한다. 비트의 직경을 비트게이지(bit gage)라고 하며 천공속도는 비트게이지의 제곱근에 비례하므로 발파에 지장이 없는 경우 작은 비트게이지를 사용하는 것이 바람직하다.

착암기는 일반적으로 동력원에 따라 공기를 사용하는 공압식 착암기와 유압을 사용하는 유압식 착암기로 분류한다. 또한 천공방향에 따라 수평방향 천공용인 드리프터 (drifter), 상향 천공용인 스토퍼(stopper), 하향 천공용인 싱커(sinker)로 분류한다. 공압식 착암기는 초기에 개발된 착암기로 재래식광산에서 소규모 갱도굴착에 사용되며, 현대식광산에서는 유압식 착암기가 주로 사용되고 있다(그림 3-7).

| (a) 공압식 착암기 | (b) 유압식 점보드릴 | (c) 장공천공기 |

그림 3-7 천공장비를 활용한 갱내 굴착작업

대부분의 광산에서는 대단면 갱도굴착에 대형 유압식 착암기를 장착한 유압식 점보드릴(jumbo drill)을 사용하여 수평방향 천공을 한다. 점보드릴은 피드, 붐(boom), 차대, 파워팩 등이 일체형으로 구성된 장비로 암석에 직접 타격을 가하는 드리프터가 부착된 붐의 개수에 따라 1-붐, 2-붐, 3-붐, 5-붐 등이 있다. 현장에서는 점보드릴을 변형하여 중단채광법 또는 중단붕락법 채광 시 상하향 장공천공을 위해 장공천공기를 사용하여 1회에 20~30m를 천공한다.

현대식광산에서 사용되는 천공장비는 작업자가 컴퓨터 계기판으로 천공위치와 방향을 정밀하게 제어할 수 있다. 광업 메이저기업에서는 위험한 갱내 구간의 굴착작업에 무인 천공장비를 투입하여 생산성과 안전성 향상에 노력하고 있다.

(3) 발파작업

발파작업에는 암석의 내부에 폭약을 장전하여 파괴하는 내부장약 발파법(천공발파법)과 암석의 표면에 폭약을 부착하여 폭파하는 외부장약 발파법(복토법)이 있다.

노천광산에서는 주로 계단식발파(bench blasting)를 적용하여 1열 또는 2열 이상의 발파공을 수직에 가까운 방향으로 천공하고 장약한 다음 발파를 실시하여 단계적으로 아래 방향으로 채굴적을 형성하여 채광작업을 실시한다(그림 3–8).

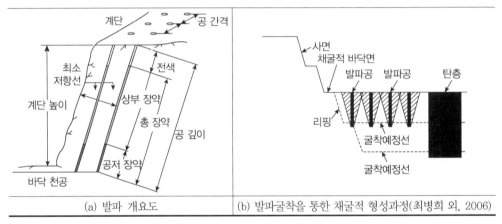

| (a) 발파 개요도 | (b) 발파굴착을 통한 채굴적 형성과정(최병희 외, 2006) |

그림 3–8 계단식발파

갱도굴착 발파에서 자유면 활용은 중요한 사항으로 갱도 굴진면과 같이 자유면이 1개로 제약되어 있어 먼저 심빼기(center cut)발파를 실시하여 자유면을 하나 더 확보하고 심빼기 부분을 중심으로 주변 공을 차례로 발파하여 자유면을 확대한다. 심빼기 공의 천공방법은 기하학적 형태에 따라 경사공 심빼기와 평행공 심빼기로 구분한다. 경사공 심빼기는 천공배열에 따라 V 커트, 피라미드 커트 등이 있으며, 평행공 심빼기에는 번 커트(burn cut), 코로만트 커트(coromant cut) 등이 있다. 심빼기발파 후 막장면에 일정간격으로 천공하고 뇌관을 이용한 MS(milisecond) 지발발파 등의 발파패턴에 의해 굴착작업을 실시한다. **그림 3-9**는 수평갱도와 굴상갱도 굴착에 발파법을 적용한 사례와 단면이 큰 갱도굴착 시의 발파공 배치와 점화순서를 나타낸 사례이다.

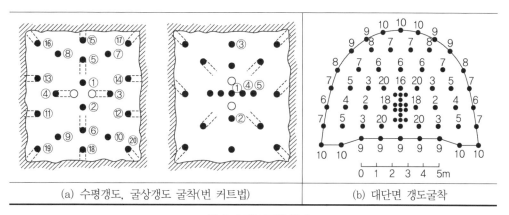

| (a) 수평갱도, 굴상갱도 굴착(번 커트법) | (b) 대단면 갱도굴착 |

그림 3-9 갱도굴착 발파

일반적으로 갱내 굴착작업은 **그림 3-10**과 같이 천공 → 장약·발파 → 환기 → 부석 제거 → 파쇄암 적재 및 운반 → 지보시공 등의 일련의 작업과정을 반복 수행한다. 발파 굴착

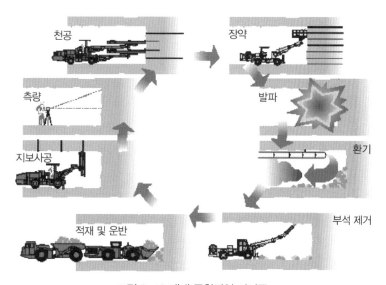

그림 3-10 갱내 굴착작업 사이클

은 소단면의 경우 1일 3회 발파하고 대단면의 경우 1일 1~2회 발파작업을 실시한다. 발파 후 발파 연기의 환기에 시간이 소요되므로 이 과정에서 작업자를 교대한다.

3.2.3 기계굴착

기계굴착은 발파를 하지 않고 다양한 형태의 대형 굴착장비를 사용하여 갱도나 갱외 광상 표토부를 굴착하는 방법이다. 갱도 개설용 기계굴착 장비로는 전단면굴착기 (Tunnel Boring Machine, TBM)와 수갱 등을 굴착하는 승갱굴착기(Raise Boring Machine, RBM)가 있다.

(1) 전단면굴착기(TBM)

전단면굴착은 발파를 하지 않고 전단면굴착기를 사용하여 암반의 전단면을 직접 절삭하면서 갱도를 굴진하는 방법이다(그림 3-11). 전단면굴착기는 기계 전면에 부착된 디스크형 커터가 갱도 전단면을 연속 굴착하는 자동화공정으로 약 3~20m 내외 직경까 지 굴삭이 가능하다. 일반적으로 약 3~5m 내외 직경의 경암 및 연암용 굴착기를 많이 활용하고 있다.

그림 3-11 전단면굴착기(심찬섭, 2013)

기계시공으로 굴진속도의 향상과 굴착된 암반의 안전성을 유지할 수 있고 발파 시 발생하는 소음·진동과 유독가스의 영향을 감소할 수 있는 장점이 있다. 그러나 극경암에서는 발파공법보다 굴착능률이 저하되며 파쇄대구간, 연약한 암반에서는 적용이 어려운 단점이 있다.

(2) 승갱굴착기(RBM)

대구경(2.4~6m 내외) 승갱굴착기를 사용하여 수갱이나 경사 갱도를 굴착하는 방법이다. 굴착공법은 상부에서 유도공 천공(pilot boring, 약 31cm 정도)을 실시하여 하부갱도에 관통시킨 후 하부갱도에서 리머헤드(reamer head, 2.4~6m 내외)를 부착하고 상부로 굴상하면서 갱도를 굴착한다(그림 3-12).

굴착속도가 빠르고 소음·진동이 없으며, 주변 지반을 이완시키지 않고 안전성이 뛰어난 장점이 있다. 그러나 하부에 리머헤드 조립공간이 있어야 하며 초기투자비가 많은 단점이 있다.

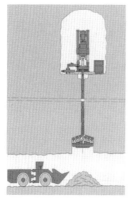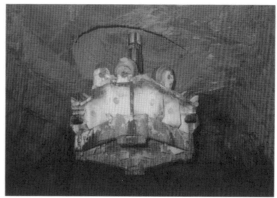

그림 3-12 승갱굴착기 확공 단면 및 리머헤드

3.2.4 수갱굴착

일반적인 갱도굴착과 달리 수갱굴착은 고도의 기술과 장비가 필요하다. 수갱굴착 전에 층서, 연약지층 또는 함수층의 존재 여부 등을 파악하기 위해 굴하 예정심도까지

시험천공을 실시하는 것이 필요하다. 수갱굴착에는 수직굴착을 위한 권양탑(head frame)과 권양기 등 권양설비, 착암기 등 굴착설비, 굴착암석을 실어 나르는 키블(kibble) 및 축벽작업을 위한 발판인 작업대(scaffold) 등이 필요하다(그림 3-13).

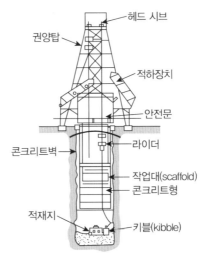

그림 3-13 수갱굴착 모식도

수갱굴착 방법은 암반이 견고하고 출수가 없을 때 시공하는 보통굴착법과, 암반이 연약하거나 함수층이 있어 주벽 붕괴나 용수를 방지하는 특수조치를 하면서 시공하는 특수굴착법이 있다(표 3-10). 일반적으로 예정심도까지 굴착해 내려가면서 지층에 따라 보통굴착법과 특수굴착법을 선택하여 굴착한다.

표 3-10 수갱 특수굴착법 종류

구분	공법 개요
차시법 (pilling)	• 긴 쐐기를 주벽에 타입해서 수갱 중으로 유입되는 사력을 방지하면서 굴착(붕괴성지층 적용)
원통침하법	• 콘크리트 등의 원통을 지중에 침하시켜 주벽 붕괴를 방지하면서 원통 내부를 굴착(용수량이 적은 연약지층 적용)
공기잠함법	• 원통에 압축공기 넣어 밀폐상태로 해서 방수하면서 원통 내부를 굴착(용수량 있는 연약지층 적용)
천공법	• 수갱의 내경과 동일한 직경의 비트를 사용하여 방수하면서 굴착(함수층 적용)
동결법	• 동결액을 사용하여 인공적으로 지층을 동결시켜 용수를 차단하면서 굴착(함수층 적용)
시멘테이션법	• 천공한 시추공에 시멘트유를 주입시켜 용수로를 차단하고 굴착(함수층이나 단층대 적용)

3.3 채광

채광(mining)은 목적하는 광물을 광상에서 분리하여 채취하는 작업으로서 엄밀한 의미로는 채취한 광물을 선광, 제련 등의 과정을 거쳐 얻은 최종산물이 상품으로서 가치를 가질때 그 채취작업을 채광이라 한다.

일반적으로 광산개발 초기에는 노두가 지표에 노출되어 있어 노천채광에 의해 채광을 하고 점차 광상이 심부로 발달하게 되면 나중에 갱내채광으로 전환하게 된다(그림 3-14). 노천채광에서 갱내채광으로 전환하는 시점은 광석 생산량이 변동하지 않을 경우 노천채광 원가가 갱내채광 원가와 같을 때이다.

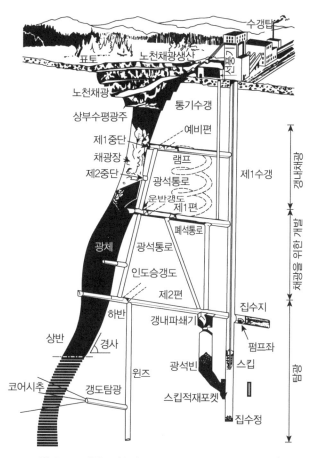

그림 3-14 채광 모식도(Hartman & Mutmansky, 2002)

3.3.1 채광법 선정 및 분류

(1) 채광법 선정

광석채굴에 적용되는 채광법은 다양하며 일반적으로 금속광산, 석탄광산 및 비금속 광산의 채광법은 다소 다르게 적용된다.

채광법을 선정할 때에는 표 3-11과 같이 광상 형태 및 규모, 광체 경사, 상하반의 성질, 맥폭, 광석품위 등 광상조건과 지표시설, 인프라, 환경영향 등을 종합적으로 고려 하여야 한다. 어떠한 채광법을 적용하더라도 광상에 적용할 때에는 채광법 선택의 3요 소인 안전(safety), 능률(efficiency), 경제성(economy)을 비교·검토하여 최적의 채광법을 선택하여야 한다.

표 3-11 채광법 선정 시 고려사항(Hartman & Mutmansky, 2002)

고려요소		용도
광상의 공간적 특성	• 광상의 범위 • 광상의 형상(판상, 맥상, 렌즈상, 괴상, 불규칙 등) • 광체 경사 등 발달 형태 • 광상의 공간 위치(박토비 등)	• 노천채광, 갱내채광 결정 • 생산규모, 개발방법, 광석 운송방법, 시설배치 위치 결정
지질, 수리적 조건	• 광물학, 암석학(산화 여부) • 화학적 조성(일차광물, 이차광물) • 지질구조(습곡, 단층, 불연속) • 연약면(파쇄대, 절리, 편리) • 품위, 광량 변화(품위 등고선, 층후 등고선) • 지하수 및 수리학(지하수위 및 출수량)	• 채광법의 세부선택 기준(다수 대안 작성) • 선별채광 여부 결정 • 지보의 필요성 판정 • 배수시스템 설계 • 선광 설계
지반공학적 특성	• 표토, 광석, 주변 암반의 암석역학 특성(강도, 지지력) • 비중, 공극률, 투수율, 수분 함량 등	• 갱내채굴 시 세부선택(대안 축소) • 노천채굴 시의 사면 경사결정 및 장비선정
경제성 고려	• 가채량(광량, 품위) • 생산비 추정 • 투자비 추정　　　　• 생산원가 추정 • 선광실수율 및 판매단가 추정	• 대안의 경제성 비교로 최적안 선정
기술적 요소	• 매장량, 채광한계품위(cutoff grade), 가채량 • 채광법별 폐석 혼입 및 선광, 제련상의 악영향 • 광황 변화 시의 채광법 가변성	• 악영향 유발 가능성이 있는 대안의 제외 및 개발대상구역 선정
환경적 고려	• 지표함몰, 대기제어(통기 등) 등 환경제한 요인 • 노동력 확보 및 숙련도	• 대안 축소

채광법 선정 프로세스는 광상의 자연적요인을 우선 고려하여 채광법의 순위를 정한 후 경제적·환경적요인 등을 종합 반영하여 상위 2개 채광법에 대해 채광계획을 작성하고 채광비용을 계산한다. 채광비용과 필요한 투자액이 산출되고 채굴 대상 광석의 최저 품위인 채광한계품위(cutoff grade)와 채굴 가능한 광량이 결정되면 경제성을 비교하여 상위 2개 중 최적의 채광법을 선택한다. 아울러 선택한 채광법의 적용 시 암반제어나 조업상의 문제점이 발견되면 채광법 수정을 검토하여야 한다.

(2) 채광법 분류

채광법은 일반적으로 작업장을 지지하는 방법을 기본으로 광상의 부존위치에 따라 노천채광법과 갱내채광법으로 분류하며, Hartman 등(2002)에 의한 채광법의 분류는 표 3-12와 같다. 석탄을 제외한 금속, 비금속광물에서는 채광법이라 하며 대상광물이 석탄일 경우 채탄법으로 호칭한다.

표 3-12 채광법 분류(Hartman & Mutmansky, 2002)

대분류	중분류	소분류	채광법	주요 산물	상대원가(%)
노천	기계력		오픈피트*	금속, 비금속	5
			채석	석재	100
			오픈캐스트*	석탄, 비금속	10
			오거	석탄	5
	수력	사광	수력식	금속, 비금속	5
			준설	금속, 비금속	<5
		용해	보어홀	비금속	5
			침출*	금속	10
갱내	무지지		주방식*	석탄, 비금속	20
			광주식	금속, 비금속	10
			슈린케이지	금속, 비금속	45
			중단*	금속, 비금속	20
	지지		충전식*	금속	55
			타주식	금속	70
			스퀘어세트	금속	100
	붕락식		장벽식*	석탄	15
			중단붕락식	금속	15
			블록케이빙*	금속	10

주) 별표(*) 표시는 가장 중요하고 많이 사용되는 채광법을 의미

노천채광은 안전하고 대규모 생산이 가능하므로 많이 적용하고 있으며, 갱내채광은 심부에 광체가 존재하는 등의 노천채광이 불가능할 때 차선책으로 적용한다. 참고로 노천 및 갱내채광을 결정하는 수치적 판단기준은 다음과 같다.

$$C_o + S \times C_w < C_u \qquad \rightarrow \text{노천채광 채택}$$

$$C_o + S \times C_w > C_u \qquad \rightarrow \text{갱내채광 채택}$$

여기서, C_o : 노천채광의 광석 톤당 채광비용

　　　　C_u : 갱내채광의 광석 톤당 채광비용

　　　　C_w : 노천채광 시 표토 및 암석 톤당(혹은 m^3) 채광비용

　　　　S : 박토비(stripping ratio)

3.3.2 노천채광

노천채광(surface mining)은 광상이 지표 가까이 부존되어 있을 때 적용하는 채광법으로 부존광체의 위치에 관계없이 작업자와 채굴장비가 지상에 위치하는 채광법이다. 세계적으로 노천광산에서 채굴되는 광물의 비중은 가치기준으로 약 80% 정도이다. 외국에서는 대부분의 신규개발 철광상이나 동광상은 노천채광으로 채굴하며 국내 일부 석회석, 규석, 고령토 등과 같은 비금속광산에서 노천채광법을 적용하고 있다.

갱내채광과 비교 시 노천채광의 장단점은 **표 3-13**과 같다.

표 3-13 노천채광의 장단점(갱내채광과 비교)

장점	단점
• 장비의 대형화로 대용량 처리가 가능하여 생산성이 향상되고 원가 면에서 저렴 • 작업환경(작업안전, 통기, 감독 용이) 측면에서 우수 • 높은 채광실수율(약 95%)	• 개발심도가 제한적 • 날씨 변화에 의한 작업 제한 • 환경법규 규제강화에 의한 개발제한 우려 • 표토 및 폐석처리가 곤란

(1) 광체 형상별 노천채광 적용

일부 비금속광물은 상부피복층이 없어 바로 광물을 지표에서 채광하나 대부분의 석탄, 금속광물은 상부피복층을 제거하고 광물을 채광한다. 노천채광은 광체의 형태와 지형적 조건에 따라 채광한다. 광체의 형태는 광석과 표토층의 두께와 광체 형상에 따라 분류하고, 지형적 조건은 광체가 산악이나 구릉을 형성하거나 평지 또는 분지를 형성하는 경우로 분류한다.

광체 형상에 따른 여러 종류의 노천채광법은 그림 3-15와 같다.

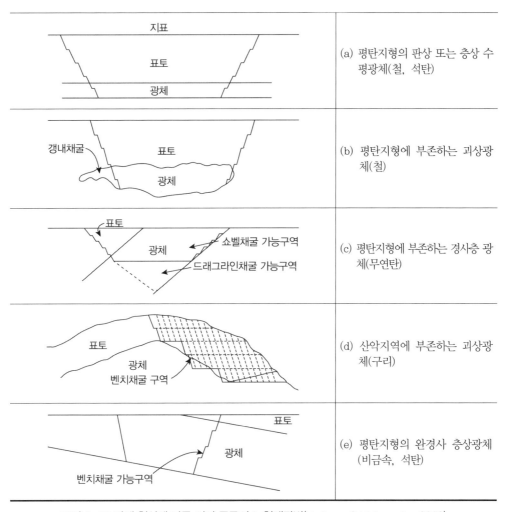

그림 3-15 광체 형상에 따른 여러 종류의 노천채광법(Hartman & Mutmansky, 2002)

(2) 박토비와 채광 심도 및 광석 품위와의 관계

1) 박토비(Stripping Ratio, S/R)

채굴하는 광석량과 광석채굴에 수반되는 폐석 처리량의 비를 박토비라 한다. 박토비는 채광한계선을 결정하므로 노천채광의 경제성에 가장 큰 영향을 미치는 요인이다.

박토비에는 평균박토비와 증분박토비가 있다(그림 3-16). 광상을 굴착할 때 광석부분(V_o)에 대한 피트(pit) 전체 폐석(V_w)의 비를 평균박토비라 한다. 계단상으로 굴착을 진행할 때 1개의 계단을 굴착하여 회수되는 광석(ΔV_o)과 광석을 회수하기 위해 제거하는 폐석(ΔV_w)의 비를 증분박토비(incremental S/R)라 한다. 노천채광의 경제성을 간이계산으로 검토하려면 이 증분박토비가 매우 중요한 역할을 한다.

박토비의 단위는 비철금속은 무게(톤/톤)나 체적(m^3/m^3)으로 표시되나, 석탄은 1톤의 석탄을 채굴하기 위해서 굴착되어야 하는 폐석의 부피(m^3/톤)로 표시하기도 한다. Hartman 등(2002)에 의하면 광종별 박토비는 석탄광은 38m^3/톤, 금속광은 0.8m^3/톤의 범위에서 경제성을 가진다고 한다.

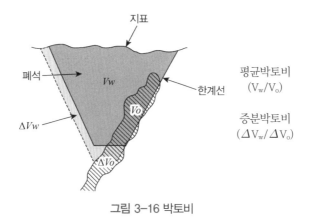

그림 3-16 박토비

채광장 설계에 있어서 한계가능 심도는 어떠한 블록을 채굴했을 때 이로 인한 수익증가가 채굴비용보다 적어지는 직전 블록까지의 개발심도를 의미하므로 최대허용박토비(일명 한계박토비, Break Even Stripping Ratio, BESR)는 가행심도 결정에 중요한 역할을 한다. 노천채광장 설계 시 각 구역별로 피트의 경사를 산출하여 피트의 한계를 설정한 후 최대허용박토비를 계산한다. 계산 결과 허용 피트 경사보다 낮으면 피트의 한계를 확장하고 반대의 경우에는 피트의 한계를 축소한다.

박토비와 최대허용박토비를 구하는 식은 다음과 같으며, 식에서 생산원가는 채굴에서 정련까지 광석 톤당 총 생산원가에서 박토비를 제외한 생산원가를 의미한다.

$$박토비(S/R) = \frac{폐석량(톤)}{광석량(톤)}$$

$$최대허용박토비(BESR) = \frac{광석판매가 - 생산원가}{박토비용}$$

문제 노천채굴비가 톤당 2,000원, 갱내채굴비가 톤당 8,000원, 표토제거비가 m³당 1,000원 소요된다면 광석 1톤에 표토를 몇 m³를 제거하는 지점까지 노천채굴이 가능한가?

풀이 (8,000원 − 2,000원) ÷ 1,000원 = 6m³

표토와 광상의 넓이가 동일하다고 보면 광체 두께에 대해 표토의 두께 6배까지는 노천채굴이 가능

문제 유연탄 판매가격 100U\$/톤, 박토비를 제외한 생산원가 60U\$/톤, 박토비용 5U\$/톤일 때 최대허용박토비는?

풀이 $$최대허용박토비(BESR) = \frac{광석판매가 - 생산원가}{박토비용} = \frac{(100 - 60)}{5} = 8$$

2) 박토비와 채광 심도 및 광석 품위와의 관계

노천광산에서 최적의 피트를 설계하기 위해 우선 개략적인 목표 박토비를 설정하고 이러한 지질 및 지형조건을 갖춘 지역을 채광구역으로 선정한다. 이 과정에서 일반적으로 설계프로그램을 이용하여 전체 작업장의 개략도면을 작성하고 개발순서에 따른 각 구역별 박토 형태에 따른 벤치 높이, 피트 경사, 운반로 위치 및 종류 등을 설정한다.

그림 3-17 (b)는 대규모 구리광산의 박토비와 광석 품위와의 관계를 표시한 것이다. 구리 품위가 높은 광산에서는 박토비가 높아져도 경제성이 있으나 구리 품위가 낮아지면 박토비도 낮아져야 경제성이 확보되는 것을 알 수 있다.

가행 최저품위인 채광한계품위는 광상으로부터 광물을 채굴할 때 광석과 폐석을 구분하는 특정 품위로서 수익과 비용이 같을 때의 품위를 의미하므로 경제적으로 가행이 이루어질 수 있는 광물의 최저품위이다. 예를 들어 구리광상의 평균품위가 0.6%이나 한계품위를 0.3%로 결정하면 0.3% 이상의 구리는 채굴되고 그 이하의 광석은 폐석으로 간주한다.

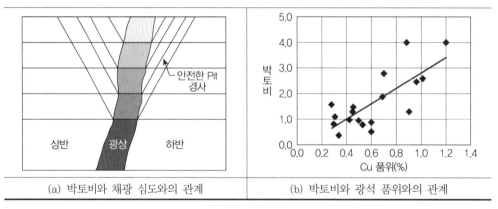

| (a) 박토비와 채광 심도와의 관계 | (b) 박토비와 광석 품위와의 관계 |

그림 3-17 박토비와 채광 심도 및 광석 품위와의 관계(한국광물자원공사, 2009)

(3) 노천채광법의 종류

노천채광법에는 기계력을 이용하는 기계식채광법과 수력을 이용하는 수력식채광법이 있다. 기계식채광법 중에서 오픈피트채광법과 오픈캐스트채광법이 많이 적용되고 있으며, 국내에서는 주로 계단식채광법을 적용하고 있다.

1) 기계식채광법

① 오픈피트채광법(open pit mining method)

한 개 이상의 수평벤치를 개설하여 굴착된 노천채광장에서 지표 근처에 부존하는 광상을 채광하는 방법이다(그림 3-18). 지표에 노출되거나 지표 가까이 부존하는 금속 혹은 비금속광상의 경사층 광체개발에 많이 적용되는 채광법이다.

일반적인 개발순서는 벌목작업 → 표토제거 → 지표시설 설치 → 작업장 건설 → 작업장 도로개설 → 작업장 심부화에 따른 벤치조성 및 경사로신설 순서로 작업한다. 채광장에서 제거된 피복층이나 폐석 등은 이미 채굴한 공간에 되메움하지 않고 폐석적치장 등과 같은 별도의 부지에 적치한다.

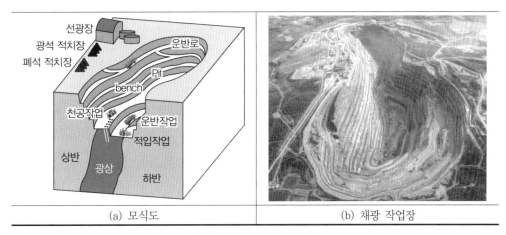

| (a) 모식도 | (b) 채광 작업장 |

그림 3-18 오픈피트채광법

채광장 설계 시 굴착장비의 크기와 도달범위 등을 고려한 적절한 작업벤치 규격, 운반트럭의 안전성, 작은 회전반경으로 작업할 수 있는 적절한 운반로 규격에 대한 검토가 중요하다. 일반적으로 광종별 채광 시 적용되는 벤치의 규격은 표 3-14와 같다.

표 3-14 광종별 벤치 규격(Hartman & Mutmansky, 2002)

광종	벤치 규격		
	높이(m)	폭(m)	경사(°)
구리	12~18	24~38	50~60
철	9~14	18~30	60~70
비금속	12~30	18~45	50~60
석탄(미국 서부)	15~23	15~30	60~70

② 오픈캐스트채광법(open cast mining method)

완경사의 층상 또는 판상광체를 드래그라인 등과 같은 대규모 기계화장비를 이용하여 굴착작업을 하는 채광법으로 주로 석탄의 채광에 적용하며 스트립(strip)채광법이라고도 한다(그림 3-19).

일반적인 개발순서는 개발예정지의 벌목작업 및 상부피복층 제거·보관 → 지표시설 설치 및 도로건설 → 첫번째 패널(panel)의 표토제거 및 채광 → 주변 패널 연속개발 후 채광이 완료된 지역에 보관하고 있던 상부피복층으로 복구작업 순서로 작업한다.

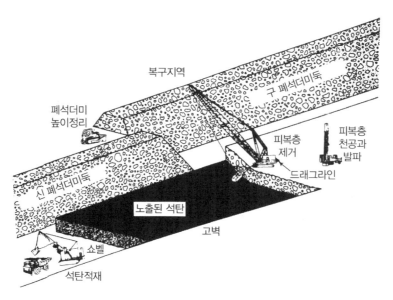

그림 3-19 오픈캐스트채광법(US Dept. of Energy, 1982)

오픈피트채광법은 채굴과정에서 발생한 표토는 작업장 외부로 반출되므로 별도의 폐석적치장이 필요하다. 그러나 오픈캐스트채광법은 훼손지의 원상복구를 위해 부식토(top soil)를 박토과정에서 분리 제거하여 채광지역 인접에 보관하였다가 복구에 활용하며 복구작업은 채광작업 완료 후 즉시 수행한다. 상부피복층을 제거하는 작업에는 붐(boom)형 굴착기를, 채광작업은 전통적인 적재·운반장비를 사용한다. Hartman 등(2002)에 의하면 미국에서 석탄의 50% 이상이 오픈캐스트채광법으로 생산되고 있다.

③ 오거채광법(auger mining method)

오거채광법은 급경사 사면에 나타난 노두부나 오픈캐스트채광 작업에서 박토비가 최대값에 도달했을 때 최종사면을 이루는 고벽(highwall)의 아래 부분에 남겨진 광상을 채광하는 방법으로 고벽채광법(highwall mining)이라고도 한다. 주로 석탄층을 대상으로 주된 생산의 추가적인 작업으로 긴 고벽을 이루고 있는 하부의 석탄층 채광에 적용하고 있다.

채광작업은 헤드가 1~3개인 오거장비를 이용하여 고벽 안쪽으로 평행하게 천공하거나, 연속채광기(continuous miner)를 사용하여 갱도를 굴착하면서 채광을 한다(그림 3-20).

| (a) 오거장비 이용 | (b) 연속채광기 이용 |

그림 3-20 오거채광법(양형식 외, 2016)

2) 수력식채광법(hydraulic mining method)

광물을 회수하기 위해 물이나 용제용액을 사용하는 채광법으로 사광상채광법과 용해채광법이 있으며 일반적으로 기계식채광법보다는 적게 사용하고 있다.

① 사광상채광법(placer mining)

사광상채광법은 물을 사용하여 충적광상 또는 사광상으로부터 유용광물을 회수하는 방법으로 노천에서 수행되는 고압수채광법과 물속에서 수행되는 준설채광법이 있다.

고압수채광법은 채굴사면에 고압수를 분사하여 광석이 물과 함께 흘러내리게 한 뒤 광물을 회수하는 방법으로 최근에는 환경문제로 거의 사용되지 않고 있다. 준설채광법은 얕은 심도의 사광상에 준설선을 이용하여 수중 채굴하는 방법으로 채광 대상물에 따라 버킷라인(bucket line)을 이용하는 전형적인 채굴과 흡입준설기(suction dredge)를 사용하는 방식이 있다(그림 3-21).

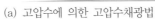

| (a) 고압수에 의한 고압수채광법 | (b) 버킷 휠 준설기에 의한 준설채광법 |

그림 3-21 사광상채광법(양형식 외, 2016)

② **용해채광법**(solution mining method)

용해채광법은 용제용액 등을 사용하여 침출, 분해, 용융, 슬러리화 과정을 통해 광물을 회수하는 방법으로 보어홀채광법, 침출채광법, 증발건조법이 있다. Hartman 등 (2002)에 의하면 미국에서 금, 은, 구리, 우라늄, 소금, 마그네슘, 황, 리튬의 25% 이상이 용해채광법으로 생산되고 있다.

보어홀채광법(borehole mining method)은 광상에 접근하기 위해 시추공을 뚫고 물이나 용제를 시추공에 주입하여 광물을 함유한 용액을 추출하는 방법이다. 효율적인 광물추출을 위하여 여러 개 공을 시추하고 기하학적 패턴으로 배열하여 일부 공은 유체가 광체지역으로 주입되는 주입공으로, 나머지 다른 공들은 광물을 함유한 용액을 추출하는 회수공으로 사용한다. 그림 3-22 (a)는 제한된 수평광체로부터 우라늄을 추출하기 위한 보어홀채광법의 사례이다.

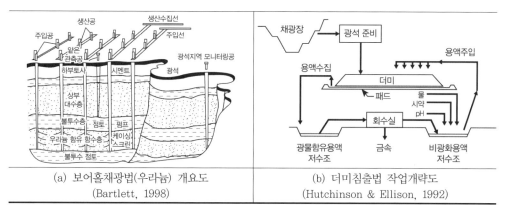

(a) 보어홀채광법(우라늄) 개요도 (Bartlett, 1998)	(b) 더미침출법 작업개략도 (Hutchinson & Ellison, 1992)

그림 3-22 용해채광법

침출채광법은 용해제를 이용하여 침출시키는 방법으로 제한된 범위 내의 광상에서 침출하는 현지침출법(in-situ leaching)과 이미 채굴된 광석의 덤핑장이나 광물찌꺼기 더미에서 광물을 회수하는 더미침출법(heap leaching) 등이 있다(그림 3-22 (b)). 일반적으로 금, 은의 회수에는 시안화나트륨, 우라늄과 구리의 회수에는 황산을 용해제로 사용하고 있으나 용해제로 인한 환경오염 문제를 사전 예방하는 것이 중요하다.

증발건조법은 호수 등에 함유되어 있는 암염이나 리튬 같은 광물을 증발에 의해 용액에서 광물을 추출하는 방법이다.

(4) 노천채광 장비

노천채광에서 생산을 위한 일반적인 작업주기는 천공 → 발파 → 적재 → 운반공정 이다. 노천채광 장비는 채광생산을 위한 굴착단계에서 수행하는 천공장비, 발파장비와 채굴광석 운반단계에서 수행하는 적재장비, 운반장비와 파분쇄장비 등으로 구분할 수 있다(표 3-15).

노천채광에서 천공장비는 임의의 각도로 20m 내외의 천공이 가능하고 건식천공을 수행할 수 있는 크롤러드릴(crawler drill)을 사용한다. 적재장비는 로더, 파워 쇼벨(power shovel), 드래그라인(dragline)을 주로 사용하며 버킷 휠 엑스커베이터(Bucket Wheel Excavator, BWE)를 굴착장비로 사용한다(그림 3-23).

표 3-15 노천채광에 사용하는 장비(양형식 외, 2016)

구분	대상	사용 장비
생산	토사	• 불도저 등의 리핑 작업
	연암(석탄 등)	• 오거드릴, 워터 젯
	중경암, 경암	• 크롤러드릴
적재	적재	• 파워 쇼벨, 드래그라인
	적재, 이동	• 로더, 스크래퍼, 도저(dozer)
	적재, 운반	• 버킷 휠 엑스커베이터
운반	완만한 구배	• 트럭, 트럭-트레일러, 철로, 도저, 스크레이퍼
	급한 구배	• 컨베이어(벨트＜고구배 컨베이어)
	수직	• 스킵, 크레인

(a) 천공장비(크롤러드릴)	(b) 적재장비(파워 쇼벨)
(c) 적재장비(드래그라인)	(d) 굴착장비(버킷 휠 엑스커베이터)

그림 3-23 노천채광 장비

일반적으로 노천채광에서 이동성이 좋은 쇼벨에 의해 적재하며 채굴심도가 깊어져서 쇼벨에 의한 적재가 곤란하면 드래그라인에 의해 적재한다. BWE는 연속굴착기의 일종으로 전면의 버킷 휠을 회전시켜 굴착하고 기계내의 컨베이어에 의해 굴착된 광석 등이 전면에서 뒷면으로 운반한다. 광석운반은 마인트럭이라고 하는 50~400톤 규모의 대형트럭이나 벨트컨베이어를 이용하여 운반한다.

(5) 국내 적용 노천채광법

우리나라는 산악지형이 많아 노천채광 작업의 대부분은 평지보다 산의 경사면을 이용하는 채광법이 적용되므로 외국의 평지에서 적용하는 노천채광법과 구별된다. 국내 노천광산에서 적용하고 있는 채광법에는 경사면채광법, 계단식채광법, 글로리홀채광법 등이 있다.

일반적으로 표고가 높지 않고 운반도로 개설이 가능할 때는 계단식채광법으로, 표고가 높고 운반도로의 개발이 불가능할 때는 글로리홀채광법으로 채광하는 것이 유리하다.

1) 경사면채광법(slope cut mining method)

경사면채광법은 산 사면을 이용하는 채광법으로 단기간에 간단하게 적용할 수 있는 노천채광법이다. 약 50~60° 정도의 채굴사면에 계단(bench)을 만들지 않고 소형착암기로 하향 천공 및 발파하여 채광하는 방식이다(그림 3-24). 사면을 자연낙하하여 경사면의 법면에 쌓이는 파쇄광석은 덤프트럭 등으로 파쇄시설까지 운반한다.

큰 기계시설 없이 작업이 가능하므로 소규모 석회석광산, 고령토광산 등에서 일부 적용하고 있으나, 막장이 경사면으로 붕괴와 안전사고 등의 위험이 높아 최근에는 적용하고 있는 광산은 많지 않다.

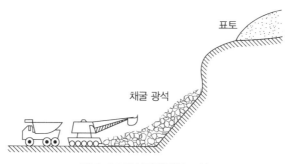

그림 3-24 경사면채광법 모식도

2) 계단식채광법(bench cut mining method)

계단식채광법은 산복사면의 표토를 제거하고 일정한 고도차와 사면의 경사, 적당한 넓이의 계단 폭으로 계단을 형성시키고 각 계단에서 채굴한 광석은 트럭으로 파쇄장까지 운반하는 방식이다. 산체광체 또는 박피광체에 많이 사용되는 채광법으로 대부분의 석회석광산과 사문석광산에서 적용하고 있다.

계단식채광법은 산 정상에서 하부로 향하여 채굴하는 산정형, 산복에서 횡측으로 채굴을 진행하는 산복형 및 기준지면 이하를 채굴하는 굴하형이 있다(그림 3–25). 또한 파쇄암석의 운반방법에 따라 파쇄암석을 트럭 등 차량으로 파쇄장까지 운반하는 도로운반식과 파쇄암석을 경사면을 슈트로 이용하여 광석을 낙하시켜 파쇄장까지 운반하는 오픈슈트(open-chute)식이 있다.

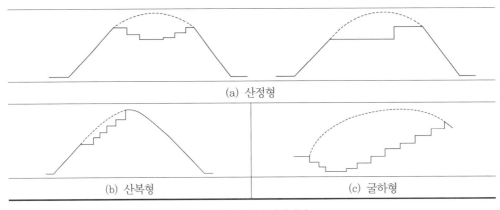

(a) 산정형

(b) 산복형

(c) 굴하형

그림 3–25 계단식채광법

계단의 높이는 암석의 성상, 천공기의 능력, 적재장비의 크기 등에 의해 결정되나 일반적으로 5~15m로 한다(그림 3–26). 천공기로 많이 사용하는 유압 크롤러드릴의 능률 및 적입기계의 안전을 고려할 때 계단의 높이는 10~15m 정도가 적당하다. 계단의 폭은 도로운반식에서는 쇼벨에 의한 적입작업과 덤프트럭에 의한 운반작업이 충분히 실행될 수 있도록 유지하여야 한다. 일반적으로 계단의 폭은 쇼벨의 적입작업을 위해 굴삭반경의 2배 이상과 덤프트럭의 운반작업을 위해 회전반경의 1.5배 이상의 폭이 필요하다.

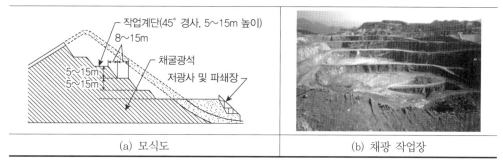

(a) 모식도 | (b) 채광 작업장

그림 3-26 계단식채광법

3) 글로리홀채광법(glory hole mining method)

글로리홀채광법은 대규모 광체가 지형이 험준하고 높은 산악지형에 부존되어 있어 다른 채광법의 적용이 곤란할 때 적용되는 채광법이다. 전체적인 작업면은 갱정(절상갱도)을 중심으로 경사누두형을 이루며 일명 노천갱정법이라고도 한다.

채광작업은 수평갱도에서 상부로 갱정을 굴착하고 갱정을 중심으로 깔대기 모양으로 계단식작업장을 만들어 채광하며, 갱정으로 운반된 광물은 하부에 설치된 파쇄설비로 파쇄하여 갱내 수평갱에서 덤프트럭 또는 벨트컨베이어를 통해 운반한다(그림 3-27).

이 채광법은 광석적재에 기계력을 이용할 필요가 없고 광석이 갱정을 낙하하는 동안 자연파쇄될 수 있으며 운반작업이 집약된다는 장점이 있다. 그러나 채광준비 기간이 길고 준비비가 많이 소요되며 수갱이 파쇄광석 등으로 폐색될 우려가 있고 장공발파와 같은 대발파가 불가능한 단점이 있다.

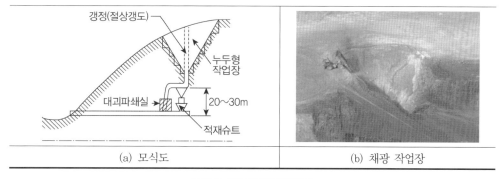

(a) 모식도 | (b) 채광 작업장

그림 3-27 글로리홀채광법

3.3.3 갱내채광

갱내채광(underground mining)의 선택은 광체의 지질조건과 채광법의 생산성 및 안전유지를 위한 갱도 지보량과 밀접한 관계가 있다. 갱내채광법은 광석과 상하반 암석의 굳기에 따른 지보의 적용 여부에 따라 무지지채광법, 지지채광법, 붕락채광법으로 분류한다.

(1) 무지지채광법(unsupported stoping method)

광석과 암반이 상당히 견고하여 자체 지지능력을 가지므로 갱도 상부로부터 작용하는 하중을 지지하기 위한 인공적인 지보를 설치하지 않고 무지보상태로 채굴하거나 채굴공동을 유지하기 위하여 광주 등을 남겨두는 채광법이다.

1) 주방식채광법(room & pillar mining method)

주방식채광법은 광체의 주향 또는 경사방향으로 채굴작업을 진행하면서 정방형 또는 장방형 광주(pillar)를 규칙적으로 남겨 상반을 지지하는 방법이다(그림 3-28). 가장 오래된 채광법으로 외국에서는 주로 석탄광에 적용하며 국내에서는 일부 석회석, 납석 광산 등에서 적용되고 있다. 일반적으로 광체 폭이 일정하고 수평 또는 20° 이내의 완경사 광체이거나 천반과 광체가 견고하고 규칙적인 형상을 가진 광체에 적용한다.

주방식채광법에는 천공, 발파, 적재, 천반보강 등의 작업공정을 적용하는 재래식채광법과 고성능 연속채광기(continuous miner)와 벨트컨베이어에 의한 연속작업을 하는 연속공정채광법이 있다. 경암의 경우 연속채광기가 경암 광체를 절삭하는 데 무리가 있기 때문에 재래식채광법을 사용한다.

대규모 생산이 가능하며 생산원가가 낮고 폐석혼입률이 적으며 통기가 양호하다는 장점이 있다. 광주를 채굴할 때 붕락 및 지반침하가 발생할 수 있고 광석 회수율이 낮은 단점이 있다.

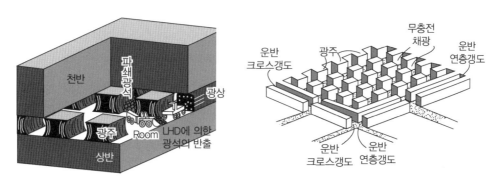

그림 3-28 주방식채광법의 모식도 및 갱도 개설 모습

2) 광주식채광법(stope and pillar method)

광주식채광법은 주방식채광법과 매우 유사한 채광법으로 대부분 경암의 갱내채광에 사용되며 지보역할을 하는 광주를 형성하기 위해서 갱도는 규칙적 또는 임의의 형태로 수평방향으로 굴진된다(그림 3-29).

Hartman 등(2002)에 의하면 석탄을 채탄할 때는 주방식채광법이라 하고 비석탄광산을 채광할 때는 광주식채광법이라 하나 아주 규칙적인 갱도 골격을 가진 비석탄광에서 광체 내에 한편만을 가행할 경우 예외적으로 주방식채광법이라 하고 있다. 미국에서 비석탄광 갱내채광의 약 50%를 광주식채광법으로 적용하고 있다.

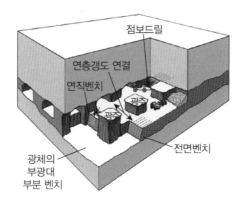

그림 3-29 벤치에 의한 광주식채광법(Hamrin, 1982)

3) 슈린케이지채광법(shrinkage stoping)

슈린케이지채광법은 한 개의 광획이 채굴 완료될 때까지 채굴적에 파쇄광석을 쌓아두어 다음 작업을 위한 작업발판으로 활용하거나 광체나 암반을 지지하면서 상부로 채굴면을 상향으로 확대시켜 채광하는 방법이다. 1개의 광획이 채굴 완료되면 채굴적에 쌓아두었던 광석을 연층의 슈트나 크로스갱도의 적재지점인 추출구(드로우포인트, drawpoint)에서 일시에 광석을 반출한다(그림 3-30).

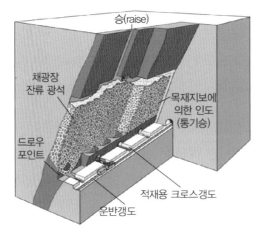

그림 3-30 드로우포인트 및 로더를 이용한 슈린케이지채광법(Hamrin, 1982)

이 채광법은 45° 이상의 급경사 광상으로 광체와 상하반이 견고하고, 파쇄된 광석은 광석 간에 재결합 또는 자연발화의 우려가 없는 광석의 채광에 적용한다. 작업이 단순하고 규모가 적어 광맥의 크기가 보통인 금속광 채광에 적합하여, 과거 국내 대부분의 금속광산에 적용된 채광법이다.

지보가 필요없어 개갱 및 채굴 준비작업과 채광작업이 간단하고 막장운반 시설이 필요없으며 작업장의 집약으로 통기가 양호하다는 장점이 있다. 그러나 작업장에서 광석선별이 어렵고 작업 도중 상하반 탐사와 채광법 변경이 불가능하며 폐석혼입으로 품위가 저하되는 단점이 있다.

4) 중단채광법(sublevel stoping)

중단채광법은 대규모 괴상광체 또는 급경사 층상광체를 대상으로 주운반갱도 간에 몇 개의 중단갱도(sublevel)를 개착하고 광체 중에 평행 또는 방사형으로 장공발파를 하여 파쇄된 광석을 광획의 최하부 갱도로 낙하시켜 추출구에서 반출하는 채광법이다(그림 3-31). 이 채광법은 광석과 모암이 견고하고 선택채굴이 불가능하므로 광체의 형상이 규칙적이고 품위변동이 적어야 한다.

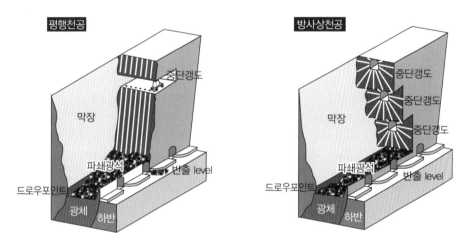

그림 3-31 중단채광법(심찬섭, 2013)

현장에서는 성능이 향상된 장공천공기를 활용하여 주요갱도(main level) 사이에 적당한 간격으로 설치한 중단갱도의 간격을 기존에 비해 크게 하는 VCR(Vertical Crater Retreat)채광법을 적용하고 있다. 이는 상부 중단갱도에서 하부방향으로 수직천공을 실시한 후 폭약을 장약하고 하부에서부터 순차적으로 발파를 하면서 상부로 올라오는 방법이다(그림 3-32).

대규모로 집약채굴이 가능하므로 생산성이 높고 안전하며 채광비가 저렴하다는 장점이 있다. 그러나 작업장에서 선택채굴이 불가능하여 품위조절이 곤란하고 폐석혼입률이 높아 갱내선별이 어려우며 대괴 발생이 많아 추출구 막힘이나 소할발파가 증가되는 단점이 있다.

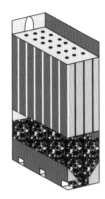

그림 3-32 VCR채광법(심찬섭, 2013)

(2) 지지채광법(supported stoping)

광석과 암반이 연약하여 채광을 하는 동안 갱도붕락이나 지반침하를 방지하고 갱도의 안정성을 유지하기 위해 충전재로 채굴적을 충전하거나 지보를 설치하면서 상부붕락을 방지하고 채광하는 방법이다.

1) 충전식채광법(cut & fill stoping)

채굴공동의 일부 또는 전부를 굴진폐석, 외부반입 골재, 선광 광물찌꺼기 등으로 충전하면서 채광과 채굴적 충전을 반복하는 방법이다. 이 채광법은 중간규모의 급경사 광체 채굴에 적용하며 채광비용이 고가이므로 충전재 확보가 용이한 작업장의 고품위 광체에 적용한다.

그림 3-33은 채굴 공간에 시추공으로 충전재를 반입하여 채굴적을 충전하고 점보드릴과 LHD를 이용하여 채굴하는 기계화된 충전식채광법의 모식도이다. 충전재 중 굴진폐석은 로더 등 기계장비를 이용하며 광물찌꺼기는 물과 혼합하여 수압식으로 압송하여 채굴적을 충전한다. 충전식채광법은 보안상 가장 안전한 채광법으로 개갱경비와 개갱작업 부담이 적고 선택채굴이 가능하므로 실수율이 높다는 장점이 있다. 그러나 충전작업이 완료될 때까지 출광이 정지되고 선택채굴을 위해 광상품위 파악 등을 위한 숙련된 작업자가 필요하며 작업장 내의 통기가 어려워 경비가 소요되는 단점이 있다.

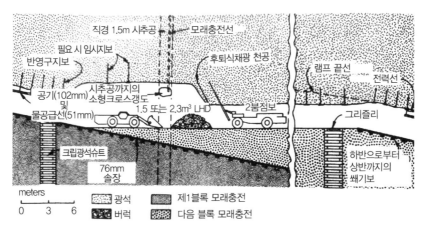

그림 3-33 기계화된 충전식채광법(Pugh & Rasmussen, 1982)

2) 타주식채광법(stull stoping)

타주식채광법은 견고한 타주(prop) 또는 횡목을 일정한 간격으로 설치하여 채굴공동의 상반을 지지하면서 채광하는 방법이다(그림 3-34). 과거 갱도의 수가 적고 단순한 소규모 채광장에 적용한 방법으로 최근에는 거의 사용되지 않고 있다. 기계화가 용이하지 않아 채광장 내에서 광석운반은 중력이나 슬러셔(slusher)를 이용한다.

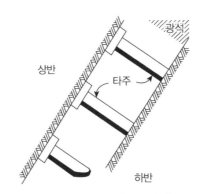

그림 3-34 타주식채광법에서 타주의 설치(Peele, 1941)

3) 스퀘어세트채광법(square-set stoping)

채굴공동에 갱목을 짜서 만든 육면체의 스퀘어세트로 채굴공동의 상반을 지지하면서 채광하는 방법이다(그림 3-35). 채광장 내에서 스퀘어세트를 조립하는 노동집약적 채광법으로 최근에는 거의 사용되지 않고 있다.

파쇄광석은 하부에 설치된 슈트에 스크레이퍼(scraper) 등으로 긁어서 투입하고 슈트 게이트를 개폐하여 하부갱도에 있는 광차 등에 적재시켜 반출시킨다.

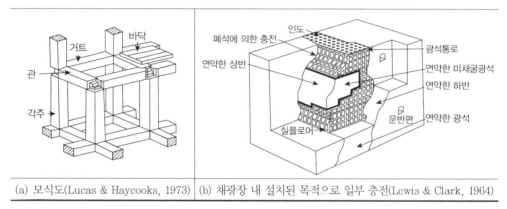

| (a) 모식도(Lucas & Haycooks, 1973) | (b) 채광장 내 설치된 목적으로 일부 충전(Lewis & Clark, 1964) |

그림 3-35 스퀘어세트채광법

(3) 붕락식채광법(caving mining method)

인위적으로 광체와 광체상반의 붕락을 유도하고 제어하여 채광하는 방법이다.

1) 장벽식채광법(longwall mining method)

판상의 완만한 수평광체를 대상으로 기계화장비로 채굴하는 방법으로 석탄, 석고, 암염 등 연약한 광상의 채광에 적용한다. 세계적으로 가장 광범위하게 적용되는 채탄법으로 장비와 인원을 특정구역에 집중하여 현대식장비로 기계화채탄을 하고 있다.

일반적인 채탄작업은 주운반갱도에서 채탄구역까지 굴착하여 갱도를 개설하고 양쪽을 연결하여 장벽채탄 막장을 형성한 후 유압식 동력지보(shield 또는 chock), 운반장비(Armored Face Conveyor, AFC), 절삭장비(shearer 또는 plow)를 설치하여 채탄을 개시한다. 유압식 동력지보가 AFC를 따라서 이동하면서 일정 폭(약 0.8~1.2m 내외)으로 석탄을 절삭하면 그만큼 AFC와 유압식 동력지보가 장벽채탄 막장면으로 이동하면서 연속적으로 채탄작업을 수행한다(그림 3-36).

기계화작업으로 생산작업의 연속성이 가능하고 낮은 노동력이 소요되어 생산성이 높다는 장점이 있다. 그러나 넓은 지역에 붕락 및 지반침하가 발생할 수 있으며 막장당 투자비가 고가이며 장벽면 이동에 많은 시간이 소요되는 단점이 있다.

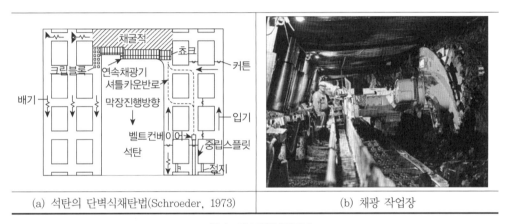

| (a) 석탄의 단벽식채탄법(Schroeder, 1973) | (b) 채광 작업장 |

그림 3-36 장벽식채광법

2) 중단붕락식채광법(sublevel caving mining method)

상하반이 비교적 연약한 급경사 금속 또는 비금속 광체에 적용하는 채광법으로 중단채광법과 유사하나 채굴 후 상반이 붕락되게 하여 채광하는 방법이다. 채광작업은 중단채광법과 같이 중단갱도에서 사방으로 방사형천공을 한 후 발파된 광석을 추출구에서 적재하는 방식이다(그림 3-37).

광체를 천공하고 발파하지만 상반을 굴착하고 붕락시키므로 지나친 폐석혼입을 방지하기 위하여 광석을 채굴할 때 관리가 필요하다. 중단갱도 사이의 광석은 상부로부터 붕락되지만 전체 채광과정은 하향식이다.

단면이 작은 중단갱도 내에서 작업을 하므로 비교적 안전하며, 고도의 기계화·시스템화가 가능하고 고능률로 대규모 채광에 적합하다는 장점이 있다. 그러나 개갱작업량이 많고 채광경비가 비교적 고가이며 폐석혼입 방지를 위한 고도의 천공·발파기술과 추출·품위관리가 요구되는 단점이 있다.

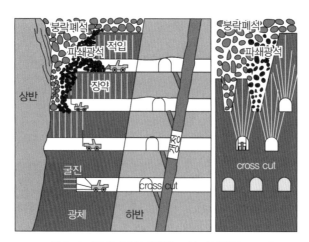

그림 3-37 중단붕락식채광법 모식도(심찬섭, 2013)

3) 블록케이빙채광법(block caving mining method)

괴상광체 블록의 하부를 굴착하여 광체와 상반의 붕락을 유도하고 붕락한 광회 최하부의 광석을 추출하면 상부의 광석과 암반까지 붕락되어 파쇄된 광석을 하부에 설치된 추출구에서 회수하는 채광법으로 광획붕락법이라고도 한다(그림 3-38).

이 채광법은 광체가 연약하여 자연붕락이 용이하고 광체와 주변암의 경계가 뚜렷하며 층후가 30m 이상 되는 대규모 저품위광체에 적용한다. 상부의 광체를 하부에서 연속적으로 붕락시키면 붕락된 공간에 많은 광석이 쌓이고 붕락작용이 계속 상부로 진행되며, 이러한 과정은 블록이 모두 붕락될 때까지 진행된다. 채광작업의 성공적인 수행을 위해서는 광체의 붕락 용이성(cavability), 추출구의 간격 및 배열, 출광제어와 같은 요소를 고려한 설계가 필요하다. 광체의 붕락이 용이하게 일어나기 위해서는 붕락광석의 크기가 1.5m 이하로 자연파쇄되어야 하며 추출구 간격과 배열은 붕락구역이 서로 겹치게 하는 것이 좋다.

갱내채광법 중 채광원가가 가장 낮고 생산성이 높으며 통기가 양호하다는 장점이 있다. 그러나 붕락과 침하가 넓은 범위에서 발생하고 폐석혼입률이 높으며 채광작업의 성패를 좌우하는 출광조절이 쉽지 않다는 단점이 있다.

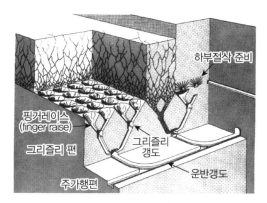

그림 3-38 블록케이빙채광법(Hamrin, 1982)

3.3.4 해저채광

해저채광(offshore mining)은 해양에 부존되어 있는 해저광물자원을 채광하는 것이다. 해저광물자원은 전 세계의 대양에 넓게 분포하고 첨단산업의 원료로 사용되는 희소금속의 함량이 비교적 높으며 해저면에서 계속 성장하고 생성되므로 미래의 유망한 광상으로 가치가 있다.

각국에서는 심해저에 분포하는 해저광물자원의 탐사와 채광시스템, 수송·운반시설, 선광·채광기술 등에 대한 실증연구가 진행되고 있다. 우리나라도 심해광물 채광을 위한 해저로봇과 자동화 장비를 이용한 실증실험을 실시하고 있다.

(1) 해저광물자원 종류

해양광물자원은 해저면에 부존하는 해저광물자원과 해수 중에 녹아 있는 해수광물자원으로 분류할 수 있다. 일반적으로 해저광물자원은 심해에 분포하는 중금속 산화물인 망간단괴(manganese nodule), 망간각(manganese crust), 구리·납·아연의 금속황화물인 해저열수광상(hydrothermal deposit)을 의미한다.

일반적인 해저광물자원의 부존지역은 그림 3-39와 같다.

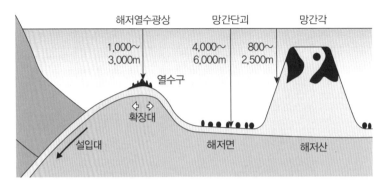

그림 3-39 해저광물자원의 부존지역

1873년 영국의 챌린저호가 망간단괴를 최초로 발견하였고 1957년부터 미국은 태평양 해저 망간단괴에 대한 조사를 본격 추진하였다. 또한 1966년 홍해 해저에서 중금속퇴적물 형태의 해저열수광상을, 1981년 독일 시추선이 코발트가 풍부하게 분포된 망간각을 발견하였다. 각국에서는 해양광물자원의 탐사와 개발을 관리하는 국제해저기구(International Seabed Authority, ISA)에 탐사광구 신청 및 광구 등록을 하고 있으며 탐사와 채광 등을 위해 투자와 개발이 이루어지고 있다.

우리나라도 1983년부터 하와이 인근지역에 대한 개괄탐사를 실시하여 ISA로부터 1994년 탐사광구를, 2002년에 남한 면적의 3/4에 해당하는 75,000km^{2}의 개발광구를 할당받았다.

해저광물자원의 성인 및 함유광물은 표 3-16과 같다.

표 3-16 해저광물자원의 성인 및 함유광물

종류	성인	부존지역	함유 광물
망간단괴	• 해수 및 퇴적물에 있는 금속성분이 해저면에서 물리·화학·생물학적 작용으로 침전되면서 지름 1~15cm 크기의 덩어리 형성	심해저분지 수심 4,000~6,000m	• 망간, 철, 니켈, 구리, 코발트, 희토류, 몰리브덴 등
망간각	• 해수에 함유된 금속이 해저산사면의 암반에 흡착되어 3~5cm 두께로 껍질처럼 형성	해저산 수심 800~2,500m	• 코발트, 니켈, 구리, 망간, 백금 등(특히 코발트 함량이 높음)
해저열수광상	• 금속을 함유한 열수가 해저열수구에서 분출되는 과정에서 차가운 해수를 만나 금속들이 침전되며 형성	해저열수구 수심 1,000~3,000m	• 구리, 납, 아연, 금, 은 등

1) 망간단괴

해저의 검은 노다지라 불리우는 망간단괴는 지름이 약 1~15cm인 구형 광물덩어리로 핵을 중심으로 철망간산화물 및 점토광물 또는 불석 등이 동심원상의 층리를 이루며 성장한 금속집합체이다(그림 3-40). 망간단괴에는 망간 외에 구리, 니켈 등을 함유하고 있는 다금속단괴로서 주요금속들은 심해퇴적물의 속성작용 또는 해수로부터 직접적인 침전 등에 의해 농집된다.

육상광상에서는 어느 특정지역에 광상이 농축되는 형태로 존재하나, 망간단괴는 심해저에 쌓인 평탄한 퇴적물 위에 넓고 얇게 분포하며 단위면적당 철·망간산화물의 중량인 농집률의 경우 최소 농집률이 약 5~10kg/m² 이상으로 보고되고 있다.

그림 3-40 망간단괴와 분포 모습

2) 망간각

망간각은 해저에 노출된 기반암의 표면에 수cm 두께의 산화물 피복으로 코발트가 많이 함유되어 있어 일명 코발트각이라고 한다(그림 3-41). 망간각은 철망간산화물 및 인산염광물 등으로 구성되며 코발트, 니켈, 백금 등이 함유되어 있다. 망간각은 망간단괴와 마찬가지로 심해저에 광범위하게 분포되어 있으며 농집률이 망간단괴보다 우수하나, 암석노두에 단단히 침착되어 있어 채광하기가 어렵다.

일부 해저산 등 지형적으로 높은 곳에서는 망간단괴와 망간각이 혼재하여 분포하나, 보통 경사가 급한 해저사면에서는 암석이 노출되어 망간각으로 피복되고 완경사의 해저의 퇴적물 위에는 망간단괴가 분포한다.

그림 3-41 망간각과 분포 모습

3) 해저열수광상

해저열수광상은 마그마챔버의 영향으로 열수광화용액이 만들어지고 순환되는 과정에서 금속이온이 침전되어 형성되는 광상으로 해저산 정상부에 분포하는 화산암 또는 인근의 미고화퇴적물을 모암으로 배태된다(그림 3-42). 육상의 열수광상과 유사하게 주요광물로는 황화물과 산화염이 있으며 열수특성 및 분출심도에 따라 구리, 납, 아연 등의 금속성분이 우세한 광체로 나타난다.

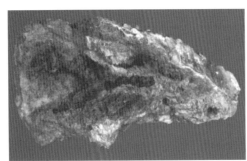

그림 3-42 해저열수광상과 분포 모습

(2) 해저광물자원 탐사 및 채광

1) 해저광물자원 탐사

해저광물자원의 탐사는 선박이나 탐사기를 이용하여 지구물리탐사, 해저면 영상탐사를 실시하여 해저지형과 광상형태 등을 파악한 후 채취기나 시추기 등으로 시료를 채취·분석한다. 선상에서 위성측위(GPS)나 원격 음향탐사, 음파탐사 등을 광역적으로 실시하여 해저면의 매질특성 분포를 대표할 수 있는 정밀탐사지역을 선정하고 원격 무인잠수정을 통한 해저면 영상탐사와 시료채취 관련 견인체 탐사를 병행하는 것이 효과적이다(그림 3-43).

최근에는 석유탐사에 적용하고 있는 다중채널 탄성파탐사나 중력탐사 등으로 열수광상이나 망간각이 분포하는 해저산·해저대지의 지하구조와 지하매질 자료를 획득하고 있다.

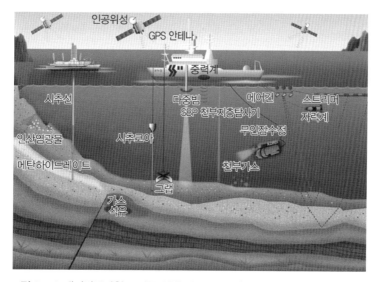

그림 3-43 해저광물자원 조사를 위한 탐사 개념도(한국해양과학기술원 블로그)

시료채취는 탐사지역 선정을 위한 광역탐사 단계에서 전통적인 해저시료 채취방식인 준설선(dredger)을 이용하며, 정밀탐사 단계에서 해저 착저식 시추장비를 이용한 시추를 실시하여 자원의 분포와 품위 등을 확인한다(그림 3-44). 망간단괴가 형성되는 지역은 평지이나 해저열수광상은 산과 같은 불규칙한 해저언덕에 분포하기 때문에 채광시스템은 집광로봇과는 다르게 급경사구간을 주행할 수 있고 경사각을 유지하면서 채광할 수 있는 장치가 필요하다.

그림 3-44 해저광물자원 채취장비(한국해양과학기술원 홈페이지)

2) 해저광물자원 채광

해저광물자원은 수심 수 km 깊이의 해수가 존재하는 환경조건에서 작업하므로 채광 기술, 운반설비, 신광·제련기술 등의 문제로 상업성에 어려움이 많다. 또한 심해저 퇴적 지반은 높은 함수율을 가진 미세한 입자들로 형성되어 지반의 지지력이 약하여 망간단 괴를 집광시스템으로 실어 운반하는 것은 쉽지 않다.

초기에는 하천 또는 천해 준설장비의 원리를 응용한 CLB(Continuous Line Bucket) 방식을 적용하였으나 해저생태계 파괴에 대한 대책과 채광에 대한 정밀한 제어가 곤란 하였다. 이에 1970년대 이후 파일럿실험에서 집광기를 이용한 망간단괴 채광시스템을 개발하기 시작하였다. 최근에는 채광선까지 수직양광관을 통한 연속적 채광을 위해 망간단괴를 대상으로 다양한 실증테스트 등을 하고 있다.

채광 개념은 해저면을 주행하는 자주식집광기를 이용하여 해저면의 망간단괴를 퇴적 층으로부터 분리해내어 중간 저장장치인 버퍼(buffer)에 저장하고 양광펌프에 의해 양광 관(lifting condit)을 통해 단괴를 채광선까지 이송한 후 선광처리하는 방식이다(그림 3-45).

해저광물자원에 대한 본격 개발은 이루어지지 않아 환경영향 예측이 불확실하나, 채광활동으로 인한 해양환경 피해가 발생되므로 육상채광 시와 마찬가지로 개발과 관련 한 해양환경보전 기술에 대한 실증연구도 필요하다.

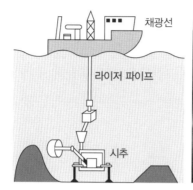

그림 3-45 해저광물자원 채광시스템 개념도

3.4 갱도유지

광물을 채굴할 목적으로 지하 암반 내에 공동을 만들게 되면 물리적인 변형이 발생하여 갱도나 공동을 수축시켜 최종 붕락현상이 발생한다. 지하갱도를 안전하게 개설하고 이를 유지시키기 위해 지압을 견딜 수 있는 지보를 설치하여 공동의 단면을 유지하고 작업원과 공동 내부시설을 붕괴로부터 보호하여야 한다.

3.4.1 지압현상

(1) 지압과 반압

지압(earth pressure)은 중량 등에 의해 지층 내에 생긴 응력으로 지압의 발생 원인은 암석의 중량, 지하 암석의 잠재력, 수분의 흡수이며 이중 암석의 중량이 최대 원인이다.

지하 암반에 갱도 또는 공동이 굴착되지 않아도 암반상에 피복된 토양 및 암반의 중량에 의해 어떤 변형상태에 있게 되는데, 이를 1차지압 또는 잠재지압이라 한다. 암반 중에 갱도가 굴착되거나 채굴막장 등의 공동이 형성되면 공동주위 암반은 새로운 변형상태를 일으키고 공동 주변 암석의 팽창파괴가 일어나는데, 이를 2차지압 또는 동지압이라 한다. 공동이 형성되면 2차지압은 계속적으로 작용하지 않고 시간이 경과함에 따라 최초의 잠재지압과는 다른 2차적인 평형상태에 도달한다.

지하에 공동을 만들게 되면 암반이 지압에 견딜 수 없게 되어 공동 주변을 변형시키도록 작용하는 지압을 반압(roof pressure)이라 한다. 반압은 천반의 붕락, 측벽의 붕괴, 지압으로 하반이 부풀어 올라 갱도가 변형되는 반팽(heaving)이라는 활동성압력으로 나타난다.

(2) 갱도에서의 지압이론

갱도 또는 광체의 굴착으로 인한 채굴공동 주변은 잠재력의 방출로 자유면을 향해 팽창하게 되고 잠재압력의 평형이 붕괴되어 천반측에 반타원형의 면압권대를 형성한다 (그림 3-46). 이와 같이 천반측에 자기 중량만이 하중으로 작용하여 형성된 면압권대를 트롬피터 존(Trompeter zone)이라 하며 시간이 경과함에 따라 그 면적은 확대될 수 있다.

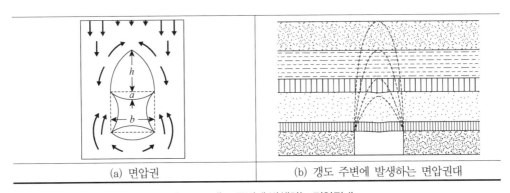

| (a) 면압권 | (b) 갱도 주변에 발생하는 면압권대 |

그림 3-46 갱도 주변에 발생하는 면압권대

면압권 내의 암석들도 압력이 커지면 암석간에 내부마찰이 생기게 되어 평형상태가 이루어지며 면압권내 암석 전부가 아닌 일부만이 중량이 되어 지보에 작용한다. 이에 따라 공동의 지보는 면압권의 성장이 저지되었을 때 설치하는 것이 좋으므로 강성지보 보다는 가축성지보가 합리적이다. 갱도의 침강도(a)는 암석의 팽창률(p)과 면압권의 높이(h)와 관계가 있으며 이들 관계는 다음 식과 같다.

$$a = h\frac{p}{100}$$

(3) 채굴막장 지압현상의 특성

채굴작업은 인위적인 작업으로서 일정기간을 두고 진행과 휴지가 반복되므로 지압활동도 채굴기간에는 활발하고 휴지기간에는 발생하지 않는 것이 주기적으로 나타난다.

채굴막장의 지압현상은 2단계과정으로 진행되며 제1단계는 새로운 작업면이 만들어져서 최초로 발생되는 대하중 작용 시까지의 과정이며, 제2단계는 그 이후 막장이 종료될 때까지의 기간이다(그림 3-47). 제1단계 초기에는 지주에 걸리는 하중도 적고 막장면 내의 지압활동도 크지 않으나 어느 정도 막장이 진행하면 대하중이 발생한다. 그 이후 제2단계에서는 채광법, 자연조건 등에 따라 특유한 정상상태를 반복하기에 이른다.

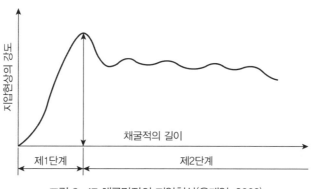

그림 3-47 채굴막장의 지압현상(우재억, 2003)

3.4.2 갱내지보

채광작업을 연속적으로 수행하기 위해서는 채굴갱도나 막장이 붕괴되지 않도록 적절한 지보를 설치하여 안전한 작업공간을 확보하여야 한다. 광산에 적용되는 갱내지보의 구조는 암반의 특성, 사용기간과 유지비를 고려하여 결정한다.

(1) 갱내지보 종류

갱내지보는 반압에 대한 성질, 가축성 여부, 재료, 구조, 형태 등에 따라 분류한다.

1) 가축성 여부에 의한 종류

지보는 반압에 대응하는 성질에 따라 강성지보와 가축성지보로 구분한다. 강성지보는 반압을 받아도 공동의 형상을 원형상태로 보존할 수 있는 지보이며, 가축성지보는 반압이 어느 한계를 넘어서면 지보가 수축성을 가지도록 한 지보이다.

지보는 갱도단면 천정부의 중량을 지지하고 파괴권이 확대되는 것을 방지해야 하므로 정적지압은 강성지보가 우수하나, 동적지압은 가축성과 가굴성을 갖는 지보가 유리하다. 지보재질의 수축 변형도 가능하고 구조적으로도 변형이 가능한 지보를 가축가굴성지보라 하며 목재와 철재를 조합하여 만든 몰세트(moll set)지보가 대표적이다(그림 3-48).

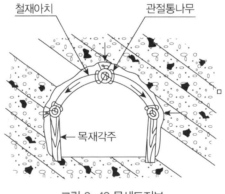

그림 3-48 몰세트지보

2) 재료에 의한 종류

지보재료로는 목재, 철재, 벽돌, 콘크리트, 철근콘크리트 등이 있다. 목재와 철재는 기둥이나 틀로 시공되어 천정과 측벽을 지지하는데 이용되며, 연와와 콘크리트는 축조 형식으로 시공되어 천정과 측벽의 붕괴를 방지하는 데 사용한다.

권양기나 펌프를 설치한 곳은 견고해야 하므로 콘크리트 등 영구적인 지보를 시공한다. 채굴막장은 채굴하는 동안만 유지되면 되므로 쉽게 시공하고 회수할 수 있는 목재지보, 철재지보 등과 같은 일시적인 지보를 선택한다.

(2) 광산에 적용되는 지보

1) 목재지보

목재지보로 사용되는 갱목은 곧고 단단하고 탄성이 많고 응력에 대하여 강해야 하므로 국내에서는 소나무 등을 많이 사용하고 있다. 갱내는 온도와 습도가 높아 갱목이 쉽게 부패하므로 갱목의 수명을 연장하기 위해 방부처리하여 사용한다.

목재지보는 형태에 따라 갱목 한 개를 하반에서 상반으로 수직으로 세운 지보인 타주(prop), 2개 이상의 부재가 결합되어 틀을 짜서 시공하는 조합틀, 갱목을 쌓아서 시공하는 목적(crib)으로 구분한다. 목재지보 시공은 갱도형상에 따라 여러 가지 틀을 짜서 시공하는데 일반적으로 사용되는 것이 3매틀이다(그림 3-49).

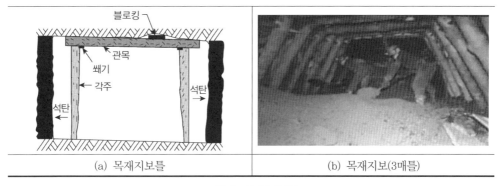

| (a) 목재지보틀 | (b) 목재지보(3매틀) |

그림 3-49 목재지보

목재지보는 가격이 저렴하고 가공, 수리, 교환 등이 갱내 현장에서 가능한 장점이 있으나, 다른 지보에 비해 지압에 대한 저항력이 약하고 부패하기 쉬우며 화재에 취약하다는 단점이 있다. 지주의 안전하중 계산에 사용되는 식은 다음과 같다.

$$S = \frac{u}{f}\left(1 - \frac{1}{60} \times \frac{l}{d}\right)$$

여기서,　S : 단위면적당 강도(kgf/cm²)

　　　　u : 강도(kgf/cm²)

　　　　f : 안전율

　　　　l : 갱목의 길이(cm)

　　　　d : 갱목의 말구직경(cm)

문제 갱목의 길이가 2.6m, 말구직경 13cm의 것을 타주로 사용하였을 때 안전하중은? (단, 안전율 4, 압축강도는 400kgf/cm²이다.)

풀이　$S = \dfrac{u}{f}\left(1 - \dfrac{1}{60} \times \dfrac{l}{d}\right) = \dfrac{400}{4}\left(1 - \dfrac{1}{60} \times \dfrac{260}{13}\right) \fallingdotseq 67\,(\text{kgf/cm}^2)$

안전하중$(S) = 67 \times \dfrac{3.14}{4} \times 13^2 = 8,888\,(kg) \fallingdotseq 9\,(\text{톤})$

상기의 갱목이라면 약 9톤 정도의 부하하중에 대해서는 작업이 허용될 수 있을 정도로 안전함을 의미한다.

2) 철재지보

철재지보는 굴착단면의 형상에 따라 원형이나 반타원형으로 철재 부재를 연결하여 사용한다. 부재의 단위길이당 중량은 25~35kg/m가 적당하며 지압이 강할 때에는 지보 간격을 줄여 내압강도를 증가시킨다. 철재지보는 강인하여 저항력이 강하고 재사용이 가능하나, 가격이 비싸고 갱내 시공이 용이하지 않다는 단점 때문에 사용상 제약을 받는다.

국내 탄광에서는 두 개의 U자형 철강을 볼트로 고정시켜 틀의 부재가 서로 맞물려 있어 미끌림으로 가축성을 가지는 철재 가축성지보로 TH(Tourssaint Heintzmann)지보를 사용하고 있다(그림 3-50). 채탄막장에서 사용하는 상호 연결할 수 있는 구조를 가진

관절모양의 금속보인 카페(kappe)는 채탄이 진행됨에 따라 채굴한 위치의 카페를 풀어 막장방향으로 이을 수 있는 구조이다.

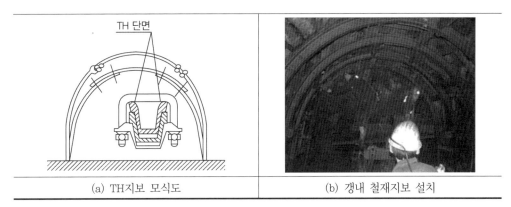

| (a) TH지보 모식도 | (b) 갱내 철재지보 설치 |

그림 3-50 갱내 철재지보

3) 유압철주(hydraulic prop)

유압실린더에 의해 피스톤을 작동시켜 지지력을 발생시키는 것으로 철주에 가해지는 압력이 일정해지면 여분의 액체는 자동배출되고 일정한 유압으로 지지력을 유지시키는 구조이다(그림 3-51). 일반적으로 유압은 100kg/cm^2를 발생할 수 있으며 유압철주에는 실린더가 내장되거나 외부에서 압력을 공급하는 형식이 있다.

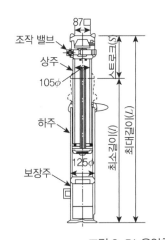

그림 3-51 유압철주의 모식도 및 유압식지보 설치

4) 자주지보(shield support, chock support)

수 개의 유압철주와 보(cap)를 조합시켜 하나로 만든 지보로 컨베이어와 연결된 자주식 유압지보로서 유압(150~350kg/cm²)에 의해 신축, 전진 등을 한다. 자주지보는 하반이 견고하고 완경사의 일정한 탄폭을 가진 탄층에 적합한 지보로서 외국에서는 장벽식 채탄기와 자주지보를 조합하여 채탄작업을 하고 있다(그림 3-52).

기계화시공이 가능하여 생산능률이 높고 막장 수 감소로 인한 작업의 집약화가 가능하나, 지보의 가격이 비싸고 보수비가 많이 들며 숙련기술이 필요하다는 단점이 있다.

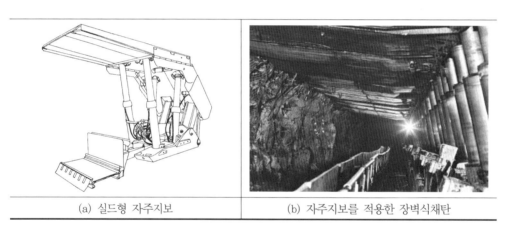

(a) 실드형 자주지보	(b) 자주지보를 적용한 장벽식채탄

그림 3-52 자주지보

5) 특수지보

① 록볼트(rock bolt) 지보

록볼트는 굴착면을 천공하고 공 내에 볼트를 삽입하여 화학적·기계적인 방식으로 고정시켜 암반 자체의 지지력을 이용하는 능동적 지보이다. 소규모광산에서는 점보드릴이나 소형착암기로 천공을 하나, 현대식광산에서는 유압식 록볼터(rock bolter)를 이용하여 록볼트를 설치하고 있다(그림 3-53).

록볼트의 기본적인 구조와 작동원리는 점보드릴과 유사하며, 천공장비인 착암기를 탑재하여 천공하고 볼트를 삽입하고 이를 암반에 견고하게 고정시키는 기능이 추가된 것이 특징이다.

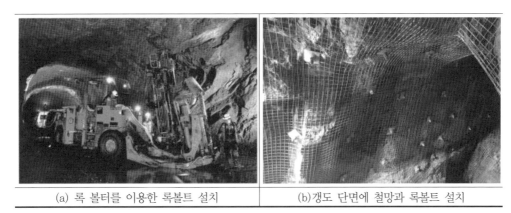

| (a) 록 볼터를 이용한 록볼트 설치 | (b)갱도 단면에 철망과 록볼트 설치 |

그림 3–53 굴착 갱도면 록볼트

록볼트는 볼트의 재질, 설치공 내의 정착방법, 설치방법 등에 따라 선단정착식, 전면접착식, 마찰식으로 분류할 수 있다(표 3–17).

표 3–17 록볼트의 종류(교육부, 2003)

구분	종류
선단정착식	• 쐐기형 볼트(slot and wedge bolt) • 익스팬션 셸 볼트(expension shell bolt) • 레진 볼트(resin bolt)
전면접착식	• 레진 볼트(resin bolt) • 시멘트 볼트(cement bolt)
마찰식	• 스웰렉스 볼트(swellex bolt) • 스플릿 세트 볼트(split set bolt)

주) 레진 볼트는 공저 선단부만 정착 시 선단 정착식으로, 공 입구까지 전체를 정착시킬 경우 전면접착식으로 분류

선단정착식은 볼트의 끝부분에 나사를 가공하여 셸을 부착하고 삽입 후 볼트를 회전시켜 벌어진 셸과 공벽 사이에 작용하는 마찰력으로 고정시키는 방식으로 보통 익스팬션 셸 볼트를 사용하고 있다. 전면접착식은 공과 볼트 사이에 레진(resin)이나 시멘트를 충전하고 경화시켜 암반을 지지하는 형태이다. 마찰식에는 볼트를 공 안에 넣고 펌프를

이용하여 볼트를 팽창시키는 스웰렉스 볼트와 볼트의 직경보다 약간 작은 공에 튜브를
타입하여 암반을 지지하는 스플릿 세트 볼트가 있다.

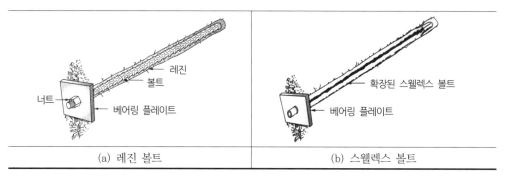

(a) 레진 볼트	(b) 스웰렉스 볼트

그림 3-54 록볼트

　　록볼트 지보를 시공하여 얻을 수 있는 효과로는 매달림효과, 마찰효과, 엇물림효과,
아치효과가 있다(그림 3-55). 매달림효과, 마찰효과, 엇물림효과는 부분적인 보강에 적
용되며 주로 아치효과에 근거하여 갱도단면에 대한 보강설계를 한다.

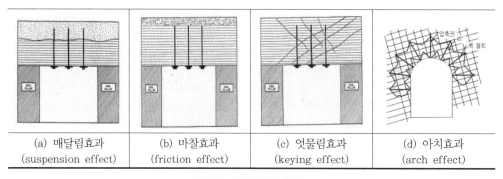

(a) 매달림효과 (suspension effect)	(b) 마찰효과 (friction effect)	(c) 엇물림효과 (keying effect)	(d) 아치효과 (arch effect)

그림 3-55 록볼팅 효과

　② **숏크리트**(shotcrete) **지보**
　　숏크리트는 갱도굴착 후 굴착된 암벽 면에 시멘트몰탈을 공기압으로 분사하여 지반
을 밀착시켜 지반의 이완을 방지하는 지보 방법이다(그림 3-56). 주요 갱도의 지보강도

를 높이기 위해 굴착암반에 철망(wire mesh)을 부착 후 시멘트몰탈을 분사하거나 시멘트 몰탈에 강섬유 등을 혼입하여 숏크리트를 타설하는 경우가 많다. 골재 등을 혼합한 시멘트몰탈을 압축공기로 암벽 면에 분사하며 재료의 배합과 분사방법에 따라 건식공 법과 습식공법이 있다.

숏크리트 효과로는 낙석방지 효과, 지반의 강도 약화를 방지하는 내압 효과, 지반의 응력집중을 막고 연약층을 보강하는 응력집중 완화 효과, 방수 및 풍화방지 효과, 지반 아치(ground arch)형성 효과 등이 있다.

| (a) 숏크리트 분사기 | (b) 숏크리트 시공 |

그림 3-56 숏크리트 장비 및 시공

3.5 광산운반

채굴된 광석이나 폐석 등의 반출과 채광작업에 필요한 자재, 기계기구의 반입, 종업 원의 수송 등 갱내외로 적재 및 운반하는 작업을 광산운반이라고 한다. 채굴이 진행될수 록 작업장이 심부화되고 갱도가 복잡해지므로 효율적인 광물 반출과 인원·자재 이송을 위해 합리적인 운반법을 선택하여야 한다.

3.5.1 운반방법 선정

 광산에서 운반방법은 출광량, 채광법, 광석의 종류, 운반거리와 갱도의 경사, 지질조건과 광상형태 등에 따른 갱도 골격구조 등을 고려하여 선정한다. 운반방법은 표 3-18과 같이 운반장소에 따라 갱내운반과 갱외운반으로 분류하며 적재기계를 이용하여 채굴된 광석이나 경석 등을 운반기계에 적재하여 운반한다. 갱내외운반에 사용되는 동력이나 기계설비에 따라 권양운반, 궤도운반, 무궤도운반, 연속운반, 가공삭도(aerial ropeway)운반 등으로 분류한다. 가공삭도운반은 지주탑 사이에 케이블을 설치하고 버킷을 매달아 광석을 운반하는 방식으로 산악지대 등에서 도로개설이 어려울 때 사용한다.

 일반적인 갱내운반은 막장에서 크로스갱도를 거쳐 수평갱도에 이르고, 이 수평갱도를 통하여 사갱이나 수갱까지 운반된 후 갱 밖으로 반출되는 시스템이다. 갱외운반은 갱 밖에서 선광장이나 저광장까지 또는 선광장에서 제련장까지 운반을 의미한다.

표 3-18 운반장소에 따른 분류

구분		운반 종류
갱내운반	막장운반	• 중력운반 : 슈트운반, 트로프운반 • 연속운반 : 컨베이어운반 • 적재장비 운반 : 슬러셔, 스크레이퍼, 셔틀 카, 로더
	수평갱도운반	• 광차, 기관차운반 • 컨베이어운반
	사갱운반	• 광차 권양운반 • 스킵 권양운반 • 컨베이어운반 • 와이어로프운반
	수갱운반	• 케이지 권양운반 • 스킵 권양운반
갱외운반		• 기관차운반 • 광산용트럭운반 • 가공삭도운반 • 컨베이어운반

3.5.2 막장운반

 막장운반은 채굴막장(working face)에서 광차 또는 운반기구까지 운반으로서 슈트(chute)와 트로프(trough)를 사용하여 중력 운반하거나 적재장비 등을 이용하여 운반한다.

　　슈트는 파쇄광석을 아래쪽 갱도에 낙하시키기 위하여 만들어진 통로로서 하부에
광차가 위치하며 보통 슈트의 경사는 55~70°, 너비는 파쇄광석 최대 크기의 3배 이상으
로 한다(그림 3–57). 트로프는 광석의 자중을 이용하여 운반하는 방법으로 갱도바닥에
판자나 철제로 된 홈통(트로프)을 깔아서 자주 낙하하는 방식의 운반시설이다.

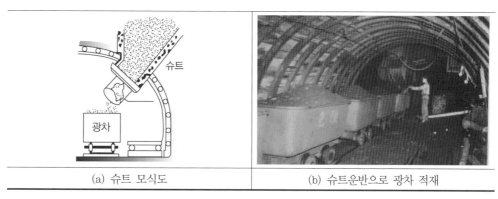

| (a) 슈트 모식도 | (b) 슈트운반으로 광차 적재 |

그림 3–57 슈트운반

　　적재장비에 의한 운반은 슬러셔(slusher), 스크레이퍼(scraper), 셔틀 카(shuttle car), 로더
(loader) 등에 의한 방법이 있다. 슬러셔는 드럼에 와이어로프를 감거나 풀어주는 일종의
권양장비이며, 스크레이퍼는 바닥의 광석을 긁어서 옮기는 형태의 버킷이다(그림 3–58).
스크레이퍼의 앞뒤에 각각 와이어로프를 연결하고 로프를 드럼에 감아 앞뒤로 작동시켜
광석이나 경석 등을 모아서 광차나 컨베이어에 적재하거나 슈트까지 운반한다.

| (a) 슬러셔 | (b) 스크레이퍼 |

그림 3–58 슬러셔와 스크레이퍼를 이용한 채광작업

　　무궤도 적재 및 운반장비인 셔틀 카와 로더를 사용하여 막장에서 컨베이어 등과 같은 운반장치까지 일정 구간을 왕복하면서 광석과 폐석을 적재 및 운반한다(그림 3–59). 셔틀 카는 갱도 앞뒤 방향으로 일정한 구간을 주기적으로 왕복하면서 광석 등을 운반하는 용도로 사용한다. 로더는 수평갱도 굴진작업의 경석더미에 버킷을 밀어넣고 후퇴하면서 뒤로 넘겨 후방에 위치한 광차나 컨베이어에 싣는 적재기계로서 국내에서는 주로 로커 셔블(rocker shovel)을 사용하고 있다.

| (a) 셔틀 카 | (b) 로더 |

그림 3–59 무궤도 적재 및 운반

3.5.3 권양운반

　　권양운반은 사갱이나 수갱에서 운반물을 로프로 끌어올리거나 내리는 운반기계인 권양기를 사용하여 운반하는 방법이다.

(1) 권양기

　　권양기는 권동의 형식에 따라 그림 3–60과 같이 드럼식(drum type), 쾨페식(Koepe type), 릴식(reel type)으로, 갱도에 따라 사갱권양기와 수갱권양기로 분류한다. 대부분 원통형 드럼식 권양기를 사용하나, 일부 광산에서는 드럼 대신에 로프를 걸어 회전시키는 바퀴인 풀리(pulley)를 사용하여 로프와 풀리 사이의 마찰에 의해 운반하는 쾨페식 권양기를 사용하기도 한다.

권양기의 주요 부분은 드럼, 기어, 클러치, 브레이크, 전동기 등이며 안전장치로는 심도계와 속도계, 안전정지기(safety catch), 캡스(keps), 안전고리 등을 장착하고 있다. 안전정지기는 로프가 끊어졌을 때 케이지가 추락하더라도 수갱 바닥에 도달하기 전에 케이지를 잡아 정지시키는 장치이다. 안전고리는 권양 초과로 케이지가 헤드 풀리에 갑자기 충돌하는 것을 방지하는 장치이다. 케이지에서 사용하는 캡스는 케이지를 정지시켜 광차를 바꿔넣을 때 케이지를 일정한 장소에 잠시 정지시키는 장치이다.

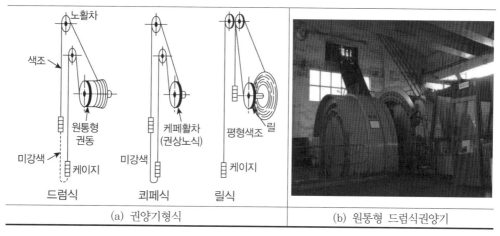

(a) 권양기형식	(b) 원통형 드럼식권양기

그림 3-60 권양기

수갱에서는 갱구 위에 철제구조물인 권양탑(head frame)을 설치하고 권양탑 상부의 헤드 풀리에 와이어로프를 걸어 이 로프를 권양기로 감아서 케이지나 스킵을 권양한다. 권양탑의 높이는 권양속도, 운반물의 적하방법, 권양기의 형식과 구조물의 재료, 수갱의 심도 등에 의해 결정되는데 일반적으로 20~50m 정도이다. 권양하는 힘에 의해 권양탑에는 큰 부하가 작용하므로 권양탑이 넘어지지 않도록 안전하게 설계하여야 한다. 수평면과 권양탑의 풀리로부터 연결된 와이어로프의 수평각은 45°가 적당하며, 풀리와 드럼의 중심선과 로프가 드럼의 맨끝까지 이동하였을 때의 사이각인 로프의 편각은 1°30′보다 커서는 안 된다.

(2) 스킵(skip) 및 케이지(cage)운반

　권양기를 사용하여 운반하는 광석운반 용기에 따라 스킵운반과 케이지운반으로 분류한다(그림 3–61). 일반적으로 광석운반은 스킵으로 하고 인원과 자재운반은 케이지를 사용한다.

　스킵은 사갱 및 수갱 권양장치로 광석, 석탄 등을 그대로 실어 운반하는 용기로 적하방식은 용기가 뒤집어지는 전복식과 용기 바닥이 열리는 저개식이 있다. 스킵은 주로 25° 이상의 급경사 사갱에서 사용되며 수갱에서도 케이지와 같이 사용된다. 케이지는 권양장치로 인원이나 자재를 운반하는 엘리베이터와 같이 생긴 용기로 수갱에서 사용한다. 갱내에서 광석이 실린 광차를 케이지에 싣고 올라와서 갱구에서 실린 광차는 밀어내고 공차를 실어 갱내로 이송한다.

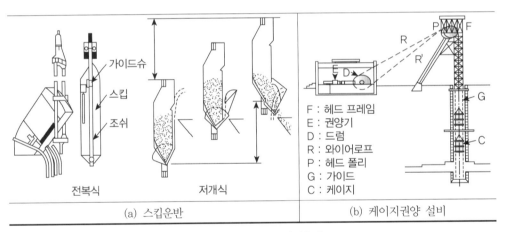

(a) 스킵운반	(b) 케이지권양 설비

그림 3–61 스킵 및 케이지운반

　케이지운반은 스킵운반에 비하여 인원과 자재 운반이 용이하고 광차를 직접 운반하므로 적입·적하장치가 필요 없어 설비비가 저렴하고 석탄의 분탄화를 방지할 수 있으며 권양탑의 높이가 낮아지는 장점이 있다. 그러나 케이지운반은 사하중이 증가하고 권양능력이 저하되며 더 많은 광차와 다수의 인원이 필요하다는 단점이 있다.

3.5.4 궤도운반

　정해진 궤도(rail)를 따라 운반하는 방법으로 여러 대로 연결된 광차를 부설된 궤도를 따라 기관차로 운반하는 기관차운반이 대표적이다. 광석이나 석탄을 운반하는 용기인 광차는 보통 적재 용량이 1~3톤 정도이며, 광차의 중량은 일반적으로 적재 광석의 50% 이내가 적당하다. 광차에 실린 운반물의 적하장치는 광차를 회전시키는 티플러 (tippler)를 이용한 기계적인 방법을 사용한다.

　기관차운반은 사용 동력에 따라 전기기관차, 내연기관차로 분류한다. 전기기관차에는 갱도 상부에 설치된 가공선에서 전력을 공급받아 직류전동기를 동력으로 사용하는 가공선식(trolley) 기관차와 축전지를 동력원으로 하는 축전기식 기관차가 있다(그림 3-62). 내연기관차에는 디젤기관차와 가솔린기관차가 있으며 열효율이 양호하고 동력이 강력하나 유독성가스로 인해 주로 갱외운반에 사용되고 있다.

| (a) 가공선식 기관차 | (b) 축전지식 기관차 |

그림 3-62 기관차운반

　갱외에서는 공중에 전선을 가설하여 전원을 공급받아 작동하는 가공선식 기관차를 주로 사용한다. 갱내 메탄가스 발생이 많은 갑종탄광에서는 가공선 등에서 스파크로 인한 폭발위험으로 방폭형 축전지식 기관차가 사용되고 있다. 일반적으로 운반량이 많은 경우에는 컨베이어운반이 유리하나, 운반량이 적고 운반거리가 긴 경우에는 기관차운반이 유리하다.

기관차의 견인력은 기관차 자체를 움직이는 힘과 기관차가 광차를 견인하는 데 소요되는 힘을 합친 것이다. 기관차 마력은 다음 식과 같이 견인력과 운행속도로 구할 수 있다.

$$N = \frac{Tv}{75\,\eta}$$

여기서, N : 기관차 마력(HP)

T : 기관차 견인력(kg)

v : 운행속도(m/sec)

η : 효율

문제 광차의 자중이 400kg, 적재무게가 1,600kg인 광차 10대를 무게가 6톤인 기관차로 3m/s의 속도로 운행할 때 소요마력은? (단, 기관차 및 광차의 궤도 마찰계수는 0.02, 기관차의 원동기 효율은 90%이다.)

풀이 광차 견인력 $= 10 \times (400 + 1,600) = 20,000\mathrm{kg}$

기관차 견인력 $= [(20,000 + 6,000) \times 0.02] = 520\mathrm{kg}$

$N = \dfrac{Tv}{75\,\eta} = \dfrac{520 \times 3}{75 \times 0.9} \fallingdotseq 23\mathrm{HP}$

3.5.5 무궤도운반

무궤도운반은 궤도를 부설하지 않고 지표로부터 지하 심부 광체까지 평균 경사 8° 정도인 완사갱(ramp way)을 개설하여 LHD나 광산용트럭 등으로 운반하는 방식이다. 수평면 작업인 궤도운반에 비하여 기동성과 등판능력이 우수하여 경사진 곳에서도 운반작업을 할 수 있다.

현대식광산에서는 복잡한 운반과정을 거치는 궤도운반 방식보다는 갱도를 대형화하고 무궤도 대형장비를 갱내작업장에 투입하는 무궤도운반 시스템을 적용하여 생산성 향상을 꾀하고 있다.

(1) LHD(Load-Haul-Dump)

LHD는 갱내외에서 적재, 이동, 적하작업을 할 수 있는 다기능성 장비로서 광석이나 폐석을 장비에 적재하는 데 사용한다(그림 3–63). LHD는 폭과 높이가 낮고 중앙굴절식으로 제작된 운반장비로 급커브에서 사용이 가능하므로 굴곡이 심한 세맥(narrow vein) 작업에 효과적인 장비이다.

LHD는 편도 100m 이내의 단거리에 적합한 장비이므로 장거리 운반장비인 광산용 트럭이나 벨트컨베이어와 병행하면 효율적인 운영이 가능하다.

그림 3–63 LHD 적재운반

(2) 광산용트럭(mine truck)

광산용트럭은 갱내외에서 사용되는 장거리 운반용 트럭이다(그림 3–64). 갱내에서 사용하는 트럭은 토목·건설작업에서 사용되는 장비와 다르게 제한된 갱도규격에서 사용이 가능하도록 차체가 낮고 갱내 공기오염을 낮추기 위하여 배기가스 정화장치가 필수이다. 수직심도가 300m 이내일 경우 편도 약 2,500m 이내가 최적의 운행거리이며, 수직심도가 300m 이상이 되면 스킵 등의 운반법과 병행하는 것이 운반에 효율적이다.

일반적으로 3km 내외의 이동인 경우 주 운반은 광산용트럭으로 하고 LHD는 적재지점과 트럭 간의 단거리 이동에 활용하는 것이 효과적이다. 그러나 운반거리가 장거리일 경우 컨베이어나 기관차운반이 경제적일 수 있다.

그림 3-64 광산용트럭운반

최근 글로벌 광업 메이저기업에서는 광산용트럭에 IT기술을 접목한 무인운반시스템을 도입하여 경비절감 및 운송에 효율성을 높이고 있다. 실제로 서호주 소재 노천광산에서 원격 무인화기술을 적용하여 수백 km 떨어진 통제실에서 GPS와 레이더를 이용해 원격으로 무인트럭이 정해진 경로를 운행하며 광석을 운반하고 있다.

3.5.6 연속운반

연속운반은 수평 또는 완경사 노선에서 석탄이나 광석을 일정한 거리까지 일정한 통로를 따라 연속적으로 운반하는 기계장치인 컨베이어를 이용한다. 컨베이어 종류에는 벨트컨베이어, 체인컨베이어, 케이블컨베이어, 쉐이킹컨베이어 등이 있으며 광산의 운반작업에는 벨트컨베이어를 주로 사용하고 있다(그림 3-65). 체인컨베이어는 철제 트로프 속에 엔드레스 체인이나 스크레이퍼를 붙여 이동시켜 운반하는 장치로 주로 탄광에서 막장운반용으로 이용하고 있다.

벨트컨베이어는 다수의 롤러와 양단의 드라이빙 풀리(pulley)와 테일 풀리 사이를 마찰에 의해 회전, 순환하면서 벨트 위의 광석을 이동시킨다. 벨트컨베이어의 표준

구조는 그림 3–66과 같으며 벨트 캐리어(carrier), 풀리, 긴장장치, 급광장치 등으로 구성되어 있다. 벨트컨베이어에서 벨트의 측면을 지지하는 캐리어를 사이드캐리어라 하며 캐리어의 간격은 벨트의 폭과 운반물의 무게에 따라 결정된다.

| (a) 벨트컨베이어(갱내) | (b) 체인컨베이어(갱내) |
| (c) 벨트컨베이어와 적재장치(갱외) | (d) 벨트컨베이어(갱외) |

그림 3–65 갱내외 컨베이어

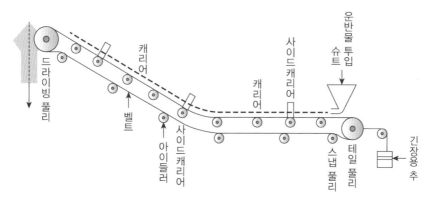

그림 3–66 벨트컨베이어의 표준 구조

벨트컨베이어의 운반능력은 다음 식으로 계산하며 수송물의 종류, 벨트의 폭, 벨트의 운행속도 등이 결정요소이다. 벨트의 폭을 결정하는 요소는 운반물의 크기와 벨트의 속도로서, 일반적으로 무겁고 작은 광석일 경우 속도를 빠르게 하고 벨트의 속도가 빠를 때에는 벨트의 폭을 크게 한다. 벨트의 경사는 수송물의 종류와 형상에 의해 결정되는데 일반적으로 수송물의 안식각보다 $10 \sim 20°$ 작은 각도로 한다.

$$Q = 60 A Vr = 60 CW^2 Vr$$

여기서, Q : 컨베이어 운반능력(톤/hr) A : 수송물의 벨트상 적재단면적(m^2)

$\quad\quad\quad$ V : 벨트의 운행속도(m/min) W : 벨트의 폭(m)

$\quad\quad\quad$ r : 수송물의 겉보기 비중 C : 캐리어 형식에 의한 트로프계수

문제 벨트컨베이어 운반에서 벨트의 폭 80cm, 벨트의 속도 80m/min, 운반물의 겉보기 비중이 1.6인 광석을 운반할 때 벨트컨베이어의 시간당 운반량은? (단, 캐리어의 형식에 의한 계수는 0.07이다.)

풀이 $Q = 60 A Vr = 60 CW^2 Vr$

$\quad\quad = 60 \times 0.07 \times (0.8)^2 \times 80 \times 1.6 \fallingdotseq 344 (톤/hr)$

3.6 갱내통기

갱내 작업공간의 유해물질은 분진, 디젤장비 배출매연과 같은 입자상 물질과 일산화탄소, 이산화질소 등과 같은 가스상 물질이다. 갱내공기는 유해가스의 발생, 가연성가스의 용출, 갱목 등의 부패, 발파작업, 내연기관 매연 등의 원인으로 오염된다. 갱내통기는 갱내에 신선한 공기를 공급하여 근로자의 건강을 보호하고 유해가스를 희석시켜 위험을 제거하며, 작업장의 온도와 습도를 조정하여 작업환경을 유지시키는 목적으로 실시

한다.

　현대식광산에서는 통기를 통한 공기의 양 관리, 가스와 분진 제어를 통한 공기의
품질관리 및 냉난방과 제습을 통한 온도와 습도제어를 동시에 하고 있다. **그림 3-67**은
입기와 배기 등 주요 통기시설이 표기된 갱내 통기시스템이다.

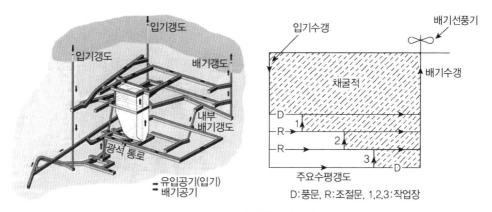

그림 3-67 갱내 통기시스템

3.6.1 통기이론

　갱내에 기류가 흐르게 하려면 반드시 압력의 차를 만들어야 하는데 입기갱도와 배기
갱도 사이의 압력 차를 통기압이라고 하며 kg/cm^2 또는 mm수주로 표시한다. 갱내가
깊지 않을 경우 자연력에 의한 통기가 가능하지만 갱내가 깊어지면 선풍기를 사용하는
기계적인 방법으로 인위적인 통기압을 만들어 통기를 한다.

　공기가 갱도 내에 흐를 때 갱도 벽면과의 마찰과 기류의 충격이나 소용돌이에 의해
통기력이 감소하여 압력강하가 발생한다. 갱도에 공기가 흐를 때 마찰에 의한 압력강하
를 구하는 공식으로 사용되는 애트킨슨(Atkinson) 공식은 다음과 같다. 이 식에서 통기
저항은 동일 갱도에서 풍속의 제곱, 갱도의 길이 및 풍도 둘레에 비례하고 갱도의 단면
적에 반비례한다.

$$h = k\frac{L \cdot u \cdot v^2}{F} = k\frac{L \cdot u \cdot Q^2}{F^3}$$

여기서, h : 마찰에 의한 압력강하(mm수주)

k : 갱도의 마찰계수

u : 갱도단면의 주변장(m)

L : 갱도 길이(m)

v : 평균풍속(m/sec)

Q : 풍량(m^3/sec)

F : 갱도의 단면적(m^2)

갱도의 통기에 대한 저항을 통기저항이라 하며 갱도의 모양과 통기속도에 따라 달라진다. 통기저항의 표시 방법에는 비저항(specific resistance)에 의한 표시와 등적공(equivalent orifice)에 의한 표시가 있다. 비저항은 통기의 어려움을 표시하는 상수로서 비저항 값이 클수록 갱도의 저항은 크다고 할 수 있다. 등적공은 갱도의 통기저항을 작은 구멍의 단면적 크기로 치환한 것으로 공기가 용이하게 통과할 수 있는 정도를 표시한 것이다. 등적공의 관계식은 아래와 같으며, 등적공이 크다는 것은 통기저항이 작고 통기가 용이하다는 것을 의미한다.

$$A = 0.38\frac{Q}{\sqrt{h}}$$

여기서, A : 등적공(m^2)

h : 압력강하(mm수주)

Q : 풍량(m^3/sec)

문제 갱도의 주변장 10m, 단면적 8m², 길이 400m의 콘크리트 아치형의 풍도가 있다. 이 풍도에 매초 60m³의 기류를 흘려줄 때의 압력강하는? (단, 마찰계수는 0.00034 이다.)

풀이 $h = k\dfrac{L \cdot u \cdot Q^2}{F^3} = 0.00034 \times \dfrac{400 \times 10 \times (60)^2}{(8)^3} ≒ 9.56\,(\mathrm{mm}\,수주)$

문제 등적공이 1.8m²인 갱도에 600m³/min의 공기를 보낼 때 발생하는 압력강하는?

풀이 $A = 0.38\dfrac{Q}{\sqrt{h}}$ 에서 $h = \left(\dfrac{0.38}{A}\right)^2 Q^2 = \left(\dfrac{0.38}{1.8}\right)^2 \times (10)^2 ≒ 4.46\,(\mathrm{mm}\,수주)$

(여기서, $Q = 600\mathrm{m}^3/\mathrm{min} \div 60\mathrm{sec}/\mathrm{min} = 10\mathrm{m}^3/\mathrm{sec}$)

3.6.2 갱내가스 및 분진

(1) 갱내가스

공기는 산소 약 21%, 질소 약 78%, 탄산가스와 기타 가스 1%가 혼합된 기체로서 중량은 온도와 습도에 의해 변화한다. 발파 시 발생하는 유해가스와 운반장비 등 디젤 연료의 사용으로 발생하는 갱내가스는 대기 중의 가스농도와 차이가 크다. 광산안전법에 근거한 광산안전기술기준*상 근로자가 작업하거나 통행하는 갱내 공기의 산소함유량은 19% 이상이 되도록 규정하고 있다. 갱내에서 메탄, 일산화탄소, 이산화탄소, 황화수소 등 폭발성가스나 유독성가스가 발생하므로 안전상 가스검정과 공기분석을 정기적으로 실시하여 조절하여야 한다.

갱내가스의 종류별 발생 원인과 특성 및 광산안전기술기준상 근로자가 작업하거나 통행하는 갱내 공기 중 유해가스의 허용기준치는 표 3–19와 같다. 갱내 공기 중 유해가스는 작업시간 8시간 동안의 평균농도를 기준으로 허용기준치 이하로 관리하여야 한다.

---

* 본 서에 기재된 규정과 허용기준치는 관련 법규와 광산안전기술기준 개정으로 변동될 수 있으므로 확인 필요

표 3-19 갱내가스의 종류와 특성 및 허용기준치

구분	비중	허용기준치	발생 원인 및 특성
메탄 (CH_4)	0.559	1.5% 이하	• 석탄 생성과정에서 생성된 것으로 채탄 시 발생 • 무색, 무미, 무취, 무독하나 확산성 강함 • 공기보다 비중이 낮아 갱도 천정 등 높은 곳에 집적 • 갱내폭발의 주요 원인으로 공기 중 5~15% 있을 때 불이 닿으면 폭발
일산화탄소 (CO)	0.967	30ppm 이하	• 탄진폭발, 자연발화, 갱내화재, 내연기관의 배기가스 등에서 발생하며, 특히 갱내폭발 후 가장 많이 발생됨 • 무색, 무취하나 미량으로도 맹독성 • 다량 함유 시 청색 불꽃을 내며 연소
이산화탄소 (CO_2)	1.528	1% 이하	• 석탄 산화, 갱목의 부패로 발생하며, 갱도하부에 집적 • 무색, 무취, 고농도에서는 산성의 톡 쏘는 냄새 • 다량 함유 시 산소가 부족하여 질식할 우려가 있음
일산화질소 (NO)	1.270	25ppm 이하	• 석탄의 연소, 내연기관의 불완전연소 과정에서 발생 • 무색으로 달콤한 냄새가 나고 산화되어 NO_2로 되기 쉬움
이산화질소 (NO_2)	1.590	3ppm 이하	• 발파, 내연기관의 불완전연소 과정에서 발생 • 적갈색을 띠며, 자극적(초산) 냄새나고 독성
이산화황 (SO_2)	2.264	2ppm 이하	• 갱내화재 또는 폭발, 유화물을 함유한 광석의 연소산화 시 발생 • 무색으로 계란 썩는 냄새나고 맹독성

광산안전기술기준상 갱내가스의 함유율이 허용기준치를 초과할 경우 즉시 광산안전사무소장에게 보고하고 가스검정의 강화 및 통기대책을 강구하여야 한다(표 3-20). 갱내채광의 경우 차량계 광산기계와 트럭 등의 사용으로 질소산화물의 농도 증가와 발파 작업시 발생하는 유해가스의 배출이 문제가 되므로 법규상의 허용농도 이하로 유지될 수 있도록 통기시스템을 구축하는 것이 필요하다.

표 3-20 광산안전기술기준상 갱내가스에 대한 허용기준치

구분	허용기준치
• 주요 배기갱도의 공기 중에 메탄가스 함유율	0.25% 이상
• 송전정지 조치하는 메탄가스 함유율 (위험구역 외로 대피 후 통행 완전 차단하는 메탄가스 함유율)	1.5% 초과 (2% 초과)

갱내가스의 조절방법으로는 내연기관의 정비와 화재의 예방 등을 통해 가스발생을

방지하는 방법, 통기를 통해 가스를 희석시키는 방법, 발파 시 물을 분무하여 흡수하는 방법, 발생지역을 밀폐시켜 가스를 고립시키는 방법이 있다.

가스를 희석하는 데 필요한 공기량을 구하는 식은 다음과 같다.

$$Q = \frac{Q_g}{\text{최 대 허 용 농 도} - B}$$

여기서, Q : 필요 공기량(m³/min)

Q_g : 가스의 양(m³/min)

B : 입기공기 중의 가스농도(신선한 공기의 경우 $B = 0$)

문제 채굴층에서부터 매분 0.6m³의 가스가 작업장으로 분출되고 있다. 이 가스의 공기 중 최대허용농도가 10%라면 가스를 희석하는 데 필요한 공기의 양은? (단, 입기 공기 중의 가스농도 $B = 0$이다.)

풀이 $Q = \dfrac{Q_g}{\text{최 대 허 용 농 도} - B} = \dfrac{0.6}{0.1 - 0} = 6\,(\text{m}^3/\text{min})$

(2) 분진

광산에서 굴진작업, 발파작업, 지보작업, 운반작업, 파분쇄과정 등에서 많은 양의 분진이 발생된다. 대부분은 중력에 의해 곧 가라앉지만 일부 미세한 입자들은 가라앉지 않고 부유하여 작업자에게 나쁜 영향을 준다.

일반적으로 호흡기에 침착할 가능성이 매우 높은 $7 \sim 10 \mu\text{m}$ 이하의 분진을 호흡성 분진이라 한다. 특히 약 $5 \mu\text{m}$ 이하의 분진은 구강호흡을 통해 폐포에 침착되어 폐섬유증이 일어나 호흡기능의 장애를 일으키는 진폐증(pneumoconiosis)의 주요 원인이 된다. 광산에서 발생되는 진폐증에는 석영분을 함유한 유리규산(SiO_2)의 흡입에 의한 규폐증과 석탄분진의 흡입에 의한 탄폐증 및 석면분진의 흡입에 의한 석면폐증 등이 있다.

광산안전기술기준상 작업장의 먼지날림에 대한 허용기준치는 표 3–21과 같으며 작업자의 보건안전을 위해 허용기준치 이하로 관리하도록 규정되어 있다.

표 3–21 광산안전기술기준상 작업장의 먼지날림에 대한 허용기준치

구분	허용기준치
• 금속광산과 규석광산의 갱내 또는 실내선광장	$5mg/m^3$
• 석탄광의 갱내 또는 실내선광장	$3mg/m^3$
• 기타 비금속 일반광산의 갱내 또는 실내선광장	$5mg/m^3$

갱내에서 폭발하는 경우는 메탄 등의 가연성가스에 의한 가스폭발과 채탄작업, 석탄 적재·운반, 낙탄의 분쇄 등의 작업과정에서 발생하는 부유탄진에 스파크나 불꽃이 반응하여 발생하는 탄진폭발이 있다. 일반적으로 가스폭발은 순간적인 가스돌출로 일어나므로 채탄막장에 국한하는 경우가 많다. 그러나 탄진폭발은 탄진이 부유한 곳에 조건이 구비되면 폭발이 일어나므로 그 피해는 갱도 전체에 나타나고 더 많은 유해가스가 발생한다. 특히 메탄가스가 혼입될 경우에는 탄진폭발이 훨씬 용이하게 발생한다.

탄진폭발 방지법으로는 착암기로 탄층 중에 천공하고 압력수를 주입시켜 탄진발생을 줄이는 탄벽주수법, 암분을 탄진 부유장소에 살포해서 탄진폭발 시에 생기는 열을 흡수시켜 폭발을 방지하는 암분살포법, 탄진작업장에 압력수를 분사시켜 탄진을 습윤하는 살수법 등이 있다.

갱내에서 사용되는 디젤장비에서 발생하는 분진인 디젤입자상물질(Diesel Particulate Matter, DPM)은 입자크기가 매우 작아 호흡 시 폐에 침착되기 쉽고 거친 표면을 가지고 있어 불연 탄화수소류와 같은 외부 독성물질과 쉽게 흡착한다. DPM에 노출되면 두통, 현기증, 메스꺼움, 호흡곤란 등의 증상이 나타날 수 있고 장기간 노출되면 순환기질환, 심폐기질환 및 폐암이 유발될 수 있다. 분진 허용기준 이하의 희석을 기준으로 DPM에 관한 통기 소요량을 구하는 식은 다음과 같다.

$$Q = \frac{E \times D}{TLV - C}$$

여기서, Q : 필요 통기량(m^3/min)

E : 디젤입자상물질 농도 측정치(mg/m^3)

D : 엔진 배기량(m^3/min)

TLV : 입자상물질 허용농도(mg/m^3)

C : 입기의 분진농도(mg/m^3)

3.6.3 통기방법

통기방법은 갱내 전반의 통기인 주요통기법과 주요통기에 의해 갱내에 보내진 통기를 이용한 작업장 등 일부 구간의 통기인 국부통기법으로 분류할 수 있다.

(1) 주요통기법

주요통기법은 2개 이상의 갱구를 설치하여 한쪽에서 신선한 공기를 넣어 갱내 각 구역에 분배하고, 다른 한쪽으로는 오염된 공기를 배출하는 방법이다. 주요통기법은 통기기계 장치의 사용 유무에 따라 자연통기와 기계통기로, 입배기갱의 위치에 따라 중앙식통기와 대우식통기로 분류한다.

일반적으로 지표 부근의 천부작업장에서는 계절별 기온 차에 따라 갱내공기가 자연 순환이 되는 자연통기를 한다. 채굴심도가 길어지면 자연통기는 한계가 있으므로 통기 수갱의 추가 설치 또는 선풍기를 설치하여 통기력을 보강하는 기계통기를 실시한다. 또한 통기효과를 더욱 높이기 위해 풍문, 조절문, 차단벽 등 통기설비를 설치하여 공기의 흐름을 조절 및 유도하여 원활한 통기를 실시한다.

경제적인 통기를 위해서는 자연통기에 의한 주통기 회로형성이 중요하며 갱도설계 시 검토되어야 한다. 기계력에 의한 통기 시 저항을 최소화하기 위해 가능한 갱도 벽면을 매끄럽게 하고 갱도크기는 대규격으로 하여야 한다.

1) 자연통기와 기계통기

① 자연통기

자연통기는 갱내와 갱외, 입기갱도와 배기갱도 사이에 온도 차이 또는 고저 차이가 있으면 공기의 밀도 차이가 생겨 자연통기압이 생긴다. 통기압을 만드는 원인으로는 입배기 갱구의 온도 및 고저 차이, 갱내외의 온도 차이, 갱내공기의 성분, 대기압 및 선풍기압 등이다. 두 갱구의 위치 차이가 있을 때 여름에는 갱내의 온도가 갱외보다 낮아 높은 곳에서 낮은 곳으로 흘러 하부의 갱구로 배기되고, 겨울에는 낮은 곳에서 높은 곳으로 공기가 흐른다(그림 3–68).

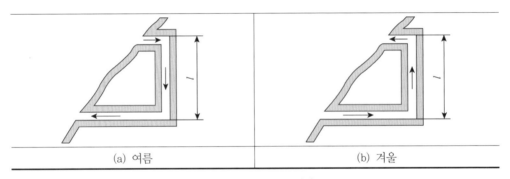

| (a) 여름 | (b) 겨울 |

그림 3–68 계절에 따른 입배기 흐름

입배기가 수갱에서 이루어질 때도 수갱의 온도와 깊이차에 의해 자연통기가 일어나며 이때의 자연통기압은 아래 식과 같다. 계산 결과 통기압이 '+'인 경우 하부갱도로 입기되어 상부갱도로 배기되며, 반대로 '−'인 경우 상부갱도로 입기되어 하부갱도로 배기되는 것을 의미한다.

$$h = \frac{4.17l(t - t_1)}{1000}$$

여기서, h : 통기압(mm수주)

l : 입배기갱구의 고저 차이(m)

t : 배기갱도의 온도(℃)

t_1 : 외기온도(℃)

문제 입배기갱구의 고저 차이가 100m, 갱외온도가 14℃, 갱내온도가 30℃일 때의 통기압은?

풀이 $h = \dfrac{4.17l(t-t_1)}{1000} = \dfrac{4.17 \times 100 \times (30-14)}{1000} \fallingdotseq 6.67 (\text{mm수주})$

② 기계통기

기계통기는 선풍기를 사용하여 입기갱도와 배기갱도 사이에 통기압 차이를 만들어 통기하는 방법으로, 갱내에 필요한 통기량과 통기압 차이를 고려하여 적합한 선풍기를 선정하여야 한다. 선풍기는 설치 목적에 따라 갱내작업장 전체의 통기를 위해 주요 통풍로에 설치하는 주요선풍기와, 선풍기의 통기력이 미치지 않는 굴진 및 막장통기를 위해 선풍기를 풍관에 달아 사용하는 국부선풍기가 있다. 또한 선풍기구조에 따라 임펠러(impeller)를 회전시키는 원심형선풍기와 프로펠러를 회전시켜 배출하는 축류형선풍기로 분류할 수 있다(그림 3–69). 원심형선풍기에는 터보(turbo), 시로코(sirocco), 기벨(guibel), 라토(rateau)선풍기 등이 있으며, 대표적인 축류형선풍기는 프로펠러선풍기이다.

일반적으로 대단면 갱도 내 통기는 통기효율이 높은 프로펠러선풍기를 가동하며, 유해물질을 확산시킨 후 통기승에 설치한 배기팬을 이용하여 상부갱도로 유동시키는 방법을 적용한다.

	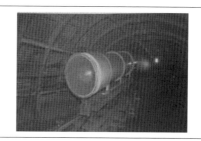
(a) 원심형선풍기(시로코선풍기)	(b) 축류형선풍기(프로펠러선풍기)

그림 3–69 선풍기

주요선풍기는 전체 갱도의 통기를 원활하게 하여 종업원의 안전을 위해 항상 운전하는 중요시설로서 광산에서 사용하는 일반적인 주요 통기방식은 배기갱구 부근에 선풍기를 설치하여 갱도 내의 공기를 빨아내는 흡출식을 적용한다. 광산안전기술기준상 주요선풍기는 갱도의 연장선 외의 갱외 별도 건축물 내에 설치하여야 하며 흡입 또는 토출 지점에는 풍압으로부터 재해예방을 위한 폭풍문을 설치하며, 주요선풍기와 갱도를 연결하는 통기풍도는 6m 이상의 내화구조로 하도록 하고 있다. 또한 측정기를 이용하여 주요선풍기의 압력과 풍량을 측정하고 고장 등을 알리는 자동경보장치를 설치하도록 하고 있다.

선풍기의 동력인 공기마력은 통기에 필요한 이론상 마력으로 풍량과 발생하는 풍압의 곱으로 표시한다.

$$A = \frac{HQ}{75\eta}$$

여기서, A : 공기마력(HP)

H : 압력(mm수주)

Q : 풍량(m³/sec)

η : 효율

갱도의 통기저항이 일정할 때 선풍기의 회전수(n)가 달라지면 선풍기의 3법칙에 따라 풍량(Q), 통기압(h), 동력(N)에 영향을 미쳐 변화한다. 선풍기의 3법칙은 다음 식과 같으며 회전수를 2배로 하면 풍량은 2배, 통기압은 4배, 동력은 8배로 증가한다.

제1법칙 : 풍량은 회전수에 비례한다. $\dfrac{Q_2}{Q_1} = \dfrac{n_2}{n_1}$

제2법칙 : 통기압은 회전수의 제곱에 비례한다. $\dfrac{h_2}{h_1} = \dfrac{(n_2)^2}{(n_1)^2}$

제3법칙 : 동력은 회전수의 세제곱에 비례한다. $\dfrac{N_2}{N_1} = \dfrac{(n_2)^3}{(n_1)^3}$

문제 선풍기가 80mm수주로 50m³/sec의 풍량을 배출하고 있다. 이 선풍기를 운전하는데 소요되는 마력은? (단, 선풍기의 효율은 60%이다.)

풀이 $A = \dfrac{HQ}{75\eta} = \dfrac{80 \times 50}{75 \times 0.6} = 89\,\text{HP}$

문제 회전수 100rpm, 통기압 80mm 수주, 풍량 4,000m³/min, 동력 N인 선풍기를 회전수 200rpm으로 한다면 이때의 풍량, 통기압, 동력은 각각 얼마인가?

풀이 풍량 $= 4,000 \times (200/100) = 8,000\,\text{m}^3/\text{min}$

통기압 $= 80 \times (200/100)^2 = 320\,\text{mm수주}$

동력 $= (200/100)^3 = 8N$

2) 중앙식통기와 대우식통기

주요통기법은 입·배기갱의 위치에 따라 입기갱과 배기갱을 가까운 거리에 설치하는 중앙식통기와 입기갱과 배기갱을 멀리 떨어져 설치하는 대우식통기가 있다(그림 3–70). 중앙식통기는 통기설비 등을 중앙에 집약하므로 건설비가 적게 들고 안전상 감시에 편리하나, 대우식통기에 비하여 누풍이 많고 통기저항이 커지며 유지비와 동력비가 많이 드는 단점이 있다.

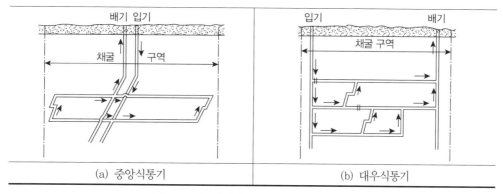

| (a) 중앙식통기 | (b) 대우식통기 |

그림 3–70 입·배기갱의 위치에 따른 주요통기법

(2) 국부통기법

국부통기법은 주요통기에 의해서 통기가 원활하지 못한 개소에 풍관이나 국부선풍기를 설치하거나 통기설비에 의해서 필요한 장소에 국부적으로 공기를 공급하는 방법이다. 국부통기법에는 취입식통기와 흡출식통기가 있으며(그림 3-71), 일반적으로 갱도 굴진 시에는 취입식통기를 실시하여 신선한 공기를 풍관을 통해 작업장까지 넣어준다. 광산안전기술기준상 국부선풍기는 통기를 필요로 하는 장소에서 5m 이상 떨어진 장소에 설치하고, 풍관은 누풍이 없도록 양호한 상태로 유지하며 풍관의 끝은 굴진 및 채탄 작업면에서 7m 이내에 있도록 규정하고 있다.

일반적으로 갱내 작업장 통기는 국부 팬(fan)과 풍관을 이용한 급기식 국부통기 (blowing auxiliary ventilating) 방법을 적용하고 있다.

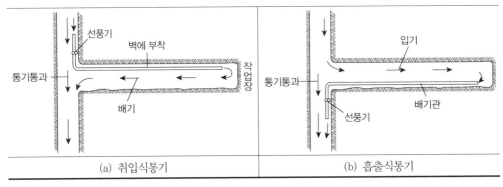

그림 3-71 국부통기법

3.6.4 기류의 유도, 차단 및 분할

입기갱도로 유입된 기류는 통기저항이 가장 작은 갱도를 통하여 배기갱도로 배출되게 된다. 원활한 통기를 위해서는 필요한 장소에 필요한 양을 유도하고 불필요한 개소에 대해서는 기류를 차단하며, 갱내작업의 진전에 따라 적당히 통기를 분할하는 것이 필요하다.

일반적으로 기류의 유도는 **그림 3-72**와 같이 풍관을 사용하며 기류의 변화로 통기저항이 증가되는 경우 통기 유도장치를 설치한다.

그림 3-72 풍관을 이용한 통기

기류의 차단에는 목재 등으로 누풍이 없도록 밀폐하는 장절(張切), 누풍이 없도록 콘크리트 등의 불연성재료로 차단하는 밀폐, 인도나 운반갱도에서 개폐문을 설치하여 기류를 차단하는 통기문(풍문), 입기갱도와 배기갱도가 교차되는 개소에 기류가 혼합하는 것을 방지하기 위해 설치하는 풍교(風橋)가 있다. 광산안전기술기준상 입기수직갱도와 배기수직갱도의 사이 또는 주요입기갱도와 주요배기갱도의 사이에는 콘크리트 등의 차단벽 또는 2개 이상의 풍문을 설치하도록 규정하고 있다.

기류의 분할은 입기를 여러 구역으로 적정량을 분배하였다가 배기갱도로 모이게 하는 병렬통기로 분량문, 분량구, 풍교 등을 이용하여 기류를 조절한다(그림 3-73). 기류의 분할로 구역별 필요 풍량을 조절함으로써 화재 시 피해를 일부분에 국한시킬 수 있고 유해가스를 직접 갱외로 배출시킬 수 있다.

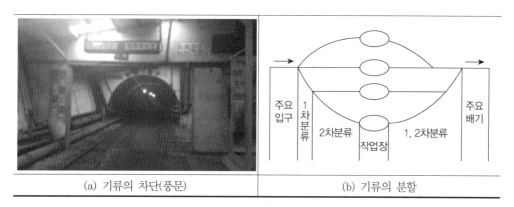

| (a) 기류의 차단(풍문) | (b) 기류의 분할 |

그림 3-73 기류의 차단 및 분할

3.6.5 통기측정

통기측정은 갱내 통기상의 결함 유무를 조사하여 통기계획의 개선자료를 얻기 위해 실시하며 기기를 사용하여 통기량, 통기압, 온도 및 습도, 가스 등을 측정한다. 공기 흐름의 양인 통기량은 공기의 흐름 속도인 풍속에 갱도단면적을 곱하여 구할 수 있다. 광산에서 갱내의 풍속은 속도계측기인 풍속계(anemometer) 등을 사용하여 반복 측정하여 평균 풍속을 적용한다(그림 3-74). 갱도단면적은 정밀측량기나 휴대용 레이저 거리 측정기로 측정하여 평균 단면적을 적용한다.

그림 3-74 풍속계를 이용한 통기 측정

공기의 밀도 산정과 통기압의 변동 여부를 파악하여 갱내가스에 대한 보안을 위해 기압계(barometer) 등을 이용하여 통기압을 측정한다. 일반적으로 기압의 급격한 변동이 있을 때에는 온도변화로 가스의 이동이 용이하다.

통기측정은 통기보안에 중요하므로 광산안전기술기준상 갑종탄광의 안전관리자는 담당 안전계원을 지정하여 갱내 총입기량과 총배기량을 매주 1회 이상 측정하여 통기부에 기록하도록 하고 있다. 갱내에서 50인 이상 작업장은 매월 1회 이상 갱내 전반에 대하여 풍속계로 통기속도와 통기량을, 가스측정기로 메탄가스를 측정하여 이상이 발견될 때에는 즉시 보고하고, 이에 대한 지시를 받아 조치하도록 규정하고 있다.

갱내작업장에서 통기량의 결정요소는 작업장의 종업원 수, 가연성가스 및 유해가스의 발생량, 분진 및 발파연기를 희석시켜 배출시킬 수 있는 양, 갱내의 기온 및 습도이다. 이러한 결정요소를 고려하여 적절한 통기량을 확보하여야 하며, 작업장의 통기량을 결정할 때에는 광산안전기술기준의 규정사항을 준수하여야 한다(표 3–22).

표 3–22 통기량 결정요소에 대한 허용기준치

구분	허용기준치
• 갱내공기 중 산소함유율	• 19% 이상
• 갱내작업장의 기온	• 습구온도 기준 34℃ 이하
• 갱내의 공기 중 메탄가스 함유율	• 1.5% 이하
• 입기갱도에서의 통기량(갑종탄광)	• 1인당 $3m^3$/min 이상
• 작업하거나 통행하는 갱내의 통기속도 (수직갱도 및 통기전용갱도에서의 통기속도)	• 450m/min 이하 (600m/min 이하)
• 동시 운전하는 내연기관의 정격 출격	• kw당 $1.5m^3$/min 이상

3.7 광산배수

3.7.1 광산배수 관리

갱내작업장의 심도가 깊어짐에 따라 지표수 및 지하수의 유입으로 갱내출수량이 많아지면 작업능률이 저하되고 배수비용이 증가하며 출수사고로 인한 재해발생 위험성이 높아진다. 일반적인 광산배수 계통도는 **그림 3–75**와 같다.

갱내출수의 원인으로는 함수층 내의 지하수가 갱내로 유입되는 경우, 공동에 고인 공동수가 유입되는 경우, 지표가 함락된 채굴공동으로 지표수 및 지하수가 유입되는 경우, 하천의 범람으로 갱외수가 유입되는 경우, 단층 수맥을 만났을 경우이다. 일반적으로 돌발적인 대량의 출수라도 순간적으로 발생하는 것이 아니고 유량, 수온, 수질, 물의 혼탁과 같은 외관상 징후가 사전에 발견되므로 이러한 변화를 관찰하여 갱내출수를 예측할 수 있다.

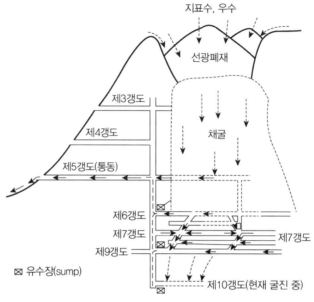

그림 3-75 광산배수 계통도(김웅수, 1998)

(1) 유량 측정

갱내에서 유량을 측정하는 방법에는 측정용 용기에 의한 방법과 위어(weir)에 의한 방법이 있다. 유량이 적은 경우는 측정용 용기를 사용하며, 유량이 많고 연속적으로 측정할 경우는 수로상에 위어를 설치하여 측정한다. 유량을 구하는 식은 다음과 같다.

$$Q = Av$$

여기서, Q : 유량(m^3/sec)

A : 단면적(m^2)

v : 평균유속(m/sec)

문제 폭 0.6m, 깊이 0.5m의 배수구를 통하여 평균유속 4m/sec로 갱내수가 흐르고 있다면, 1시간 동안에 유출되는 갱내수 양은?

풀이 $Q = Av = 4 \times (0.6 \times 0.5) = 1.2\text{m}^3/\text{sec}$

∴ 1시간 동안 유출되는 갱내수 양 = $1.2\text{m}^3/\text{sec} \times 3,600\text{sec/h} = 4,320\text{m}^3/\text{h}$

(2) 방수법

방수법은 지표수가 갱내로 유입되는 것을 방지하고 갱내에 유입된 물을 하부로 흘러 내리지 못하도록 차단하는 것으로 갱외방수와 갱내방수로 구분한다(표 3-23). 함수층이 나 단층 등이 존재하는 연약한 지대는 출수를 유발할 수 있는 위험지대이므로 선진천공 을 하기 전에 방수를 위하여 갱도에 방수댐을 설치하거나 시멘트그라우팅으로 지층을 굳게 하는 것이 필요하다.

표 3-23 갱내외방수법

구분	방수방법
갱외방수법	• 갱구 부근에 제방 축조 또는 갱구에 방수용 축벽 설치 • 하천 부근 단층대 일대에 시멘트몰탈 주입
갱내방수법	• 선진천공 : 채굴에 앞서 미리 천공하여 갱내수 유출 • 시멘트주입 : 천공 구멍에 시멘트를 주입하여 출수 억제 • 갱구 차단벽 설치 : 방수벽 및 방수댐 설치

3.7.2 배수방법

갱내수를 갱외로 배출시키는 배수방법에는 갱도의 경사를 이용한 자연배수와 갱내 수를 일정한 장소에 모아 펌프에 의해 배출시키는 기계배수가 있다. 자연배수는 중력배 수라고도 하며 사이펀을 설치하여 관 내부 압력 차를 이용하거나, 갱도상에 배수로를 설치하고 갱도 경사(1/100~1/500 정도)를 이용하여 배수한다.

기계배수에 사용되는 펌프는 기계의 운동형식과 작동원리에 따라 여러 종류가 있으 나, 일반적으로 심부작업에 따른 고양정의 양수에 원심펌프를 사용하고 있다(표 3-24). 펌프의 설치 위치는 배수계획에 의해 결정하지만 집수지 부근, 펌프 및 전동기의 운반이 용이하고 배관설치가 쉬운 곳, 양수거리가 짧고 모터의 냉각이 양호한 곳, 암반이 견고 한 곳에 설치한다.

표 3-24 기계배수에 사용되는 펌프의 종류

구분	펌프 종류
원심펌프	• 터빈펌프, 볼류트펌프, 샌드펌프
왕복식펌프	• 플런저펌프, 피스톤펌프, 다이어프램펌프
특수펌프	• 제트펌프, 에어리프트펌프, 고동펌프

양수관으로 저렴한 강관을 널리 사용하나 pH가 낮은 광산배수가 유출되는 개소에는 방식성과 내압성이 좋은 주철관을 사용한다. 배수관의 관경은 펌프의 운전동력비 및 마찰저항 등을 고려해서 결정하며 유량이 많을수록 관경은 커진다. 배수관의 두께는 수압에 의하여 결정하여야 하며, 배수관의 내경을 구하는 식은 다음과 같으며 만일 유속을 90m/min으로 한다면 $d = 0.12\sqrt{Q}$ 이다.

$$d = \sqrt{\frac{4}{\pi v}Q}$$

여기서, d : 배수관의 내경(m)

$\qquad Q$: 유량(m³/min)

$\qquad v$: 유속(m/min)

펌프의 소요동력은 다음 식으로 계산할 수 있으며, 실제로 운전에 쓰이는 펌프의 운전마력은 수마력보다 크다. 운전마력에 대한 수마력의 비율을 펌프의 총효율(total efficiency)이라 하고 보통 50~60%가 된다.

$$W = 1,000\frac{QHS}{75\eta}$$

여기서, W : 운전마력(HP)　　　Q : 펌프의 양수량(m³/sec)

$\qquad H$: 전 양정(m)　　　　S : 유체의 밀도(g/cm³)

$\qquad \eta$: 펌프의 효율(%)

양수할 물이 많거나 양정이 높아 1대의 펌프로 부족할 경우에는 여러 대의 펌프를 결합하여 운전한다. 펌프의 결합운전 방법은 1대의 펌프에서 나온 물을 직렬로 연결한 후 다음 펌프로 보내는 직렬운전과, 각 펌프를 병렬로 설치하여 물을 하나의 관으로 보내는 병렬운전이 있다(**그림 3–76**). 양수고가 증가할 때에는 직렬운전을 하며, 병렬운전할 때에는 양수량이 증가하고 양수고는 증가하지 않는다.

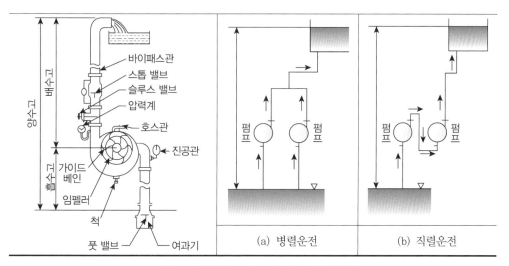

그림 3–76 원심펌프 구조 및 펌프의 결합운전

문제 1분에 배수량이 16m³이고 유속을 90m/min로 한다면 관경은?

풀이 $d = 0.12\sqrt{Q} = 0.12 \times \sqrt{16} = 0.48\text{m} = 48\text{cm}$

문제 갱내에서 매시간 300m³의 물을 100m의 높이 밖으로 배수하고자 할 때 펌프의 소요마력은? (단, 펌프의 효율은 60%, 물의 밀도는 1g/cm³이다.)

풀이 $W = 1,000 \dfrac{QHS}{75\eta}$

$$= 1,000 \times \frac{(300\text{m}^3/h \div 3,600\text{sec}) \times 100 \times 1}{75 \times 0.6} \fallingdotseq 185(\text{HP})$$

선광 및 제련

4 선광 및 제련

4.1 선광 개요

　선광(mineral processing)은 채굴된 광석을 선별처리하는 과정으로 원광을 파분쇄하고 광물의 특성에 맞춰 물리적·화학적으로 처리하여 불필요한 맥석광물(gangue mineral)이나 유해성분을 제거함으로써 목적 광물의 품위를 높이는 작업이다. 선광공정에 공급되는 광석을 급광(원광, feed)이라 하며, 선광과정으로 산출되는 최종산물을 정광(concentrate)이라 한다. 일반적으로 석탄, 석회석, 형석, 흑연, 고령토 등과 같은 비금속은 정광상태를 제품으로 사용하며 금, 은, 동 등과 같은 금속은 정광을 제련공정을 통해 금속 혹은 화합물상태로 만들어 이용한다.

　선광은 채광과 제련의 중간공정으로 일반적인 선광공정 계통도는 **그림 4-1**과 같다. 선광공정은 파·분쇄공정, 분립공정, 선별공정, 후처리공정(농축, 탈수, 건조)과 같이 일련의 단위공정으로 분류한다.

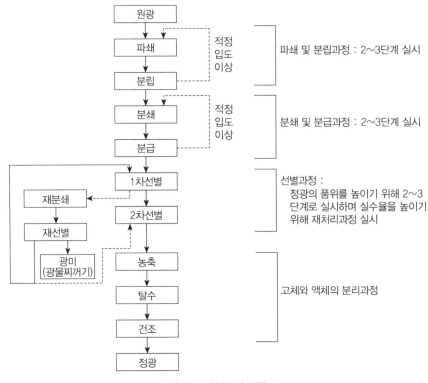

그림 4-1 선광공정 계통도

선광공정의 효율을 판정하는 요소로 목적광물의 실수율(recovery)을 이용한다. 실수율은 회수율이라고도 하며 원광 중에 들어 있는 유용광물의 몇 %가 정광으로 회수되는가를 나타낸 것으로 구하는 식은 다음과 같다.

$$R = \frac{c\,(f - t)}{f\,(c - t)} \times 100$$

여기서, R : 실수율(%)

f : 원광(feed) 품위

c : 정광(concentrate) 품위

t : 맥석(gangue) 품위

문제 황동석($CuFeS_2$), 방해석($CaCO_3$) 중 유용성분의 함유율은? (원자량은 Cu 63, Fe 55, S 32, Ca 40, C 12, O 16 적용)

풀이 황동석($CuFeS_2$) 중 유용금속 함유율＝Cu/$CuFeS_2$＝(63/182)≒34.6%Cu

방해석($CaCO_3$) 중 유용성분의 함유율＝CaO/$CaCO_3$＝(56/100)×100＝56%CaO

문제 0.5% 품위 동광석의 채광과 선광비용은 6$/톤, 정광 판매가격이 1.5$/kg, 시험선광에 의한 회수율이 90%라면 단위이익($/톤)과 동광상의 컷오프품위(%)는?

풀이 ① 수익＝품위×회수율×판매가격

＝0.005×0.9×(1.5$/kg×1,000kg/톤)＝6.75$/톤

단위이익＝수익－비용＝6.75$/톤－6$/톤＝0.75$/톤

② 컷오프품위＝비용/(판매가격×회수율)

＝6$/톤/(1.5$/톤×0.9)≒0.04%

예제 황동석(함동율 40%)을 유용광물로 하는 동광석(Cu품위 1.5%)을 선별하여 20% 정광산물을 얻었고, 맥석 중의 Cu품위는 0.15%라면 실수율은?

풀이 $R = \dfrac{c\,(f - t)}{f\,(c - t)} \times 100 = \dfrac{20 \times (1.5 - 0.15)}{1.5 \times (20 - 0.15)} \times 100 \fallingdotseq 90.7\%$

4.2 파·분쇄공정

원광석은 유용광물과 맥석이 혼재되어 있으므로 유용광물을 선별하려면 먼저 파·분쇄(comminution)하여야 한다. 파·분쇄는 기계적방법으로 광석의 입자크기를 축소시키는 공정으로 입자들을 작게 분쇄하여 유용광물과 무용광물의 입자를 서로 분리시켜 단체분리(liberation)도를 높여서 유용광물의 회수율을 높이기 위한 목적으로 실시한다. 파·분쇄는 원광을 자갈 정도로 깨는 파쇄와 이것을 선광공정 투입이 가능하거나 판매목적에 적합한 크기로 만드는 분쇄로 분류한다. 파쇄는 원광을 100mm 이하 정도의 조쇄와 25mm 이하 정도의 중쇄로 분류하며 중쇄산물을 다시 1mm 이하로 분쇄하여 선별공정에 보내진다.

파·분쇄공정은 선광공정 중 에너지소모가 가장 많은 공정으로 압축, 충격, 전단, 마모작용으로 광석을 파·분쇄한다. 파·분쇄공정에서 목적하는 크기보다 잘게 부서지는 과분쇄(over grinding)는 분쇄비용을 증가시키고 선별처리 시 실수율이 저하된다. 파·분쇄 효율을 높이고 과분쇄를 방지하기 위해 파쇄기와 분쇄기 사이에 스크린을 설치하여 기준 파쇄입도에 미달하는 산물은 재파쇄하고, 기준 파쇄입도 이하의 산물은 다음 처리단계로 보내는 단계파쇄(stage crushing) 공정을 실시한다.

파·분쇄이론은 분쇄에 소요되는 에너지와 분쇄 전후의 입도와 관련한 이론들을 이용하며 선광에는 리팅거(Rittinger), 킥(Kick), 본드(Bond)의 이론을 적용한다(표 4-1).

표 4-1 선광에 적용되는 파·분쇄이론

구분	파·분쇄이론 개요
리팅거 이론	• 분쇄에 필요한 에너지는 새로 생성된 입자의 표면적 증가에 비례
킥 이론	• 분쇄에 필요한 에너지는 분쇄 전후의 입자크기와 무관하고 입자의 양에 비례
본드 이론	• 일정량의 균질한 물질에 가해진 전체에너지는 분쇄산물 입도의 제곱근에 반비례

4.2.1 파쇄

파쇄(crushing)는 압축과 충격에 의한 입도축소 공정으로 분쇄기에 급광하기 알맞은 입자크기를 만들기 위해 조쇄기(primary crusher), 중쇄기(secondary crusher)와 같은 파쇄기를 이용하여 단계적 건식공정으로 실시한다(그림 4-2).

조쇄기는 원광석을 50~100mm 정도로 축소시키는 1차파쇄기로서 조 크러셔(jaw crusher), 자이러토리 크러셔(gyratory crusher) 등을 사용한다. 중쇄기는 조쇄기를 거친 광석을 6~25mm 정도로 축소시키는 2차파쇄기로서 콘 크러셔(cone crusher), 롤 크러셔(roll crusher), 임팩트 크러셔(impact crusher), 크러싱 롤(crushing roll) 등을 사용한다.

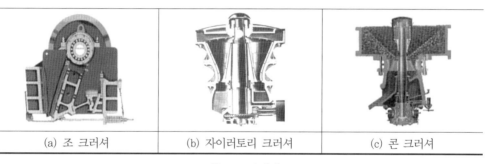

| (a) 조 크러셔 | (b) 자이러토리 크러셔 | (c) 콘 크러셔 |

그림 4-2 파쇄기

일반적으로 노천채광의 경우 파쇄기는 채광장이나 채광장 인근에 설치하며, 갱내채광의 경우에는 대부분 광석을 갱외로 운반하여 파쇄하고 있다(그림 4-3). 최근에는 파쇄

| (a) 갱내 파쇄시설 | (b) 갱외 파쇄시설(트럭으로 파쇄시설 반입) |

그림 4-3 갱내외 파쇄시설

로 인한 소음·진동 등 주변환경에 미치는 영향을 고려하여 갱내에 파쇄기를 설치하고
벨트컨베이어를 이용하여 갱외선광장으로 운반하고 있다.

4.2.2 분쇄

　분쇄(마광, grinding or milling)는 분쇄기 통속에 파쇄광석과 볼(ball), 로드(rod) 등의
분쇄매체를 함께 주입하여 충격 및 마모에 의한 입도 축소공정으로 단체분리를 위한
최종단계이다. 일반적으로 분쇄기는 선광장에 설치하며 현미경 등의 분석으로 적정
단체분리 입도를 정하여 0.1~2.5mm 정도로 분쇄를 실시하고 과분쇄를 방지하기 위해
다단계 분쇄과정을 실시한다.

　분쇄기는 분쇄매체의 운동방식 및 종류에 따라 표 4-2와 같이 분류한다. 볼의 재질은
산물이 철분의 혼입과 관계없는 경우 스틸(steel)볼밀을 사용하고, 철분 혼입이 허용되지
않는 비금속광물 분쇄는 페블(pebble)볼밀을 사용한다. 분쇄효율을 높이기 위하여 볼밀
크기는 작은 볼과 큰 볼을 혼용하여 사용하기도 하며, 볼의 장입량은 동체의 직경과
길이에 따라 결정된다.

　분쇄공정은 건식분쇄와 습식분쇄가 있으며 일반적으로 분쇄효율이 높은 습식분쇄를
사용한다. 특히 분진발생을 억제하거나 다음 공정이 비중선별, 부유선별 등과 같이
습식처리 공정일 경우에는 습식분쇄를 적용한다.

표 4-2 분쇄기 종류(정문영, 2015)

분류 방식	종류	비고
분쇄매체의 운동방식에 의한 분류	회전밀(tumbling mill)	• 회전에 의한 분쇄매체의 충격작용
	진동밀(vibration mill)	• 진동에 의한 볼의 충격작용
	교반밀(attrition mill)	• 회전에 의한 볼의 충격 및 마모작용
분쇄매체의 종류에 의한 분류	볼밀(ball mill)	• 분쇄매체가 금속 또는 세라믹 볼
	로드밀(rod mill)	• 분쇄매체가 금속 막대(rod)
	페블밀(pebble mill)	• 분쇄매체가 조약돌(hard rock)
	자생밀(autogenous mill)	• 분쇄매체가 광석 자체
	롤러밀(roller mill)	• 분쇄매체가 롤러
	제트밀(jet mill)	• 분쇄매체가 고압기체

볼밀의 분쇄효율을 결정하는 주요 인자로는 밀의 회전수, 분쇄매체의 종류, 장입량 등이다. 대형광산에서는 파쇄공정의 단순화 및 분쇄효율 제고를 위하여 파쇄기에서 처리된 광석을 자생밀(autogenous mill) 또는 반자생밀(semi-autogenous mill)에 넣고 파쇄한 후에 볼밀을 이용하여 분쇄하는 경우가 많다. 자생밀은 통속에 분쇄매체 없이 광석 자체만의 상호충격에 의해 분쇄를 하며 반자생밀은 분쇄효율을 높이기 위해 원료와 함께 스틸 볼을 넣어 가동한다. 최근에는 2차분쇄기로 효율이 좋고 극미립까지 분쇄가 가능한 타워밀(tower mill)을 사용하고 있다.

| (a) 볼밀 | (b) 타워밀 |

그림 4-4 분쇄기

4.3 분립공정

분립(sizing)은 파·분쇄광석을 입도별로 분리하는 공정으로 체를 사용하는 체질(사분, screening or sieving)과 유체를 매질로 사용하는 분급(classification)으로 분류한다. 체질은 입자의 크기에만 영향을 받으므로 조립자의 분리공정에 적용하며, 분급은 입자의 크기와 밀도에 영향을 받으므로 미립자의 분리공정에 적용한다.

4.3.1 체질

체질은 체를 이용하여 망상산물(oversize)과 망하산물(undersize)로 광립을 분류하는 방법으로서 보통 체질은 0.1mm보다 굵은입자의 분리에 이용한다. 체질은 균일한 입단을 생산하여 선별효율의 향상과 파·분쇄비를 저감시키고 사용자의 요구에 적합한 크기별로 공급하기 위하여 실시한다.

체의 종류에는 여러 개의 강철 bar를 평행으로 놓고 고정시켜 광석을 분리하는 고정체와 체의 운동에 의한 조쇄 및 중쇄산물을 분리하는 가동체가 있다(그림 4-5). 고정체는 그리즐리(grizzly)가 대표적이며, 가동체에는 운동방식에 따라 원통형 체를 회전시키는 회전체(trommel)와 기계적 또는 전자방식에 의해 진동을 주는 진동체가 있다. 일반적으로 입도가 작은 물질의 분리에는 진동체가 사용되고 있다.

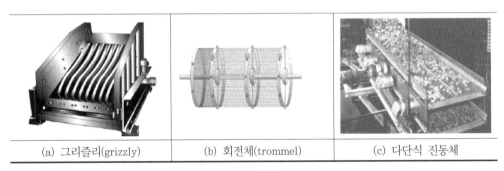

| (a) 그리즐리(grizzly) | (b) 회전체(trommel) | (c) 다단식 진동체 |

그림 4-5 체의 종류

4.3.2 분급

분급은 유체를 매질로 이용하여 중력 또는 원심력에 의해 입도를 분리하는 공정으로 공업적 체질에 의한 분리가 불가능한 미립자의 분리를 위해 실시한다. 분급기의 종류에는 기계분급기, 수력분급기, 공기분급기, 나선형(스파이럴, spiral)분급기, 사이클론(cyclone)분급기 등이 있으며, 주로 나선형과 사이클론을 사용한다(그림 4-6). 사이클론분급기는 원심력을 이용하여 입자의 침강속도를 가속시켜 큰 입자는 내벽면을 따라 낙하하고 중앙에 모인 미립자($5{\sim}150\mu\mathrm{m}$)는 내부 상승압에 의해 위쪽 구멍으로 배출된다.

금속광산 선광장에서 과분쇄를 방지하고 선별공정 시 유용광물의 회수율 향상을 위해 스파이럴분급기와 볼밀을 조합하여 적용하고 있다.

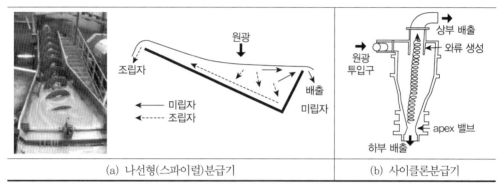

| (a) 나선형(스파이럴)분급기 | (b) 사이클론분급기 |

그림 4–6 분급기

4.4 선별공정

선별(separation)은 광물들의 물리적·물리화학적 특성을 이용하여 목적광물만을 정광으로 회수하고 맥석광물은 광물찌꺼기(광미(鑛尾), tailing)로 제거하는 분리공정이다. 선별의 종류에는 육안이나 기계센서 등을 이용하는 수선법(hand sorting)과 비중선별, 중액선별, 자력선별, 정전선별 등과 같은 물리적선별과 광물표면의 물리화학적 성질의 차이를 이용하는 부유선별이 있다.

4.4.1 비중선별

비중선별(gravity separation)은 주로 물을 매체로 이용하여 광물 간의 비중 차에 의한 침강속도 차이를 이용하는 선별방법으로 분리하고자 하는 두 광물 간 비중 차가 클수록 선별효과가 좋다. 주요 광물들의 비중은 표 4–3과 같다.

표 4-3 주요 광물의 비중(교육부, 2009)

광물	비중	광물	비중	광물	비중
흑연	2.15	방연석	7.5	자철석	5.2
황	2.10	휘동석	5.7	석석	6.8
금	15.6~19.5	섬아연석	4.0	회중석	6.0
은	10.5	자황철석	4.5	철망간중석	7.2
구리	8.8	황동석	4.2	백운석	2.9
수은	13.6	황철석	5.0	방해석	2.7
휘안석	4.6	형석	3.2	정장석	2.6
휘창연석	7.2	석영	2.7	석류석	3.0~4.0
휘수연석	4.7	적철석	5.2		

비중선별에는 지그(jig)선별, 박류(flowing film)선별이 있다. 지그선별보다 비교적 작은 입자에 적용되는 박류선별에는 테이블(table)선별과 나선형(spiral)선별이 대표적이며 선별방법에 따라 선별기를 사용한다(그림 4-7). 광물입자의 낙하운동에 영향을 주는 요소는 입자의 크기, 비중, 형태와 점성(viscosity) 등이다. 비중선별은 유체 속에서 입자의 침강이론에 영향을 받으므로 등속침강 속도비가 중요하다. 등속침강 속도비는 비중과 입자크기가 비슷할 경우 동일한 침강속도를 갖는 입자의 비를 의미한다.

지그선별은 광물들을 중력 및 물의 맥동(jigging)작용에 의한 운동 차를 이용하여 비중이 작은 입자는 상승수류의 영향을 받아 상부로 이동하고, 비중이 큰 입자는 중력의 영향을 더 받아 침강시키는 방법이다. 테이블선별은 요동(shaking)하는 경사진 테이블에 광액을 흘러보내면 비중이 큰 입자는 전진방향으로, 비중이 작은 입자는 수류방향으로 운동을 하여 분리하는 방법이다.

나선형선별기는 단면이 반원인 통을 수직 축의 둘레에 나선형으로 5~6단 감은 것으로 회전하거나 운동하는 부분이 없는 무동력 선별기로서 험프리(Humphrey) 스파이럴 선별기가 대표적이다. 비중이 작은 입자는 부력과 원심력을 받아 통의 바깥쪽으로 흘러가고, 비중이 큰 입자는 중력과 마찰력을 받아 통의 안쪽바닥으로 흘러서 각 단에 있는 작은 구멍으로 배출된다.

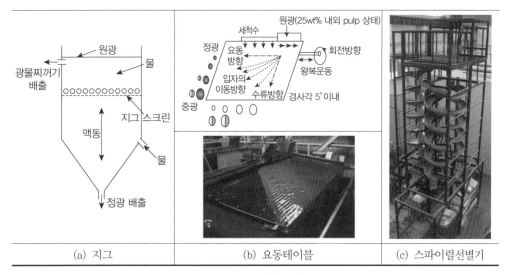

| (a) 지그 | (b) 요동테이블 | (c) 스파이럴선별기 |

그림 4-7 비중선별기

외국에서는 원탄으로부터 암석을 분리하는 공정에 중액선별에 비해 비용이 저렴하고 대용량 처리가 가능한 지그선별기를 이용하여 조립탄(약 12mm 이상)을 분리·선별하고 있다(그림 4-8). 지그 내로 공기를 주기적으로 송입·배출함에 따른 맥동 수류를 발생시켜 비중이 작은 석탄(비중 약 1.3∼1.5) 입자는 위로 향하고 비중이 큰 암석(비중 약 2.75 이상) 입자들은 아래로 이동하여 선별한다. 또한 현장에 따라 습식사이클론이나 스파이럴선별기를 이용하여 미립탄(0.5mm 이하)을 선별하고 있다.

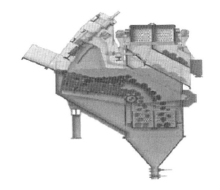

그림 4-8 비중선별을 이용한 석탄처리

4.4.2 중액선별

중액선별(heavy-fluid separation)은 선별광물의 중간 비중을 가지는 중액(heavy liquid) 또는 의중액(pseudo heavy liquid)을 물에 분산시킨 현탁액에 광석을 넣어주면 비중이 큰 광물은 가라앉고 비중이 작은 광물은 떠오르게 하는 선별법으로 일명 부침법이라고 도 한다.

중액제의 종류에는 자철석, 중정석(barite, $BaSO_4$), 철과 규소의 합금인 페로실리콘 (ferro-silicon) 등이 있다(표 4–4). 중액제조에 자철석을 많이 사용하는데 이는 자철석 분말을 물에 현탁시켜 비중조절이 용이하고 자력선별기를 이용하여 매질을 쉽게 회수 하고 재이용이 가능하며 페로실리콘에 비해 상대적으로 저렴하기 때문이다.

표 4–4 중액제의 종류와 특성(교육부, 2002)

중액제	화학 성분	비중	현탁액 최대 비중	자성	회수법
자철석	Fe_3O_4	5.0	2.55	강함	자력선별
페로실리콘	Fe와 Si 합금	6.8	3.3	강함	자력선별
적철석	Fe_2O_3	4.8	2.5	약함	부유선별
황철석	FeS_2	5.0	2.7	약함	부유선별
중정석	$BaSO_4$	4.5	2.3	없음	요동테이블

선탄처리에 중액선별을 이용하는데, 일정한 비중으로 조정된 중액이 담긴 설비에 원탄을 공급하면 중액보다 가벼운 석탄입자들은 떠오르고 이보다 무거운 암석입자들은 가라앉아 선별한다(그림 4–9). 외국에서는 원탄으로부터 조립탄(약 12mm 이상), 중립탄 (약 0.5~12mm)의 분리·선별에 물 대신 중액을 매질로 이용하는 중액사이클론이나 요동테이블이 활용되고 있다. 원탄과 중액을 혼합한 슬러리를 중액사이클론에 투입하 면 원심력의 작용으로 무거운 암석입자들은 하부로 이동하고, 가벼운 석탄입자는 상승 압에 의해 상부로 이동하여 회수된다. 대한석탄공사 화순광업소에서 중액제로 페로실 리콘을 이용하여 선탄하고 자력선별기로 페로실리콘을 회수하여 재이용하고 있다.

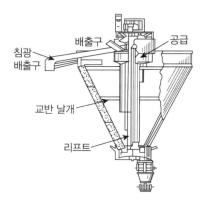

그림 4-9 중액선별기 모식도

4.4.3 자력선별

자력선별(magnetic separation)은 광물 간의 자성 차를 이용하여 선별하는 방법으로 자철석, 적철석 등과 같은 자성을 가진 광물선별에 이용한다(그림 4-10). 주로 철광석의 선별에 이용되며 강자성체인 자철석을 효율적으로 분리할 수 있다. 광물결정의 화학조성비 변화와 불순물의 혼입이 광물의 자성을 변화시킨다. 자력선별은 자성광물의 선별뿐만 아니라 점토광물에 함유된 철분의 제거, 페로실리콘 같은 중액제의 회수, 선광장이나 선탄장에서 원료에 혼입된 철편을 제거하는 용도 등에 활용하고 있다.

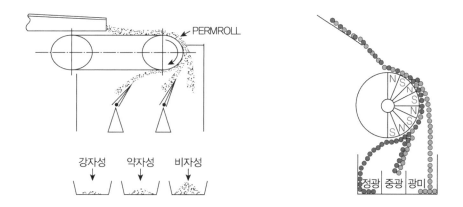

그림 4-10 자력선별 원리

　　자화율(magnetic susceptibility) 차이에 따라 광물의 자성은 표 4–5와 같이 강자성, 상자성(약자성), 반자성(비자성)으로 분류할 수 있으며 철, 티타늄 등을 포함하는 강자성광물은 자력선별 효율이 우수하다. 상자성광물은 자기장에 의해 받는 힘이 미약하므로 강한 자성을 얻기 위해 적당한 조건으로 배소하는 자화배소(roasting for magnetism)를 실시하여 선별처리한다.

표 4–5 광물에 따른 자성 분류

강자성(ferromagnetic)광물	• 자철석, 티탄철석, 프랭클린석(franklinite)
상자성(paramagnetic)광물	• 능철석, 적철석, 지르콘
반자성(diamagnetic)광물	• 석영, 석고, 암염, 흑연, 방해석

　　자력선별기에는 드럼형(drum type), 유도롤형(induced roll type), 고구배(high gradient), 초전도 자력선별기 등이 있으며, 광물의 입자나 특성에 따라 선별기를 선택한다. 현장에서 주로 사용되는 드럼형 자력선별기는 미립의 급광이 극성이 차례로 바뀌는 드럼의 표면을 따라 이동할 때 비자성광물은 중력에 의해 낙하하고, 자성광물은 드럼 내의 자화 부분에 부착되어 이동하여 자화가 끝난 부분에서 낙하하여 선별한다(그림 4–11).

그림 4–11 자력선별기 적용 현장

4.4.4 정전선별

정전선별(eletrostatic separation)은 광물 간의 전기전도도 차이를 이용하는 선별법으로서 고압으로 대전되는 선별면 위에 광물들을 투입하여 정전력에 의해 같은 종류의 대전체는 반발하고 다른 종류의 대전체는 서로 당기는 현상을 이용한다. 광물의 전기전도도는 표 4-6과 같으며 대부분의 금속황화물은 양도체이나 석영, 장석, 능철석 등은 불양도체에 해당한다. 정전선별법은 광물이 젖어 있거나 미립자인 경우 선별효과가 적어 사전 건조가 필요하며 처리비용이 많이 소요되므로 고가광물 선별에 적용한다.

표 4-6 광물의 전기전도도(교육부, 2002)

광물	전기전도도(S/cm)	광물	전기전도도(S/cm)
구리	6.34×10^5	황철석	41.7
금	4.55×10^5	자철석	1.2
방해석	3.35×10^3	대리석	$10^{-9} \sim 10^{-15}$
흑연	7×10^2	운모	$10^{-13} \sim 10^{-17}$
자황철석	119	석영	$10^{-14} \sim 10^{-19}$
휘동석	91	황	10^{-17}

정전선별기는 대전방법에 따라 정전 유도형(induction charging)과 코로나 방전형(corona discharging)이 있다(그림 4-12). 일반적으로 사용되는 코로나 방전형은 금속선에

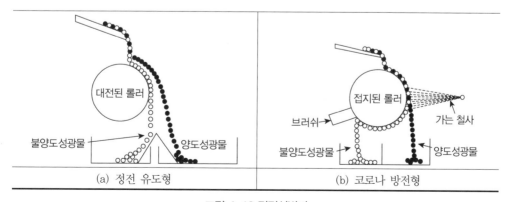

그림 4-12 정전선별기

고압방전으로 형성된 전기장에 의해 양도성광물은 유도되어 전기를 띠게 되나 받은 전기를 바로 롤로 유출시켜 낙하하고, 불양도성광물은 금속선과는 반대 부호로 대전된 롤에 붙은 채로 돌다가 솔(브러쉬)에 씻겨서 떨어진다.

4.4.5 광학선별

광학선별(optical separation)은 레이저광을 이용하여 광석의 색깔을 식별하여 분리하는 선별방법이다(그림 4-13). 공급시료의 상단에 레이저 스캐너를 설치하여 각 광석의 빛에 대한 반사특성을 이용하는 것으로 석영 등과 같이 색의 차가 뚜렷한 광석선별에 사용된다. 광학선별기는 초기 다이아몬드 선별용으로 고안된 것으로 맥석광물은 표면에서 빛을 반사하나, 다이아몬드는 내부에서도 빛을 반사·산란시키는 성질을 이용하여 분리하였다. 광학선별은 채굴된 석회석을 백색도 기준에 맞게 설정하여 선별하는 데 주로 사용하고 있다.

국내 일부 석회석광산에서 고부가가치 제품 생산을 통한 수익증대를 위해 광학선별기를 이용하여 원광 중 백색도가 우수한 고품위 중질탄산칼슘 광석선별에 적용하고 있다.

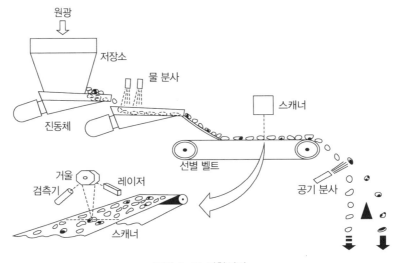

그림 4-13 광학선별

4.4.6 부유선별

부유선별(flotation)은 광물입자의 표면특성을 이용하는 물리화학적 선별법이다. 미세하게 분쇄된 광물들이 현탁되어 있는 광액(pulp) 중에 공기를 불어넣어 기포를 발생시키면 소수성(hydrophobic)표면을 가진 입자는 기포에 부착되어 수면 위로 부유하고, 친수성(hydrophilic)표면을 가진 입자는 광액 내에 남게 되어 광물을 분리한다(그림 4-14).

액체가 고체표면에 젖는 정도를 나타내는 습윤도(wettability)는 접촉각이 클수록 액체가 표면에 젖기 어려워져 소수성표면을 형성하므로 부유도가 좋다고 할 수 있다. 일반적으로 규산염광물을 비롯한 대부분의 금속광물들은 친수성표면을 가지며 흑연, 석탄, 활석, 휘수연석, 유황 등은 소수성표면을 가진다. 부유선별은 금속광물의 선광을 위해 개발되었으나 0.5mm 미만의 미립탄 선별에도 적용하고 있다.

부유선별에 영향을 주는 요소로는 광석의 성질 및 입도, 선광용수, 광액의 pH와 온도 및 농도, 부선시간, 기포 크기, 시약의 종류 및 양, 교반속도 등이 있다.

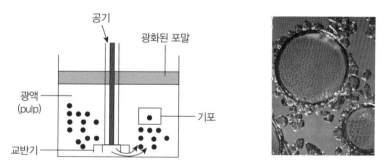

그림 4-14 부선원리 및 기포에 흡착된 광석광물 입자

(1) 부선시약

부유선별 조업에서 목적광물과 맥석광물과의 부유도 차이를 크게 하여 선별성을 높이기 위해 광액에 여러 가지 부선시약을 첨가한다(표 4-7). 부선시약은 사용 목적에 따라 포수제(collector), 기포제(frother), 조건제(modifier, regulator)로 분류하며, 부선조건을 부여하는 시약인 조건제에는 활성제(activator), 억제제(depressant), pH조절제(pH regulator)가

있다. 효과적인 부유선별을 위해 부선시약을 단독으로 사용하지 않고 여러 시약을 조제하여 사용하고 있다.

표 4-7 부선시약 종류

부선시약		용 도	종류 및 적용
포수제		• 광물입자 표면에 흡착하여 그 표면을 소수성으로 변화시켜 기포의 부착을 용이하게 하는 시약	• 잔세이트(xanthate) : 황화광물의 포수제 • 지방산(fatty acids) : 산화광물의 포수제 • 아민(amine) : 규산염광물의 포수제 • 등유(kerosene) : 흑연, 석탄, 휘수연광의 포수제
기포제		• 액체-기체 계면에 흡착하여 물의 표면장력을 저하시켜 미세한 기포생성과 안정된 포말 형성을 용이하게 하는 시약	• 송진유(pine oil) • 크레실산(cresylic acid) • 지방족알콜[MIBC(Methyl isobutyl carbinol), 에어로프로스(aerofroth) 이름으로 시판]
조건제	활성제	• 특정 광물표면에만 포수제의 흡착을 용이하게 하는 시약	• 황산구리 : 섬아연광의 활성제 • 황산나트륨 : 백연광, 적동광의 활성제
	억제제	• 특정 광물표면만을 친수성화시켜 부유를 억제시키는 시약	• 황화아연 : 섬아연광의 억제제 • 시안화나트륨 : 황철광, 황동광의 억제제 • 규산나트륨 : 규산질 맥석의 억제제 • 중크롬산나트륨 : 방연광의 억제제
	pH조절제	• 광액의 수소이온 농도를 조절하는 시약	• 염산, 황산, 수산화나트륨

(2) 부선법 종류 및 부유선별 회로(flotation circuit)

부선법은 목적광물의 종류와 수, 목적광물과 맥석광물과의 공존 상태, 광물 부유도 등에 따라 직접부선, 역부선, 종합부선, 우선부선을 달리 적용한다(표 4-8).

표 4-8 부선법 종류

종류	선별방법	비고
직접부선 (direct flotation)	• 목적물질(유용성분)만을 부유하여 회수하고 무용물질은 광액 내에 잔존시키는 부선법	• 가장 일반적인 부선법
역부선 (reverse flotation)	• 무용물질은 부유시켜 제거하고 목적물질은 광액 내에 잔존시켜 회수하는 부선법	• 폐기물처리 시 주로 이용되는 부선법
종합부선 (bulk flotation)	• 표면 성질이 유사한 물질들을 한번에 종합적으로 부유시키는 부선법	• 계속해서 우선부선을 수행함
우선부선 (differential flotation)	• 원광석 또는 종합부선의 정광으로부터 목적하는 광석광물들을 단계적으로 부유시키는 부선법(일명 '선택부선'이라고도 함)	• Cu-Pb-Zn 등 복합황화광물의 부선에 많이 적용됨

부유선별은 1회 작업만으로 목적광물을 분리하기 어렵고 고품위의 정광을 회수하기 곤란하므로 그림 4-15와 같이 조선(roughing), 정선(cleaning), 청소부선(scavenging)을 조합하여 부유선별 회로를 형성한다(그림 4-15). 조광을 부선하여 얻은 조선 정광을 2~3회 반복 재부선을 실시하여 정선 정광을 회수하고 실수율을 높이기 위해 조선 광물찌꺼기를 재처리하는 청소부선 과정을 반복실시하여 최종 정광을 회수한다.

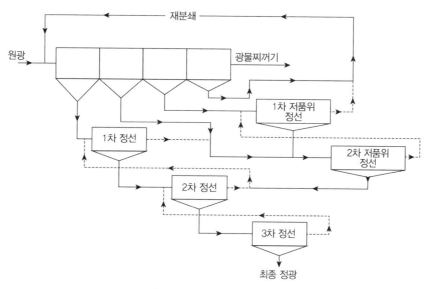

그림 4-15 부유선별 회로 개요도

일반적으로 황화광물에 대한 부유선별은 종합우선 부선법과 직접우선 부선법을 적용하여 정광을 회수한다. 원광을 로드밀과 볼밀로 분쇄하고 습식사이클론을 거쳐 얻은 조광을 이용한 Cu-Pb-Zn 복합금속 황화광의 부유선별 개요도는 그림 4-16과 같다.

Cu-Pb-Zn이 혼합된 황화광물의 일반적인 부선과정을 개략 설명하면 다음과 같다. 광액을 pH조절제를 사용하여 pH 9~10 정도로 조절하고 아연광이 부유하지 않도록 억제제(황산아연과 약간의 시안화나트륨)를 넣어서 작용시킨 후, Cu와 Pb의 포수제(잔세이트)와 기포제(송진유)를 넣어 Cu와 Pb의 조선 정광을 우선 회수한다. 조선 정광에 다시 Cu의 억제제(시안화나트륨)를 넣고 Pb를 띄워 Cu와 Zn을 분리하고, 처음에 억제시켜 놓은 아연광에 아연광의 활성제(황산구리)를 넣어 아연광을 띄워 회수한다.

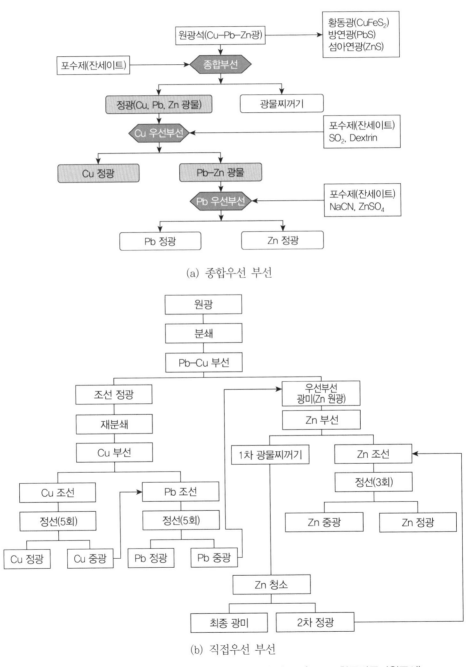

(a) 종합우선 부선

(b) 직접우선 부선

그림 4-16 Cu-Pb-Zn 혼합된 황화광물 부유선별 개요도(2009, 한국광물자원공사)

4.5 후처리공정

선별공정 후 정광은 수분을 다량 함유하고 있으므로 농축, 여과, 건조 등의 후처리 공정을 단계적으로 실시하여 선적에 적합하도록 한다(그림 4-17). 농축공정에서 농축기에 응집제(flocculants) 등을 사용하여 농축시키고, 여과공정에서 드럼필터나 벨트프레스필터 등의 여과기를 사용하여 케이크 형태로 배출한다. 건조공정에서는 로터리건조기 등을 사용하여 수분을 제거한다.

후처리공정별 함수율은 농축공정에서 약 30~40%, 여과공정에서 약 10~15% 정도이며 건조공정에서 약 8% 정도이다.

| (a) 농축조 | (b) 여과기(벨트프레스필터) | (c) 건조기 |

그림 4-17 후처리공정

4.6 선광장 위치 및 설계

선광장 위치를 선정하기 위해서는 갱구에서 선광장 간의 거리, 선광장과 광물찌꺼기 적치장 간의 거리, 선광용수의 확보 용이성, 선광장의 지형 및 지반여건 등을 종합 고려하여야 한다. 선광장 위치는 채광장 가까운 곳에 용수공급이 양호하고 지반이 견고한 완경사지에 건설하며 일반적으로 채광장보다 낮고 광물찌꺼기적치장보다 높은 곳에 위치하는 것이 바람직하다.

선광장에서 필요로 하는 용수량은 광석의 성질, 선광방법, 조업계통에 따라 다르나 원광 1톤당 부유선별의 경우 약 $3\sim7m^3$, 중액선별이나 비중선별을 병용할 경우 약 $7\sim15m^3$ 정도의 오염되지 않은 용수가 필요하다.

(a) 분쇄설비(볼밀 등)	(b) 부유선별 설비(부선기 등)

그림 4-18 선광장 내부설비 전경

선광장 설계 시에는 광석광물과 맥석광물의 종류와 혼입상태, 용수확보, 광물찌꺼기 적치장 위치, 현지의 전력관계 등에 대해 예비조사를 실시하여 선광장에 대한 기본방침을 결정하고 본격설계를 실시한다. 기본방침 결정 시에는 적용할 선광방법 및 개략 선광계통도, 선광성적 추정, 가동시간 및 가동일수, 소요 기계장치 제원, 선광장 위치 등을 종합 고려한다. 본격설계에서는 파·분쇄, 분급, 선별, 후처리 등의 공정별 선광계통도, 기계적 계통도 및 공장배치도를 세밀하게 설계한다.

4.7 제련 개요

광석이나 선별공정을 통하여 회수된 정광으로부터 금속을 얻는 공정을 제련(metallurgy)이라 한다. 금속의 제련은 한번에 금속을 얻기보다는 우선 불순물이 약간 섞인 순도 $98\sim99\%$ 내외의 조금속(crude metal)을 생산한 후 정련(refining) 공정을 거쳐 99.99% 이상의 고순도 금속을 생산한다. 비철금속에서는 광석으로부터 조금속을 만들때까지를 제련이라 하고, 조금속으로부터 순금속을 얻는 공정을 정련이라고 한다. 그러나 철강제련에서는 용광로에서 철광석을 녹여 만든 선철을 만드는 과정을 제련이라 하고, 선철에서 불순물을 제거하고 제강을 만드는 과정을 정련이라 한다.

4.8 제련 분류

금속제련은 건식제련, 습식제련, 전해제련으로 분류할 수 있다(그림 4-19). 대부분의 광석 중 금속은 건식제련으로 생산되고 있으며 광석의 품위가 낮아 선광하기 곤란하거나 광물찌꺼기에서 침출에 의해 금속을 회수하는 경우 습식제련법을 적용한다.

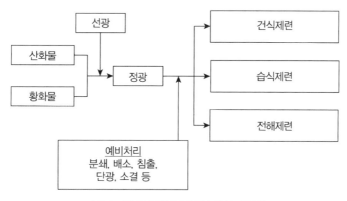

그림 4-19 금속제련 분류(손호상, 2009)

4.8.1 건식제련

건식제련(pyrometallurgy)은 고온으로 광석을 녹여서 필요로 하는 금속을 불순물과 분리하여 제련하는 방법으로 Fe, Cu, Zn 등 많은 금속이 이 방법으로 생산되고 있다. 건식제련은 용융상태에서 제련하는 용융제련(smelting)과 증발기화하여 제련하는 휘발제련(vaporization metallurgy)으로 분류한다.

(1) 용융제련

정광을 고온의 로내에서 용융하여 목적금속을 조금속으로 하거나, 중간생성물인 매트

(matte)나 스파이스(speiss) 형태로 만든 후 다시 제련하여 불순물을 슬래그로 분리하는 방법이다. 원광석 중의 금속품위가 낮은 Cu, Ni, Co 등에 적용하며 직접 조금속을 만들면 불순물의 혼입과 슬래그 중으로 들어가는 금속원소의 손실이 많아진다. 이러한 이유로 유용금속을 우선 중간생성물로 농축한 다음 다시 로에서 제련하여 금속을 생산한다.

그림 4-20 용융제련

매트는 인공적 금속황화물의 혼합물로서 동제련의 중간생성물인 동매트(Cu$_2$S-FeS), 연제련의 부생성물인 연매트(Cu$_2$S-FeS-PbS), 니켈제련의 중간생성물인 니켈동매트(Cu$_2$S-Ni$_3$S$_2$-FeS) 또는 니켈철매트(Ni$_3$S$_2$-FeS) 등이다. 매트 비중은 4.5 정도로 3.5 정도인 슬래그보다 비중이 커서 슬래그 밑으로 가라앉아 매트와 슬래그가 분리된다.

그림 4-21 (a)는 매트 주성분 중 하나인 FeS와 다른 금속황화물의 2원계 액상선이며, 매트는 일반적으로 슬래그계보다 용융점이 낮고 유동성이 좋아 용이하게 융체로 된다. 보통 산출되는 동매트는 Cu 30~65%이며, Cu$_2$S는 1,125℃, FeS는 1,195℃에서 녹고 40% Cu$_2$S와 60% FeS의 조성을 갖는 것은 약 925℃에서 녹는다(염희택 등, 2017).

스파이스는 중금속비화물(때로는 Sb화합물)이 녹아 있는 혼합물로서 Ni, Co, Pb 등의 용융제련에서 As, Sb이 다량 들어 있고 환원분위기에서 산화제거가 되지 않을 경우 생성된다. As와 Co, Cu, Fe, Ni, Pb, Sb 등 금속 간의 2원계 액상선은 그림 4-21 (b)와 같다. 비소가 다른 원소와 결합하여 이루는 화합물인 비화물(arsenide)이 주성분일 경우 As가 적은 범위에서는 융점이 내려가서 800~1,000℃ 정도로 매트보다 높은 편이다.

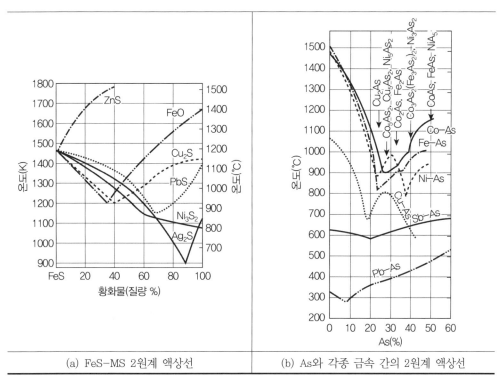

(a) FeS–MS 2원계 액상선   (b) As와 각종 금속 간의 2원계 액상선

그림 4-21 2원계 액상선(염희택·김수식, 2017)

금속제련에서 유가금속의 융점과 산소, 황과의 친화력 등에 따라 각 상(슬래그, 매트, 스파이스, 조금속)으로 분배된다. Cu는 산소와의 친화력이 작고 황과의 친화력이 크므로 매트에 들어가기 용이하고, Ni, Co는 산소나 황과 친화력이 크지 않아 스파이스에 들어가기 용이하다. Fe는 비소, 황, 산소와 친화력을 가지므로 매트, 스파이스, 슬래그의 각 상으로 분배되나, Pb는 친화력이 작으므로 조금속으로 상을 만든다.

1) 산화제련(oxidizing smelting)

산화제련은 금속황화물을 산화하여 금속 중의 황을 유리시키는 것으로 황화광을 제련할 때 이용하는 방법이며 동광의 자용제련(flash smelting)이 대표적인 예이다. 동 정광으로부터 매트를 얻는 방법은 동 분광과 용제를 650℃ 내외의 예열한 공기와 같이 로에 넣으면 장입물이 노에 낙하하는 사이에 FeS가 FeO와 SO_2로 되고 FeO는 SiO_2와 CaO와도 결합하여 용융슬래그로, 함동황화물은 FeS의 일부가 산화제거되어 매트가

되어 노 바닥에 떨어진다(염희택 등, 2017). 낙하된 슬래그와 매트는 비중의 차이로 상층은 슬래그, 하층은 매트로 분리된다.

매트로부터 조동(blister copper, crude copper)을 얻는 방법은 매트를 로에 넣고 공기를 불어넣으면 (1)과 같이 반응하고 FeO는 SO₂와 결합하여 슬래그가 된다. 이 반응이 끝나면 (2)와 같이 Cu₂S가 일부 Cu₂O와 같이 상호반응하여 조동이 된다.

$$2FeS + 3O_2 = 2FeO + 2SO_2 \tag{1}$$

$$Cu_2S + 2Cu_2O = 6Cu + SO_2 \tag{2}$$

2) 환원제련(reducing smelting)

환원제련은 용융로에 탄소질 연료를 공급하여 C와 CO에 환원하게 하여 산화물로부터 금속을 얻는 방법으로 Fe, Sn, Pb 등의 제련에 적용한다. 철 원광에서 철을 제련하는 방법은 다음과 같다. 용광로에 철광과 용제인 석회석과 코크스를 넣고 공기를 불어넣으면 (3)과 같이 반응하여 CO를 만들고 CO와 N₂와의 혼합가스는 장입물 사이를 올라가며, 철광은 점차 내려가면서 (4)~(6)과 같은 반응에 의하여 적철광이 철로 된다(염희택 등, 2017).

$$2C + O_2 = 2CO \tag{3}$$

$$3Fe_2O_3 + CO = 2Fe_3O_4 + CO_2 \tag{4}$$

$$Fe_3O_4 + CO = 3FeO + CO_2 \tag{5}$$

$$FeO + CO = Fe + CO_2 \tag{6}$$

(2) 휘발제련

휘발제련은 고온에서 환원 또는 분해해서 금속상태로 되면 금속증기로 얻어지므로 이것을 응축, 포집하여 목적금속을 얻는 방법이다. 주요 금속원소의 증기압은 **그림 4-22**와 같으며, 휘발제련은 Hg, Cd, Zn, Mg 등과 같이 기화하기 쉬운 증기압이 큰 금속에 적용하고 있다.

제련슬래그 등에서 휘발제련으로 주석과 아연을 채취하는 방법은 다음과 같다. 저품위 주석광과 주석을 포함한 슬래그에 황화제 또는 환원제를 넣고 로에서 900℃ 이상으로 처리하여 주석을 황화주석으로 휘발채취한다. 아연 등을 포함한 Cu, Pb의 용융된 제련슬래그를 휘발시켜 산화물로 회수하는 방법은 용융된 슬래그를 노에 넣고 미세분말탄과 공기를 불어넣어 그 연소에 의해 발생하는 CO가스에서 아연을 환원하여 생성된 아연증기는 다시 산화되어 산화아연으로 포집한다.

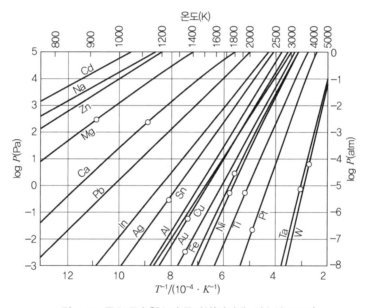

그림 4-22 주요 금속원소의 증기압(염희택·김수식, 2017)

4.8.2 습식제련

습식제련(hydrometallurgy)은 산이나 알칼리 등의 용매를 사용하여 광석 또는 정광 중의 목적금속을 수용액 용매로 녹여내고 이 용액에서 화학적 또는 전기화학적으로 금속을 정출, 침전시키는 방법이다(그림 4-23). 용매의 비등점 이하 온도에서 광석 중 목적금속을 녹여내어 이온의 형태로 한 다음 환원하여 금속을 얻는 방법으로 건식제련에 비해 저온의 제련법이다.

습식제련의 주요 공정은 대상물질의 전부 또는 일부를 용해시키는 침출공정, 수용액
으로부터 불순물을 제거하는 정제공정, 정제된 침출액으로부터의 금속회수공정 등으로
분류한다.

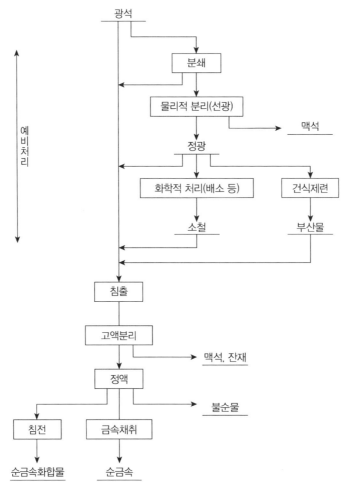

그림 4-23 습식제련 개략 계통도(염희택·김수식, 2017)

(1) 침출(leaching)

산(H_2SO_4 등) 또는 알칼리(NaOH 등) 용매를 사용하여 광석 또는 정광 중의 목적금
속을 이온으로 녹여내는 공정이다. 침출공정은 침출형태에 따라 현장침출(in-situ

leaching), 더미침출(heap or dump leaching), 배트침출(vat leaching), 가압침출(high pressure leaching) 등이 있다(표 4–9).

표 4–9 침출공정 종류 및 모식도(이상호 외, 2008; 한국광물자원공사, 2009)

구분		공정 개요	모식도
현장침출		• 광체 내에 시추공을 뚫어 침출제를 주입하고 침출액을 회수하여 처리 * 우라늄광 개발에 적용	
더미침출	heap leaching	• 불투성재질을 이용하여 패드를 깔고 광석을 쌓은 후 침출제를 흘려보내 침출액을 회수하여 처리	
	dump leaching	• 계곡 등에 광석을 적치하고 침출제를 투입하여 침출액을 하부에서 집수하여 처리	
배트침출		• 광석을 침출제를 넣은 배트(vat) 속에 넣고 일정기간 침출시켜 침출액을 회수하여 처리	
가압침출		• 광석을 압력용기(autoclave)에 넣고 고온, 고압으로 침출 * 우라늄광석, Co, Co–Ni의 황화광 처리에 적용	

고전적으로 금과 은의 회수방법으로 시안(CN)과 수은(Hg)을 이용하였다. 함금은 광석을 시안화나트륨(NaCN)으로 용해하여 아연으로 침전 반응시켜 회수하는 청화법 (cyanidation)과 금과 은이 수은과 친화력을 가지고 수은합금을 만드는 성질을 이용한 혼홍법(amalgamation)으로 금과 은을 회수하였다. 청화법의 반응식은 다음과 같으며 시안과 수은의 환경문제로 사용을 규제하고 있는 추세이다.

$$4Au + 8NaCN + O_2 + 2H_2O = 4NaAu(CN)_2 + 4\,NaOH$$

$$Ag_2S + 5NaCN + \tfrac{1}{2}O_2 + H_2O = 2NaAg(CN)_2 + 2\,NaOH + NaCNS$$

$$2NaAu(CN)_2 + Zn = Na_2Zn(CN)4 + 2Au \downarrow$$

광석의 품위에 따른 여러 침출공정은 그림 4–24와 같다. 일반적으로 저품위 광석과 광물찌꺼기는 더미침출을, 비교적 고품위 광석은 분쇄와 분립과정을 거쳐 배트침출을, 고품위 광석은 선광과정으로 산출된 정광을 대상으로 교반 또는 가압침출을 적용하여 금속을 회수한다.

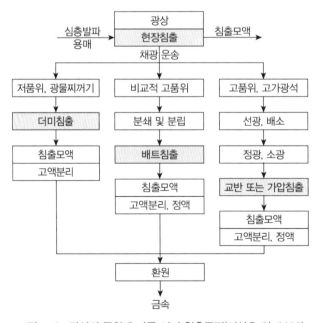

그림 4–24 광석의 품위에 따른 여러 침출공정(이상호 외, 2008)

(2) 분리정제(정액, solution purification)

분리정제는 침출액에서 순도가 높은 목적금속을 회수하기 위해 경제적으로 농축하고 불순물을 분리하는 공정이다. 특정한 이온을 교환반응으로 흡착하는 성질을 이용하는 이온교환수지법(ion-exchange resin)과 유기용매를 사용하여 침출액 중의 금속화합물을 농축시키는 용매추출법(solvent extraction)이 있다.

습식제련에 일반적으로 사용되는 용매추출법은 U, V, W, Th, B, Co, 희토류 등에 적용되고 있다. 용매추출법은 서로 녹지 않는 추출 목적성분이 함유된 수용액과 유기용매 간의 물질분배 차이를 이용한 분리방법으로 추출(extraction) − 세정(scrubbing) − 역추출(탈거, stripping) 공정으로 구성되어 있다(그림 4-25). 추출제로는 보통 수용액과 잘 섞이지 않는 알킬기를 갖는 화합물이 쓰이며 유기용매로 점성이 크기 때문에 케로신 등의 희석제로 희석하여 사용한다.

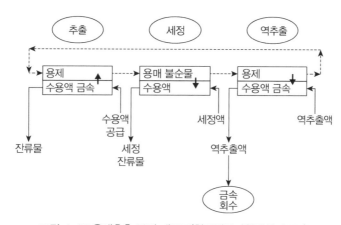

그림 4-25 용매추출 공정 개요도(한국광물자원공사, 2009)

4.8.3 전해제련

전해제련(electrometallurgy)은 정제된 침출액으로부터 전기화학분해를 이용하여 목적금속의 순도를 높여 순금속을 회수하는 방법이다. 전해정련(electro refining)과 전해채취(electro winning)가 있으며 주로 Cu, Zn, Pb, Ni, Sn, Au, Ag 등의 정련에 적용된다.

(1) 전해정련

전해정련은 광석을 건식제련하여 얻은 조금속 또는 스크랩을 가용성 양극으로 하여 전기분해를 통해 양극에서 녹아 나온 목적금속을 음극에 석출시켜 순도를 높여 금속을 회수하는 방법이다(그림 4-26).

구리의 전해정련은 동제련에서 만들어진 조동을 양극으로 하고 동판을 음극으로 하여 수용액($CuSO_4$)에 두 전극을 넣고 전류를 흐르게 하면 음극판 위에는 순도가 높은 금속이 석출하고 불순물은 전해조 밑에 쌓여 제거된다.

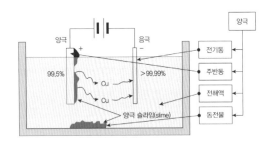 

그림 4-26 전해정련 모식도 및 플랜트

(2) 전해채취

전해채취는 목적금속을 용매를 사용하여 침출하고 불용성양극을 사용하여 침출액을 전기분해하여 목적금속을 음극면 위에 석출시키는 방법이다(그림 4-27). 조금속 같은 중간단계를 거치지 않고 한번에 고순도의 금속을 얻을 수 있고 용매가 재생되어 침출에

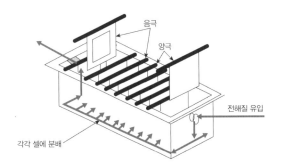 

그림 4-27 전해채취 모식도 및 플랜트

순환이용되는 장점이 있으나 전류효율이 낮고 전력소비량이 많다는 단점이 있다.

일반적으로 Zn제련에 널리 사용되며 Cu, Cd, Mn, Cr 등에도 사용되고 있다. Cu나 Zn의 황산액 전해법에서는 불용성양극에 주로 Pb 또는 Pb 합금판이 사용되고 양극에서는 황산이 재생된다.

4.9 동광석 선광 및 제련

세계 Cu 생산량의 약 80%가 황동석 등과 같은 Cu-Fe-S계열의 1차 황화동광이고, 약 20%는 산화동광 및 휘동석 등과 같은 2차 황화동광으로 산출되고 있다. 주요 동광석의 산출형태는 표 4-10과 같으며 산출형태에 따라 선광 및 제련법을 달리 적용하고 있다.

표 4-10 주요 동광석의 산출형태(염희택 · 김수식, 2012)

구분	광석명	화학식	Cu(%)	비고
황화광	황동석 (chalcopyrite)	$CuFeS_2$	34.5	가장 보편적인 광석으로 황철석을 수반함
	휘동석 (chalcocite)	Cu_2S	79.8	아프리카에서 많이 산출
	동람 (covelite)	CuS	66.4	
	유비동석 (enargite)	$Cu_3(AsSb)S_4$	48.3	
	사면동석 (tetrahedrite)	Cu_3SbS_2	46.7	
산화광	적동석 (cuprite)	Cu_2O	88.8	주요 산지는 아프리카, 남아메리카 대륙
	공작석 (malachite)	$CuCO_3Cu(OH)_2$	57.3	
	규공작석 (chrysocolla)	$CuSiO_3 \cdot 2H_2O$	36.0	

동광석은 Zn, Pb 같은 황화금속을 수반하는 경우가 많고 Au, Ag 같은 귀금속을 포함하므로 동광석에 함유된 유용금속 황화물은 제련 이전에 부유선광하여 분리 회수한다.

일반적으로 광산에서 채굴되는 구리 원광은 1~3%의 구리를 함유하고 있으므로 부유선광으로 처리하여 20~30% 정도의 구리정광을 만든다. 구리정광은 제련소에서 순도 약 70%의 구리매트로 만들어지고, 구리매트는 건식제련 과정을 거쳐 순도 98% 이상의 제련동이 되며, 제련동은 전해정련으로 순도 99.99%의 전기동으로 산출된다. 또한 구리 제련과정에서 부산물로 금, 은 등을 회수한다.

(1) 황화동광

일반적으로 1차 황화동광은 수용액 중에서 용해되지 않으므로 광산에서 부유선광으로 정광을 회수하여 제련소에서 건식제련과 전해정련 과정을 거쳐 최종적으로 전기동(cathode copper)을 생산한다.

황화동광의 건식제련 계통도는 **그림 4-28**과 같으며 세부공정을 요약하면 다음과 같다. 건조된 동 정광과 융제(flux)인 규사 등을 로에 넣고 1,250℃에서 용련처리하여 구리, 황, 기타 금속 등 융합형태의 중간산물인 매트(Cu_2S+FeS, 50~70% Cu)를 생산한다. 로에서 매트에 규사와 공기를 주입하여 철을 산화시켜 슬래그로 제거하고 다시 공기를 주입하여 SO_2 가스를 제거하여 조동(crude copper, 98~99%)을 생산한다. 정제로에서 잔류 황과 산소를 제거한 후 정제동을 주조하고 전해조를 거쳐 고순도의 전기동(99.99% 이상)을 생산한다.

(2) 산화동광

산화동광은 광맥의 상부 산화대에서 볼 수 있는 지표 부화광으로 황화광에 적용하는 부유선광법을 산화광에 적용할 경우 회수율이 저하된다. 이에 따라 산화동광 및 2차 황화동광은 대부분 침출, 용매추출 등의 습식제련법을 이용하여 광산에서 전기동까지 생산하고 있다(그림 4-29). 산화동광과 황화동광의 혼합광에 일반적으로 적용되는 습식제련법은 침출, 용매추출과 전해채취 등을 적용하여 고순도의 Cu(99.99% 이상)를 생산한다.

광산에서 침출용매로 가격이 저렴하고 산화광에 대한 침투율이 빠르며 황화광이 침출하는 과정에서 재생산되는 이점으로 주로 황산을 사용하고 있다.

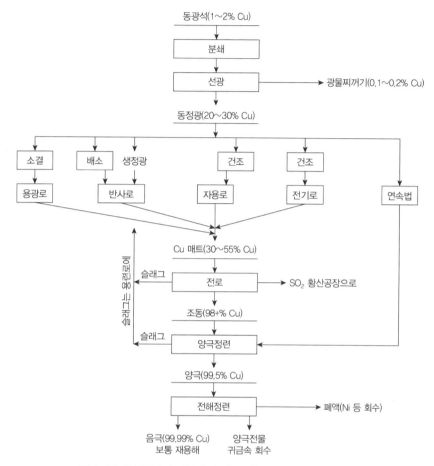

그림 4-28 황화동광의 건식제련 계통도(한국광물자원공사, 2009)

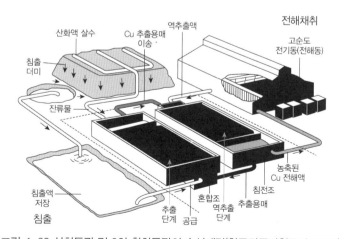

그림 4-29 산화동광 및 2차 황화동광의 습식제련(한국광물자원공사, 2009)

광해방지 및 복구

CHAPTER

5 광해방지 및 복구

광업은 산업활동의 기초가 되는 원료자원을 확보하고 이를 필요로 하는 각 산업에 공급해주는 국가기간산업으로서 중요성을 갖고 있다. 하지만 광업활동의 근간이 되는 광산개발에는 산림훼손, 폐석 및 광물찌꺼기 유실, 지반침하, 오염된 광산배수 유출 등의 광해(鑛害, mine damage)를 발생시켜 자연환경 훼손, 환경오염 및 안전사고의 원인이 되고 있다.

자원개발의 마지막 단계인 복구는 광산의 폐광과 광산개발로 인한 환경 위해요인 제거 및 복구부지 활용을 통한 토지가치의 상승 등의 내용을 포함한다. 복구는 친환경 자원개발이라는 시대적 요청사항으로 중요성이 증가하고 있으며, 장래의 자원수급과 토지이용까지 고려한 자원개발의 전 과정을 지속가능한 개발(sustainable development)이라 한다(Hartman 등, 2002). 채광활동으로 인해 훼손된 환경복원 및 폐광부지의 효과적 활용 등을 통한 성공적인 복구는 자원개발에 대한 부정적인 인식을 긍정적으로 변화시킨다.

국내외적으로 광산개발에 대한 환경규제가 강화되는 추세로 지속가능한 자원개발을 위해서는 환경 친화적인 개발이 필수적으로 요구되고 있다. 우리나라를 포함한 대부분의 국가에서 그동안 개발·생산을 하고 폐광 이후에 광산 복구를 함으로써 환경훼손은 물론 막대한 복구비용이 소요되고 있다. 효율적이고 체계적인 광산 복구를 위해서는 개발계획 수립 전에 광해방지계획을 수립하고, 광산개발 단계부터 폐광 이후까지 자원개발 전주기에 따라 광해관리가 필요하다.

5.1 폐광 및 복구계획 수립

폐광 및 복구계획(mine closure plan)은 개발 초기단계인 굴착단계에서부터 개발로 인하여 환경에 미치는 영향과 채광 완료 후 채광지에 대한 복원 및 활용 등을 고려하여 수립하여야 한다(표 5-1). 이에 따라 채광계획은 복구를 고려하여 채광비용과 복구비용을 합산한 비용이 최소화되도록 설계하여야 한다.

폐광 및 복구계획에는 현장시설물의 철거와 안전한 정리, 개발과정에서 발생한 각종 환경오염에 대한 복원사업을 통한 환경복구 및 폐광 후 사용토지의 효과적인 활용 등에 대한 내용이 포함되어야 한다.

표 5-1 폐광 및 복구계획 내용(임용생, 2010)

구분	폐광 및 복구계획 내용
일반사항	• 현장 위치, 광구 범위, 토지 지목 및 상태, 현장 전반에 대한 설명 • 광산개발에 의해 영향을 받을 지역의 지형 • 현장작업 중 환경에 영향을 끼쳤던 과거 활동에 대한 내용 • 계획 중인 광산개발 내역 • 건설·운영·폐광에 따른 생태계 및 사회경제적 영향 • 허가과정 관련 내용
광산개발·건설· 운영 활동	• 지질학적 특성(지역의 지형, 지질학적 특징, 산성광산배수의 가능성) • 광산건설방안 일정(시설물 및 기반시설 건설) • 광산의 운영방안(채굴 방안, 사용 중장비, 생산량 등) • 광산배수 및 광산폐기물(폐석, 광물찌꺼기, 화학물질 등) 보관 및 처리 • 광산건설 및 운영에 따른 환경보호 대책방안 • 광산운영 기간의 현장복구 일정 및 단계 • 광산개발이나 생산이 중지될 경우의 위험방지 대책 및 모니터링 방안
폐광에 따른 광산 복구·복원 방안	• 채광장 및 갱의 폐쇄와 건물 및 구조물(선광장, 전력선, 파이프라인 등)의 해체 또는 철거 방안 • 현장복구에 활용될 기술 및 방안 • 심부 작업지, 광물찌꺼기적치장, 경사지의 매립 및 안정화작업 • 잔류물, 산성광산배수 및 폐기물 처리 및 처분 • 채광장의 복원 및 재녹화 방안과 일정

5.2 광해 유형별 복구

광산개발 형태에 따라 차이는 있지만 채광 및 선광과정 등에서 발생하는 산림훼손, 폐석·광물찌꺼기 유실, 오염수 배출, 지반침하, 토양오염, 먼지날림, 소음 및 진동 등의 다양한 유형의 광해가 발생하여 자연과 사람에 피해를 준다(그림 5-1). 이러한 광해는 '오염성, 지속성, 확산성, 축적성'의 특성이 있으며 광산지역 환경훼손의 주요 원인으로 작용하여 개발 이전으로 복구와 복구부지를 활용하는 데 장애요인이 되고 있다.

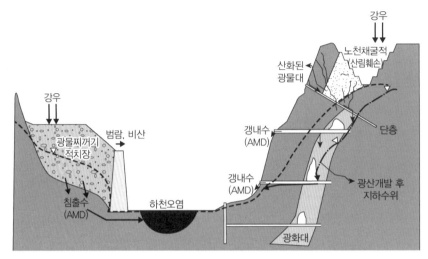

그림 5-1 광산개발과정에서 발생하는 다양한 유형의 광해

광해가 발생할 경우 유해중금속 등의 확산으로 피해범위가 광범위하고 복구에 많은 시간과 비용이 소요된다. 실제로 중금속으로 오염된 갱내수는 폐광 이후 수십 년 동안 지속적으로 발생하며, 채굴적의 붕괴로 인한 지반침하는 50년이 지난 후에도 갑자기 발생되고 있다.

표 5-2와 같이 가행 및 폐광 여부, 노천채광 및 갱내채광 등의 광산개발 형태에 따라 광해 원인과 양상이 다르게 나타나므로 광해 유형별로 복구방안이 마련되어야 한다.

표 5-2 광해의 원인 및 양상

구분	광업활동	광해 원인	광해 양상
가행중발생	노천개발	• 산림·토지훼손	• 자연경관 훼손, 산사태
	갱도굴착 및 채광작업	• 광산배수 유출, 지반침하 및 균열, 폐석유실, 먼지날림, 소음·진동	• 수질오염, 하천생태계 파괴, 토양오염, 지상구조물 파손, 주거환경 악화
	선광작업	• 광물찌꺼기 유실	• 수질오염, 토양오염
	광물운반	• 먼지날림, 비산 및 소음	• 대기·수질오염, 주거환경 악화
폐광 후 발생		• 지반침하	• 지반침하, 농업용수 고갈, 습지 형성, 도로 등 지상시설물 파손
		• 광산배수(갱내수, 침출수) 유출	• 수질오염, 토양오염
		• 폐석·광물찌꺼기 유실, 광산시설물 방치	• 적치장 하부 토지·주거지 매몰, 수질오염, 토양오염, 자연경관 및 도시미관 훼손

광해 유형 중 광산개발 과정에서 기계·장비의 사용, 화약발파, 운반 및 선광 등의 과정에서 발생하는 소음·진동 및 분진으로 인한 광해는 폐광산에서는 발생하지 않고 가행광산에서 발생한다. 폐광 복구계획 수립 시 발생 광해에 대해 일괄 처리하는 것이 바람직하다. 만약 일괄 처리가 곤란할 경우 광해 유형 중 선 오염원인 오염수와 광물찌꺼기에 대해 우선 처리한 후에 토양오염에 대한 복구를 하는 것이 합리적이다.

광산안전법상 광업권자(조광권자)는 광산활동에 의해 발생되는 광해의 방지와 안전조치 의무를 준수하여야 한다. 아울러 광업을 중단하거나 폐광하는 경우에는 훼손된 산림 및 토지의 복구, 광업시설물의 철거, 채굴한 자리의 붕괴방지를 위한 조치, 오염된 갱내수 등의 정화, 폐석 또는 광물찌꺼기의 유실방지조치 등의 광해를 방지하기 위하여 필요한 조치를 하도록 규정하고 있다.

국내 광산개발에 의한 복구는 광산피해의 방지 및 복구에 관한 법률에 따라 5년마다 광해방지기본계획을, 광해방지기본계획에 따른 광해방지실시계획을 매년 수립하여 광해방지사업을 추진하고 있다. 광해방지사업의 추진절차는 ① 광해방지기본계획의 수립 → ② 광해방지실시계획의 수립 → ③ 광해방지사업계획의 작성·승인 → ④ 광해방지사업 시행의 단계로 진행된다. 광해방지사업 시행주체는 광해발생 원인자인 광해방지의무자(광업권자)이다. 그러나 광해방지의무자가 직접 시행하기 곤란한 경우 정부가 한국광해광업공단 또는 일정 전문자격(기술능력, 시설, 장비)을 갖추어 광해 유형 중 전문분야별로 등록된 전문광해방지사업자에게 위탁하여 시행한다.

5.2.1 폐석에 의한 광해 복구

(1) 폐석에 의한 광해

폐석은 채광작업을 위한 갱도굴착, 채광, 선별, 광산시설물 설치, 광산도로 개설 등의 과정에서 발생하는 암석이나 저품위 광석이다. 이러한 폐석은 일반적으로 광산 주변 계곡이나 구릉지 등에 차수시설 없이 옹벽, 석축 등을 설치하여 적치장을 조성하고, 트럭 등으로 폐석을 운반하여 적치장에 적치하고 있다(그림 5-2).

| (a) 폐석적치 모식도(투하퇴적법) | (b) 폐탄광 폐석적치장 |

그림 5-2 폐석적치장

폐석에 의한 광해로는 폐석적치로 인한 산림 및 자연경관 훼손, 집중호우에 의한 폐석사면의 유실로 인한 토지의 매몰 및 하천 퇴적으로 하천수 범람 등의 피해, 비산먼지로 인한 피해가 발생할 수 있다. 또한 폐석에 포함되어 있는 황화광물이 우수 등과 접촉하여 산화반응으로 중금속이 함유된 산성광산배수를 발생시키고, 침출수 형태로 배출되어 주변 하천이나 토양을 오염시킬 수 있다.

(2) 폐석적치장 복구

폐석적치장 복구는 훼손된 폐석사면을 물리적으로 안정화시켜 안전사면을 유지하고 주변 자연경관과 조화를 이루도록 수목 등을 식생하여 침식붕괴를 방지하고 복구지의 활용가치를 높이는 것이 목적이다.

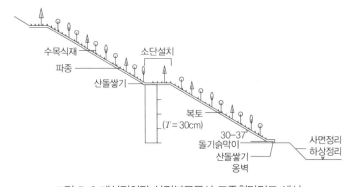

그림 5-3 폐석적치장 산림복구공사 표준횡단면도 예시

1) 폐석사면 경사 변경

폐석사면이 안정될 수 있도록 사면경사를 낮추고 급경사사면에 대해 불규칙한 부분을 정리하거나 하중이 크게 작용하는 불안정한 부분을 제거하여 사면하중을 감소시킨다.

불안정한 사면의 경사를 약 30° 정도의 안정된 사면을 조성하기 위해 비탈면다듬기를 실시한다. 또한 사면안정의 효과를 증대시키고 우기 시 배수로에 흐르는 유속을 감소시키며 원활한 성토작업과 식생작업 등을 위해 일정 간격으로 폐석사면에 단끊기를 실시하여 수평단을 형성하고 면고르기 작업을 실시한다.

| (a) 비탈면다듬기 | (b) 단끊기 및 면고르기 |

그림 5-4 폐석사면 경사 변경

2) 폐석사면 일대의 배수처리

폐석사면 전체 구간에 대해 우수의 유입을 차단하고 우수의 원활한 흐름을 위한 배수처리를 실시하여 사면의 안정화를 기한다. 폐석장 상부 인장절리나 크랙 등이 발달한 구역에 우수의 유입을 방지하기 위해 트렌치와 같은 배수시설을 설치한다. 또한 강우로 인한 사면침식을 방지하기 위해 수로(떼수로, 돌수로, 콘크리트수로 등) 및 계곡부와 수로변의 침식을 방지하기 위한 바닥막이와 기슭막이 등을 설치한다(그림 5-5).

폐석장의 배수로는 우수기 붕괴사고를 방지하는 중요한 역할을 하므로 폐석장 면적과 지형적인 여건, 우수기의 최대강수량 등을 감안하여 적정규격의 배수로를 설치하여야 한다.

| (a) 돌수로 | (b) 바닥막이 |

그림 5-5 폐석장 일대 배수시설

3) 불안정 폐석사면 구간에 대한 보강

폐석사면 구간 중 붕괴위험이 있는 구간 일대에 록볼트나 어스앵커 등 지보재를 설치하여 사면 붕괴를 예방하며, 하단부에 파일이나 옹벽구조물 등을 설치하여 폐석사면의 안정화를 도모한다(표 5-3). 또한 우수에 의한 사면의 세굴 및 유실 등을 방지하기 위해 폐석사면 표면에 숏크리트나 콘크리트 타설, 녹생토 시공, 떼입히기 등을 실시한다. 불안정한 폐석사면을 보강한 후 폐석의 유실을 방지하고 훼손된 폐석사면의 경관적 효과를 위해 주변환경과 어울리는 식생을 한다.

표 5-3 폐석적치장 사면보호공법 및 사면보강공법

구분		공법 개요 및 특징
사면 보호 공법	식생공법	• 사면을 잔디 등의 식물로 피복 • 우수에 의한 사면의 세굴 및 풍화방지
	숏크리트공법	• 사면을 숏크리트로 피복 • 우수에 의한 사면의 세굴 및 풍화방지
	표층고화처리공법	• 사면에 표층고화제를 주입 • 우수의 침투방지, 사면의 세굴 및 풍화방지
사면 보강 공법	억지말뚝공법	• 사면의 활동토괴를 관통하여 부동지반까지 말뚝을 설치→대규모 사면 활동방지에 효과적
	앵커공법	• 고강도 앵커재를 시추공내에 삽입하고 그라우팅
	네일링공법	• 철근이나 강봉을 가상 파괴면보다 깊게 사면 내에 삽입
	록볼트공법	• 고강도 보강재를 시추공 내에 삽입하고 그라우팅하여 암반에 정착→중규모 사면 활동방지에 효과적

5.2.2 광산배수에 의한 광해 복구

(1) 산성광산배수 발생 및 환경적 영향

1) 산성광산배수 발생

광산활동에 의해 발생되는 물을 광산배수(mine drainage)라고 하며 갱도에서 유출되는 갱내수와 폐석 또는 광물찌꺼기 적치장에서 발생되는 침출수가 대표적인 광산배수이다. 광산배수는 황철석, 섬아연석, 방연석 등과 같은 황화광물이 산소, 물, 미생물과 반응하여 발생하며, 산성조건에서 이동성이 높은 Fe, Al, Mn, Cu, Zn 등 금속성분과 As 같이 독성이 있는 준금속(metalloid)원소가 용존되어 있는 수질특성을 나타내고 있다(그림 5-6).

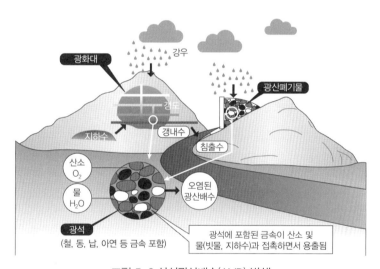

그림 5-6 산성광산배수(AMD) 발생

땅속에 존재하는 황화광물은 광산을 개발하기 전까지 보통 지하수위 아래에 있어 산소에 노출되지 않는다. 그러나 광산이 개발됨에 따라 지하수위가 갱도 높이보다 낮아지면 황화광물이 공기에 노출되어 산화되며 지하수나 우수에 접촉하면서 철과 중금속을 함유한 산성광산배수(Acid Mine Drainage, AMD)가 발생되어 갱도 등으로 유출되거나 지표 채굴적에 AMD가 형성될 수 있다. 또한 광산 주변에 적치되어 있는 적치장에 황화광물이 존재할 경우 지표수유입 등으로 인한 산화과정에 의해 AMD가 발생되어 침출수가 적치장 하부 수계 등으로 이동한다.

황화광물이 산소와 물에 노출되면 산화작용으로 AMD가 발생할 수 있다. 도로개설 등과 같이 광산과 관계 없는 곳에서도 AMD가 발생하는데 이를 산성암석배수(Acid Rock Drainage, ARD)로 표현하고 있다. 대표적 황화광물인 황철석(FeS_2)의 AMD 또는 ARD 형성과정은 다음과 같다. 황철석이 산소와 물과 반응하여 2가철 및 황산이 발생하며, 용존된 2가철 이온은 철산화박테리아 등에 의해 3가철로 산화되면서 철수산화물로 침전되고 동시에 산도(acidity)가 생성된다. 또한 반응하는 황화광물의 종류에 따라서 광산배수에 Cd, Pb, Zn 등 다양한 금속성분이 포함될 수 있다.

2) 산성광산배수에 의한 환경적 영향

AMD는 광산 주변 수계와 토양을 중금속으로 오염시키고 용존 금속성분의 산화과정에 의한 수중 용존산소의 감소로 수서생물의 서식환경을 파괴한다. 또한 금속수산화물의 침전으로 인한 탁도 증가와 하천 유로상에 수산화물(철수산화물－적갈색, 알루미늄수산화물－백색, 망간수산화물－검은색)이 침전되어 하천경관을 훼손한다(그림 5-7). AMD는 금속용존 성분의 농도가 높아 용수사용이 제한되며, pH가 낮고 부식인자인 황산성분이 포함되어 콘트리트구조물 등에 부식피해를 줄 수 있다.

| (a) 철수산화물(적갈색 황화현상) | (b) 알루미늄수산화물(백색 백화현상) |

그림 5-7 금속수산화물의 침전으로 인한 수로상의 오염

(2) 수질조사 및 유량 측정

광산배수의 발생 원인, 특성 조사, 수계에 미치는 영향 등을 판단하기 위해 현장조사 시 수질조사와 유량을 측정하고, 이러한 자료를 DB화하여 정화시설 설계자료로 활용한다. 광산배수는 계절적인 유량 및 수질 변동을 고려하여 우수기와 갈수기를 포함하여 최소 1년 이상 정기적으로 측정한다. 또한 유량은 강수량과 밀접한 관계가 있으므로 연중 강수량과 갱내수량에 대한 자료를 분석하여야 한다.

수질조사를 위한 채수는 오염원 하부 수계의 지류와 본류의 합류 직전과 직후 지점을 포함하여 하부 수계방향을 따라 흐르는 물의 대표성을 나타낼 수 있는 위치에서 일정간격으로 채수한다. 일반적으로 광산지역 현장에서 수행되고 있는 수질측정, 채수 및 분석과정은 그림 5-8과 같다.

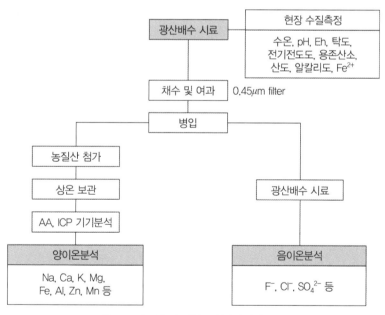

그림 5-8 수질측정, 채수 및 분석과정 흐름도

유량측정은 광산배수가 소량 유출되는 경우 측정용기를 사용하여 용기를 채우는데 걸리는 시간을 측정하여 소요시간으로 나누어 유량을 산출한다. 유량이 많거나 용기에 의한 측정이 어려운 현장에서는 수로 상에 3각 또는 4각위어(weir)를 설치하여 수위를 측정한 후 위어별 유량산출 공식으로 유량을 산출한다. 또한 펌프를 가동하여 광산배수를 배수하는 현장에서는 펌프의 용량과 가동시간을 곱하여 유량을 산출한다.

(a) 채수 및 현장 수질조사	(b) 유량측정(3각위어 이용)

그림 5-9 광산배수 수질조사 및 유량측정

(3) 산성광산배수(AMD) 처리

광산배수 처리방법에는 갱구폐쇄나 노출된 황화광물 표면의 약품처리 등을 통해 광산배수를 저감하는 방법과 이미 유출된 AMD를 집수하여 정화처리하는 방법이 있다. 완벽한 갱구밀폐는 쉽지 않으며 갱구폐쇄로 인한 지하수의 수압 등으로 지반이 약한 부분이나 인접한 다른 갱구로 광산배수가 유출되어 오염확산의 가능성이 크므로 일반적으로 정화처리하고 있다.

광산배수 처리 기술은 화학약품과 기계장치를 사용하는 적극적처리법(active treatment)과 약품을 사용하지 않고 석회석, 미생물 등의 생화학적 반응을 이용하는 소극적처리법(일명 자연정화법, passive treatment)이 있다. 광산배수 처리법은 오염부하, 수질정화 목적, 비용, 정책적인 고려사항 등이 복합적으로 고려되어 선정한다. 처리 기술의 선택기준은 일반적으로 유량이 많고 오염농도가 높아 오염부하가 크면 적극적처리법을, 유량이 적고 오염농도가 낮아 오염부하가 작으면 자연정화법으로 처리한다(그림 5-10).

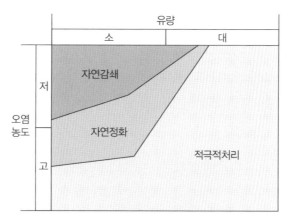

그림 5-10 오염부하에 따른 처리기술의 적합성(Younger et al., 2002)

1) 적극적처리법(active treatment)

적극적처리법은 인위적으로 화학약품을 첨가하거나 기계적인 교란을 통해 중화 및 침전을 촉진시켜 AMD를 처리하는 공법이다. 적극적처리법은 자연정화법에 비해 정화효율이 우수하고 정화부지가 적게 소요되는 장점이 있으나, 지속적으로 약품과 전기동력 등을 사용하므로 유지관리 비용이 많이 소요되는 단점이 있다.

그림 5-11은 오염부하가 큰 시가지 인근 폐석탄광산의 AMD 처리를 위해 설치한 물리화학정화시설이다.

그림 5-11 폐석탄광산 물리화학정화시설

대표적으로 적용되는 pH조정법인 중화침전법은 보통 집수조 → 중화조 → 폭기조 → 침전조 → 슬러지처분 공정 등으로 구성되며, 수질의 특성에 따라 단위공정을 추가 또는 공정순서를 변경 구성한다(그림 5-12). 광산배수 중의 철은 2가철 또는 3가철 형태로 존재하는데 2가철은 pH 3 이하에서는 산화속도가 일정하지만 pH 4 이상에서는 pH가 증가할수록 2가철의 산화속도가 증가한다. 또한 3가철은 pH 8에서 용해도가 낮으므로 광산배수의 pH를 중화제로 상승시키고 폭기공정을 도입하면 철을 제거할 수 있다.

중화침전법은 중화조에서 중화제(소석회, 수산화나트륨 등)를 투입하여 광산배수에 용해된 금속이온을 금속수산화물로 형성한 후 응집조에서 응집제(황산알루미늄, 폴리머 등)를 이용하여 침전입자를 응집시킨다. 응집되어 침전조에 침전된 슬러지는 탈수처리 후 반출한다. 침전조 상등액은 미세한 용존 부유물질이 잔류하고 있어 사여과(모래여과)나 막(membrane)여과 등의 여과공정을 거친 후에 방류하기도 한다.

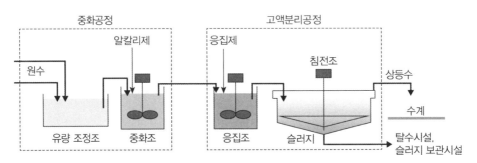

그림 5-12 일반적인 중화침전법 처리 공정도

2) 자연정화법(passive treatment)

자연정화법은 석회석 등과 같이 자연물질의 알칼리 공급매질과 미생물 등의 생화학적 반응을 이용하여 광산배수의 산도를 제거하는 공법으로 오염부하량이 낮은 경우 적용한다. 일반적으로 폐탄광에 적용하는 자연정화법의 처리공정은 그림 5-13과 같이 산화·침전 → 알칼리도 공급(Successive Alkalinity Producing System, SAPS) → 침전·여과 공정으로 구성된다. 처리대상 수질의 특성에 따라 단위공정 추가 또는 SAPS와 침전조의 공정순서를 변경하여 배치한다.

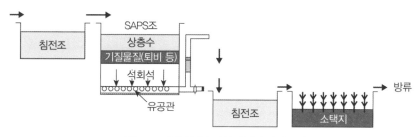

그림 5-13 일반적인 자연정화법 처리공정

자연정화법은 수두 차를 이용한 수리흐름과 자연물질을 이용한 알칼리도 공급으로 기계장치, 약품투입이 필요없어 운영비용이 적다는 장점이 있다. 그러나 적극적처리법에 비해 처리용량 대비 소요 부지면적이 크고 유량·수질 변화에 대한 대응이 어려우며 정화효율이 저하되는 단점이 있다.

그림 5-14 폐탄광 자연정화시설(왼쪽부터 : SAPS → 침전조 → 소택지)

① 석회석배수법(limestone drains)

산성수를 중화시키는 석회석의 특성을 이용하여 유로상에 석회석을 배치하여 광산배수의 pH를 높이고 낮은 농도의 철, 알루미늄 등 금속성분을 제거하는 방법으로 ALD(Anoxic Limestone Drain)와 OLD(Oxic Limestone Drain)가 있다(그림 5-15).

ALD는 굴착한 수로 주변을 차수시설한 후 석회석을 충전하고 상부를 점토 등으로 차단시켜 광산배수를 흐르도록 하여 중화하는 방법이다. OLD는 광산배수가 지표에 노출된 석회석 수로를 흐르면서 석회석과 반응하여 pH를 높여 중화하는 방법이다.

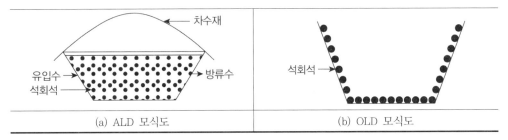

그림 5-15 석회석배수법

② 알칼리도 공급조(SAPS)

SAPS는 약 3m 깊이의 차수시설을 한 조 형태로서 광산배수의 pH가 낮고 산도와 금속성분의 함량이 높아 석회석배수법으로 처리하기 어려울 때 적용한다. 기본구조는 조 바닥에 배수관(유공관)을 설치하고 그 위에 석회석(1m 내외), 유기물층(0.3~0.5m, 폐상퇴비 등 사용)을 순차적으로 적치하고 유기물층 상부에 약 1m 수위를 형성한다(그림 5-16).

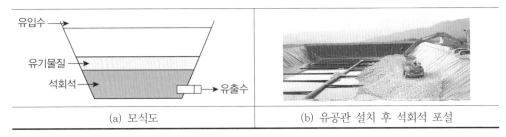

그림 5-16 알칼리도 공급조(SAPS)

SAPS에서 산성수의 중화 및 금속제거 메커니즘은 유기물층 내에서 황산염과 유기물이 함유된 황산염환원균(Sulfate Reducing Bacteria, SRB)에 의한 황환원반응으로 황화수소와 알칼리도가 발생하고 석회석의 용해과정을 통해 생성된 알칼리도를 이용한다. 다음 식 1~4의 과정으로 황화수소 및 알칼리도는 광산배수의 산도를 제거하며 광산배수 중의 금속이온들과 반응하여 금속이온을 황화물로 침전시킨다. 식에서 M^{2+}는 광산배수 중의 2가금속을 의미한다.

$$2CH_2O + SO_4^{2-} \rightarrow H_2S + 2HCO_3^- \qquad \text{(식 1)}$$

$$CaCO_3 + H^+ \rightarrow Ca^{2+} + HCO_3^- \qquad \text{(식 2)}$$

$$H^+ + HCO_3^- \rightarrow H_2O + CO_2(aq) \qquad \text{(식 3)}$$

$$H_2S + M^{2+} \rightarrow MS\downarrow + 2H^+ \qquad \text{(식 4)}$$

③ 호기성소택지

호기성소택지는 약 1m 이내의 차수시설을 갖춘 산화환경 소택지로서 유량이 적고 pH가 5.5 이상이며 금속성분의 오염부하량이 낮은 경우에 적용한다. 조 하부를 토사 등으로 충전하고 부들 등과 같은 수생식물을 식재하여 금속성분은 산화적용으로 수산화물로 침전되거나 미생물 또는 식물 등에 의해 흡착·제거된다(그림 5-17).

그림 5-17 호기성소택지(Taylor & Busler, 2003)

5.2.3 광물찌꺼기에 의한 광해 복구

(1) 광물찌꺼기로 인한 광해

광물찌꺼기(광미)는 선광과정에서 회수 목적인 유용광물을 정광으로 회수하고 남은 맥석광물이 다량 함유된 집합체이다. 국내 폐금속광산 광물찌꺼기의 구성광물로는 금속광물은 황철석, 유비철석을 주로 포함하고 방연석, 섬아연석 등을 소량 함유하며, 비금속광물은 석영이 주구성광물이며 장석, 운모류 등을 소량 함유한다.

발생된 광물찌꺼기는 지형여건에 따라 광산 주변 평지에 쌓아두거나 인근 사면이나 계곡부에 옹벽 등을 설치하고 적치장을 조성하여 물과 섞은 광물찌꺼기(슬라임, slime)를 적치장(일명 광미장)에 이송하는 방법으로 적치하고 있다(그림 5-18).

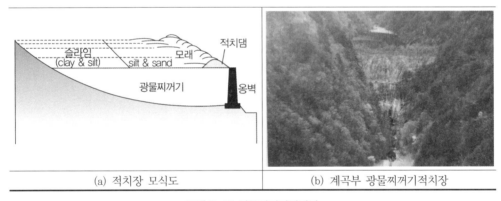

| (a) 적치장 모식도 | (b) 계곡부 광물찌꺼기적치장 |

그림 5-18 광물찌꺼기적치장

광물찌꺼기에 의한 광해로는 태풍 등 집중호우로 광물찌꺼기 적치사면의 붕괴로 인한 인적·물적 피해 및 유해중금속을 함유한 광물찌꺼기의 비산과 적치장 침출수에 의한 주변 하천과 토양오염 피해이다(그림 5-19). 특히 오염된 토양에서 재배된 농작물은 중금속으로 오염될 가능성이 높아 사람이 섭취하는 경우 중금속에 의한 피해를 입는다.

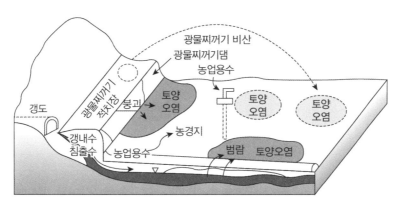

그림 5-19 광물찌꺼기 비산 및 유실로 인한 수질·토양오염 발생 메커니즘

국내에서도 2002년 집중호우와 태풍으로 봉화군 소재 폐광산 광물찌꺼기적치장이 붕괴되어 오염된 광물찌꺼기가 하천으로 유실되는 사고가 발생하여 긴급공사를 실시하였다. 해외의 대표적 사례로 2019년 브라질 브루마지뉴지역 광물찌꺼기적치장 댐 붕괴 사고가 발생하여 약 260명이 사망하였고, 하부주거지와 파라오페바강의 생태계가 파괴되고 중금속에 오염되는 등의 심각한 환경오염이 발생하였다.

(2) 광물찌꺼기 처리방법

광물찌꺼기 처리방법으로는 일시적으로 격리시켜 저장하는 방법, 근원적인 오염원 제거 및 이동을 제어하기 위해 정화기술을 사용하는 방법, 기존의 광산채굴적으로 오염원을 운반하여 충전하는 방법, 별도 매립장으로 이송하여 처분하는 방법 등이 있다.

1) 저장(containment) 기술에 의한 처리

오염물질을 원위치에 저장하거나 일정지역에 이동 격리시켜 추가적인 지하수 등의 오염을 막기 위한 방법으로, 적절한 오염처리기술이 선정되기 전 또는 오염처리시설의 설치가 유보된 지역에 일시적으로 사용한다. 국내에서는 광물찌꺼기 유실방지와 적치장의 침출수 예방을 위해 폐기물관리법에 규정된 폐기물처리시설의 관리기준을 준용하여 라이너(liner) 시스템과 연직차수벽 등을 이용한 차단형 매립방식이 주로 사용되고 있다(그림 5-20).

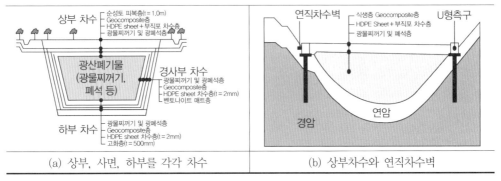

| (a) 상부, 사면, 하부를 각각 차수 | (b) 상부차수와 연직차수벽 |

그림 5-20 국내 광물찌꺼기적치장 저장기술 적용 모식도

광물찌꺼기의 양이 적은 경우 상부, 하부, 사면을 각각 차수하고 복토하여 유실과 침출수를 예방할 수 있다. 그러나 광물찌꺼기의 양이 많고 넓은 지역에 적치된 경우 하부차수가 곤란하므로 적치구간 주위를 경암층 깊이까지 연직차수벽을 설치하고 상부 차수 및 복토를 실시하고 있다. 상부 표면차폐 방법으로 광물찌꺼기와 벤토나이트를 혼합하고 일정두께로 포설하여 다진 후에 식생이 가능하도록 양질의 토사로 복토하는 방법을 적용하고 있다.

2) 정화기술에 의한 처리

오염토양에 대한 정화기술로 개발된 기술을 광물찌꺼기에 적용하는 방법이다. 일반적으로 광물찌꺼기 적치량은 대규모로 근원적인 오염원 제거를 위한 정화기술 적용에 막대한 비용이 소요된다. 이에 광물찌꺼기 내의 중금속 용출과 이동을 제한하여 오염원 확산을 예방하기 위해 정화기술 중 고형화/안정화(solidification/stabilization)법이나 토양 세척법(soil washing) 등을 일부 적용하고 있다.

고형화/안정화법은 광물찌꺼기에 시멘트, 석회석, 비산회(fly ash), 폴리머 등과 같은 첨가제를 혼합하여 고형화시키거나 유해물질의 용해성 또는 유동성을 저감시키는 방법이다(그림 5-21). 토양세척법은 세척제와 기계적 마찰력을 이용하여 광물찌꺼기 내 미세 토양입자에 결합된 중금속으로 오염된 토양을 분리하여 오염물질의 부피를 감소시키는 방법이다. 폐금속광산의 광물찌꺼기에 함유된 유비철석(FeAsS)의 산화작용으로 비소로 오염된 토양복원에 일부 토양세척법을 적용한 사례가 있다.

그림 5-21 고형화/안정화(석회석 첨가)

3) 갱내 충전에 의한 처리

기존의 채굴적이나 폐갱도로 광물찌꺼기를 이송하여 충전시키는 방법이다. 갱내 충전은 사용되는 재료와 이송하는 방법에 따라 암석(폐석) 충전, 슬러리 형태 수력 충전, paste 충전으로 구분할 수 있다. 영월군 소재 상동광산에서 가행 당시 채광 실수율 향상과 지반침하방지를 목적으로 물과 섞은 광물찌꺼기 슬라임을 펌핑하여 수력 충전법으로 채굴공동을 충전한 사례가 있다. 해외의 경우 중국은 광물찌꺼기를, 일본은 폐석이나 수질정화시설 슬러지를(그림 5-22), 미국은 석탄회를 사용하여 채굴공동을 충전한 사례가 있다.

광물찌꺼기로 갱내 충전할 경우 적치장의 설치 및 유지비용이 불필요하다는 장점이 있으나, 충전 개소로부터 유출되는 침출수로 인한 지하수 오염 가능성이 있으므로 침출수에 대한 대책이 필요하다.

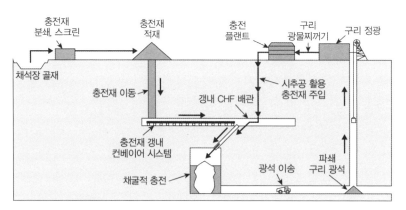

그림 5-22 일본 Mount Isa 광산의 폐석 충전재 이송 모식도(정영욱, 2006)

4) 별도 매립장으로 이동처리

광물찌꺼기를 별도로 매립장을 마련하여 계획매립을 하거나 기존 매립장으로 이동하는 방법으로 광물찌꺼기 양이 소규모인 경우 가능하다. 폐광산의 경우 대부분 광물찌꺼기 양이 대규모이므로 매립장 부지확보, 처리비용 및 민원발생 등을 고려할 때 이동매립하는 것은 많은 제한이 있다.

5.2.4 지반침하에 의한 광해 복구

(1) 지반침하에 의한 광해

지하광체를 채굴한 후 채굴공동 주위의 응력상태가 공동의 천정, 바닥, 광주나 파쇄대의 강도를 초과하게 되면 천반이 붕락되고, 붕락지역이 점차 상부로 발달되면서 지표까지 연결되어 지반침하 및 지표함몰이 발생한다.

침하형태에 따라 연속형침하와 불연속형침하로 분류하며 채굴방법, 채굴심도, 채굴공동 주위의 지질조건 등에 따라 침하형태가 달라질 수 있다(그림 5-23). 트러프(trough) 또는 골형침하라고 하는 연속형침하는 상반을 지지하던 광주의 파괴 또는 채굴적 바닥 것으로 넓은 구역에 걸쳐 장기적으로 완만한 지표침하를 발생시킬 수 있다. 함몰형(sink hole)침하라고 하는 불연속형침하는 채굴적 상반이 붕괴되어 형성된 공동이 지표까지 전이되면서 나타나는 침하로, 침하발생에 대한 예측이 어렵고 급경사층에서 발생하므로 인명이나 지표시설물에 심각한 피해를 줄 수 있다.

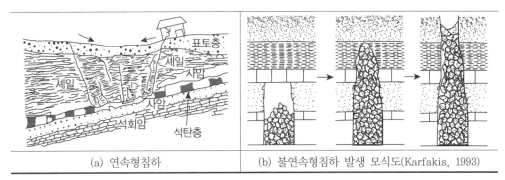

| (a) 연속형침하 | (b) 불연속형침하 발생 모식도(Karfakis, 1993) |

그림 5-23 침하형태에 따른 침하 분류

지반침하에 의한 광해로는 침하발생에 따른 인명이나 가축 등의 안전사고 발생, 지상구조물의 균열·파괴 등의 물적피해와 재해 발생, 침하로 인한 자연경관 훼손 및 토지의 사용제한 등이 있다. 국내 폐광지역에서 채굴적에 의한 침하는 폐광 이후 수십 년이 경과한 후에도 발생하여 지역개발이나 SOC사업 추진 등에 장애요인이 되고 있다 (그림 5-24). 또한 지질적으로 함탄층 인근에 석회암층이 존재하는 삼척시와 문경시 등의 탄전지역에서 채굴적과 석회암 용식공동으로 인한 복합적인 함몰형침하가 발생한 사례도 있다.

| (a) 주거지 침하(폐금속광) | (b) 철도플랫홈 침하(폐석탄광) |

그림 5-24 폐광지역 지반침하 발생

(2) 지반안정성조사 및 평가

지반안정성조사는 채굴적으로 인한 지반침하 우려지역에 대한 조사로 지반안정성을 평가하여 보강공사 필요 여부를 판단하기 위해 **그림 5-25**와 같은 추진 절차에 따라 실시한다. 조사지역에 대하여 지반안정성 기본조사를 실시한 후 정밀조사를 실시하는 것이 일반적이나, 채굴자료 등이 부족한 경우 기본조사와 정밀조사를 병행하여 수행하기도 한다.

조사대상 선정		지반안정성 기본조사		지반안정성 정밀조사
• 조사계획 수립 • 관련자료 수집 및 검토	→	• 지표지질조사, 채굴, 침하현황 등 조사 • 복합도면 작성 및 채굴적 분석 • 정밀조사 필요 여부 판단	→	• 기본조사 자료 검토 • 물리탐사, 시추조사, 현장시험, 암석물성시험 • 침하이론 적용, 전산해석 • 보강공사 필요 여부 판단

그림 5-25 국내 광산지역 지반안정성조사 추진 절차

지반안정성 기본조사는 자료조사 및 현장조사를 실시한 내용을 갱내도를 바탕으로 작성한 복합도면(갱내도＋지형도＋지질도)에 표기하여 채굴적 분포범위와 규모 등의 정보를 얻을 수 있다. 채굴적 분석은 조사구역 내 복합도면상의 대표적인 위치에서 채굴단면도를 작성하여 채굴적과 지상구조물과의 상관관계를 분석한다(그림 5-26).

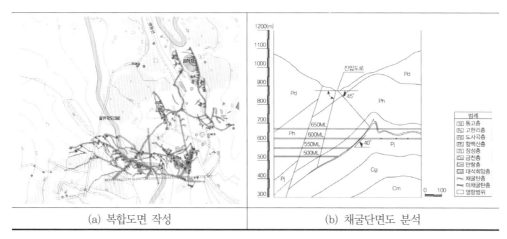

(a) 복합도면 작성	(b) 채굴단면도 분석

그림 5-26 복합도면 작성 및 분석

지반안정성 기본조사 결과 정밀조사가 필요할 경우 물리탐사, 시추조사 등 현장조사 결과를 바탕으로 지반안정성 평가를 실시하여 보강공사 필요 여부를 판단한다. 채굴적 등 이상대구간을 도출하기 위해 물리탐사를 실시하고, 이상대구간에 대해 시추조사를 실시하여 채굴공동의 위치 및 규모, 채굴적 분포지역의 지반상태 등을 파악한다. 시추조사 시 획득한 시추코아로 채굴 여부 및 채굴적 상부 지층상태를 확인하며 시추공내 영상촬영으로 절리, 지질구조의 발달상태 등을 파악한다. 시추공 간의 지층과 광맥이나 탄층을 연결하는 시추단면도를 분석하여 채굴적 분포와 지층을 파악한다(그림 5–27).

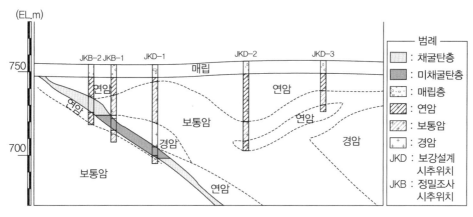

그림 5–27 폐탄광지역 시추단면도 예시

지반안정성 평가방법에는 과거 침하가 발생한 지역의 자료를 활용하여 경험적으로 평가하는 방법, 침하이론으로 평가하는 방법, 채굴적의 형상과 지층의 물성자료 등을 입력하여 전산해석으로 평가하는 방법이 있다. 문헌상의 침하이론을 적용하여 침하 영향범위와 침하붕락고를 예측하며, 현장조사 자료와 시추코아로 실시한 물성실험 정보 등을 활용한 전산해석으로 침하형태와 보강효과를 예측한다. 채굴적 분석자료와 평가방법을 종합하여 침하 영향범위 내에 채굴적이 분포하고 예상침하량이 허용침하량을 초과할 경우 보강대책을 수립한다.

(3) 지반보강공사

광산지역 지반보강공법 선정은 일반적으로 1983년 Richard & Robert가 제시한 적합성도표와 적용성도표를 활용하고 있다. 적합성도표를 활용하여 지상구조물을 기준으로 적합 가능한 공법들을 선정하고, 적합성에서 선정된 공법에 대해 채굴적과 지반특성을 기준으로 적용성도표를 점수화하여 최적 공법을 선정한다.

지반보강공법 선정 추진체계는 **그림 5-28**과 같다. 채굴적에 의한 지표침하 억제를 위한 보강공법은 채굴공동을 충전재로 충전하는 충전법과 공동 내 구조물을 시공하여 채굴적을 선택적으로 보강하는 국부보강법이 있다. 채굴공동에 대한 정확한 정보를 바탕으로 시공지역의 여건 등을 고려하여 시공이 용이하고 경제적인 공법을 선택하여야 한다.

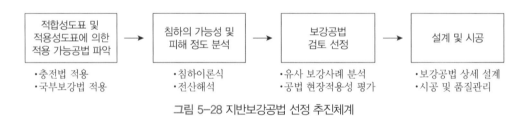

그림 5-28 지반보강공법 선정 추진체계

1) 지반보강공법 종류

① 충전법

침하가 일어날 수 있는 채굴공동을 모래 등 골재, 경석, 비산회(fly ash) 등의 충전재로 채워 침하를 방지하는 공법이다. 충전재는 현장여건과 경제성, 시공성 등을 고려하여 가장 적합한 재료를 사용하여야 하며, 일반적으로 재료 구입이 용이하고 저가이며 환경에도 영향이 없는 모래를 많이 사용하고 있다.

충전법의 종류는 **표 5-4**와 같으며 석탄광산에 비해 상대적으로 지반상태가 양호한 금속광산에서 충전법을 적용하고 있다.

표 5-4 충전법 종류

구분	공법 개요	모식도
수압식 충전법	• 입자형 재료를 물을 이용하여 슬러리 형태로 이송하여 충전 • 많은 양의 재료를 단기간에 충전 가능하나, 배수처리와 충전재의 유출을 방지하기 위한 차단벽 필요	
공압식 충전법	• 공기압에 의해 충전물을 이송하여 충전 • 배수처리 문제는 없으나, 장거리 이송이 어렵고 충전에 많은 장비 필요	
충전 그라우팅	• 시멘트를 혼합한 충전재를 슬러리 형태로 이송시켜 공동 및 암석층의 절리를 충전 • 충전효과가 좋으나 공사비가 고가	슬러리 충전재 압송
완전 굴착과 재충전	• 상반을 발파하거나 중장비 등으로 굴착한 후 공동하부까지 다시 충전 • 공동의 심도가 얕은 경우 효과적이나, 상부에 구조물이 존재하거나 심도가 깊은 경우 적용 곤란	
동적 압밀법	• 공동상부 지반에 타격을 가하여 지반을 강제 함몰시키고 함몰부는 성토 • 공동심도가 얕고 공동상부 지반이 약한 경우 효과적이나, 함몰된 부분에 추가적 보강 필요	

② 국부보강법(선택적지보법)

채굴공동을 충전하는 것이 가장 바람직하나 채굴적규모가 큰 경우에는 상부 지반 이완에 영향을 미치는 일부 구간에 보강 지보재를 설치하여 채굴적의 붕괴를 방지하는 공법이다(표 5-5).

표 5-5 국부보강법 종류

구 분	공법 개요	모식도
상부 보강법	• 채굴적 상부지반을 그라우팅하거나 소구경강관(micro pile)을 시공하여 지반의 강성을 증대시키고 일체화 • 지상시공으로 간편하나, 침하의 완전 억제는 힘들고 공사비가 고가	
깊은 기초	• 깊은 기초인 파일을 공동하반의 안정층까지 설치하여 상부 구조물을 직접 지지 • 약 30m 내의 얕은 심도에 공동이 존재할 때 경제적	
그라우트 기둥	• 시추공으로 골재 투입 후 그라우트재를 주입하여 공동 내에 기둥을 형성 • 시공이 간편하나, 주입재의 주입상황 파악이 곤란하고 상반과의 접촉이 불량	
공 동 내 피어(pier) 건설	• 공동에 기둥을 설치하여 공동상부 암반을 지지 • 공동상태를 확인하면서 작업이 가능하나, 작업이 제한적이고 위험	기둥
그라우트 케이스	• 공동 하부부터 공동상반 일정부분까지 강관을 설치한 후 콘크리트를 타설하여 기둥을 형성 • 공동이 큰 경우 임시적 방편으로 활용	콘크리트 강관

2) 국내외 지반보강공사 사례

국내외에서 채굴적 지반보강공법으로 충전그라우팅을 주로 적용하며, 광종에 따라 수압식충전법, 상부보강법, 그라우트기둥 방법 등을 적용하고 있다.

국내 폐탄광에서는 강관 및 철근을 보강재로 사용하며 채굴공동은 유동성이 적은 시멘트몰탈을 충전하고, 채굴공동의 상부 지반 이완대는 시멘트와 고분자계 물유리 약액을 혼합한 시멘트밀크를 주입하는 충전그라우팅을 주로 적용하고 있다(그림 5-29). 폐금속광산에서는 주로 모래 등을 배합한 수압식 충전법을 적용하여 채굴적을 충전하고 잔여 채굴공동과 공동 상부 이완대는 시멘트 등을 주입하여 보강하고 있다.

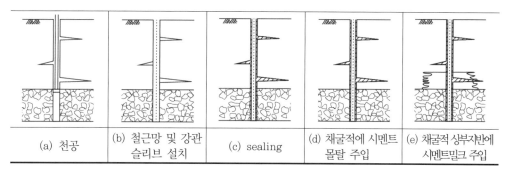

| (a) 천공 | (b) 철근망 및 강관 슬리브 설치 | (c) sealing | (d) 채굴적에 시멘트 몰탈 주입 | (e) 채굴적 상부지반에 시멘트밀크 주입 |

그림 5-29 폐광지역 충전그라우팅 시공순서도

5.3 광산 복구지 활용

폐광계획이 수립되면 채광훼손지를 주변환경과 조화를 이루도록 친환경적 복구계획을 수립하여 광산을 복구하여야 한다. 폐광지역 복구 시에는 복구지를 활용하여 훼손지 환경개선과 지역경제 활성화를 목표로 주변 자연경관과 생태환경을 고려한 복구를 실시하는 것이 효율적이다.

국내외적으로 폐광산 적치장 부지나 갱내 채굴공간 등을 복구하여 레저단지, 생태공원 관광지, 골프장, 지하저장고 등의 용도로 활용하고 있다(표 5-6, 그림 5-30). 국내의

표 5-6 국내외 폐광산 복구 및 활용 사례

소재지	광종	활용 대상	폐광	복구 및 활용 사례
강원 정선	석탄	폐석장부지	2004년	• 폐석장 사면정리, 산림복구 실시 • 종합 레저단지(골프장, 스키장 등) 조성
경기 광명	금속	갱도, 채굴공간	1972년	• 갱도, 채굴공간 활용 및 복원 • 수도권 동굴테마파크 조성
경북 영양	금속	광산구조물	1994년	• 폐광구조물(선광장 등) 형태 보존 및 활용 • 폐광구조물 활용하여 자생화공원 조성
독일 에센시	석탄	광산시설물	1986년	• 졸페라인 광산시설물 활용 • 세계적 디자인 문화센터 조성(2001년 유네스코 문화유산 등재)
캐나다 빅토리아시	석회석	노천채굴지	1920년	• 채광 완료 후 광업권자 주도 복원 • 사계절 꽃 정원(Sunken 가든) 조성

경우 폐탄광의 폐석장 일대에 대해 폐석유실방지사업과 산림복구사업으로 조성된 부지를 활용하여 종합 레저단지로, 석회석광산의 훼손지를 골프장으로 조성한 사례를 들 수 있다. 해외의 경우 영국 콘월지역의 석회석광산 채굴지 일대를 식물재배단지로 복원한 에덴프로젝트를 들 수 있다. 또한 유럽에 위치한 소금광산 대부분이 폐광된 이후 복원사업을 통해 박물관, 공연장, 갤러리 등 문화시설로 활용하고 있다.

국내 석탄광산 폐석적치장 일대(종합 레저단지 조성)

영국 노천 석회석광산(식물원 조성)

그림 5-30 국내외 폐광산 복구 및 활용

에너지·자원 국가직무능력표준
(National Competency Standards, NCS)

APPENDIX
부록

■ NCS 개념

산업현장에서 직무를 수행하는 데 필요한 능력(지식, 기술, 태도)을 국가가 표준화한 것으로, 교육훈련·자격에 NCS를 활용하여 현장중심의 인재를 양성

〈NCS 개념도〉

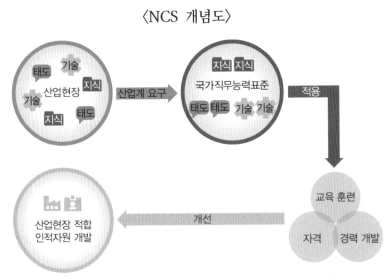

※ 에너지·자원 NCS 자료는 NCS 홈페이지(https://www.ncs.go.kr) 참조

■ NCS 분류

한국고용직업분류 등을 참고하여 직무 유형을 중심으로 건설, 기계, 환경·에너지·안전 등 24개 직무로 대분류하고, 대분류한 직무를 중분류, 세분류의 순으로 분류

〈세부 분류기준〉

분류	하위능력
대분류	• 직능유형이 유사한 분야(한국고용직업분류 참조)
중분류	• 대분류 내에서 산업, 직능유형이 유사한 분야 • 대분류 내에서 노동시장이 독립적으로 형성되거나 경력개발 경로가 유사한 분야 • 중분류 수준에서 산업별 인적자원개발협의체가 존재하는 분야
소분류	• 중분류 내에서 직능유형이 유사한 분야 • 소분류 수준에서 산업별 인적자원개발협의체가 존재하는 분야
세분류	• 소분류 내에서 직능유형이 유사한 분야 • 한국고용직업분류의 직업 중 대표 직무

〈에너지 · 자원 분야 분류 예시〉

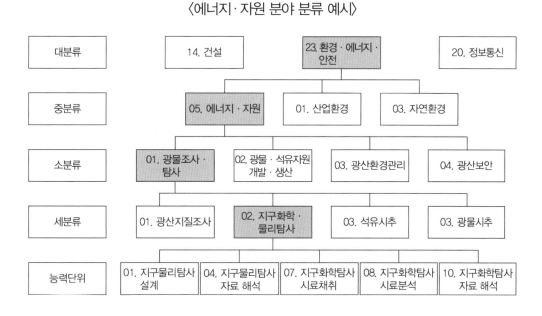

■ NCS 능력단위

NCS 분류의 하위단위로서 능력단위요소(수행준거, 지식·기술·태도), 적용범위 및 작업상황, 평가지침, 직업기초능력으로 구성

〈NCS 능력단위 구성〉

- **NCS 학습모듈**

    NCS 능력단위를 교육훈련에서 학습할 수 있도록 구성한 교수·학습자료로서, 구체적 직무를 학습할 수 있도록 이론 및 실습과 관련한 내용을 제시

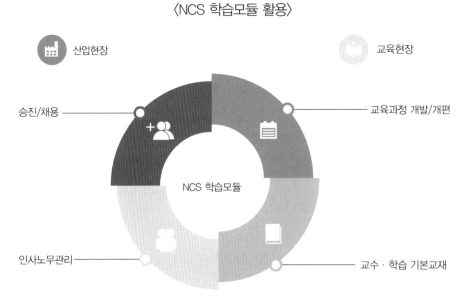

〈NCS 학습모듈 활용〉

※ 에너지·자원 학습모듈 자료는 NCS 홈페이지(https://www.ncs.go.kr) 참조

〈에너지·자원 NCS〉

대분류	중분류	소분류	세분류	능력단위
환경·에너지· 안전	에너지·자원	01. 광산조사·탐사	01. 광산지질조사	1. 암석·광물 판별 2. 층서·구조 해석 3. 시료 채취·분석 자료 4. 지질도 작성 5. 변질대 조사 6. 탐광자료 해석 7. 광상탐사 기획 8. 3차원 광체 모델링 9. 지구통계 분석 10. 광산지질 예비조사
			02. 지구물리· 화학탐사	1. 지구물리탐사 설계 2. 지구물리탐사 장비 운용·관리 3. 지구물리탐사 자료획득 4. 지구물리탐사 자료처리 5. 지구물리탐사 자료해석 6. 지구화학탐사 예비조사 7. 지구화학탐사 시료채취 8. 지구화학탐사 시료분석 9. 지구화학탐사 자료처리 10. 지구화학탐사 자료해석
			03. 석유시추	1. 시추계획 수립 2. 시추공 설계 3. 시추·평가 장비 조달 4. 시추공정 관리 5. 시추공 제어 6. 시추 안전환경보건 관리 7. 현장 시추정보 분석 8. 물리검층·코어 분석 9. 생산성 시험(DST) 10. 시추공 문제해결
			04. 광물시추	1. 광물시추계획 수립 2. 광물시추 공법·장비 선정 3. 광물시추장비 운용 4. 광물시추작업 준비 5. 광물시추 시공 6. 광물시추 공정관리 7. 광물시추 환경·안전관리 8. 광물시추 문제해결 9. 광물시추장비 유지·관리 10. 광물시추공 측정·시험 11. 광물시추코어 관리 12. 광물시추주상도 작성

대분류	중분류	소분류	세분류	능력단위
환경 · 에너지 · 안전	에너지 · 자원	02. 광물 · 석유자원개발 · 생산	01. 광물자원개발 · 생산	1. 광산개발계획 수립 2. 채광준비 3. 노천채광 4. 지하채광 5. 채광자원 운반 6. 광산 운영 7. 경사면 관리 8. 지하채광장 보강 9. 노천작업장 환경관리 10. 지하작업장 환경관리 11. 광산전기 관리 12. 광산기계 관리 13. 채광장비 운용 14. 광산운반장비 운용
			02. 석유자원개발 · 생산	1. 생산예측 2. 개발계획 수립 3. 개발예산 수립 4. 생산시설 구축 5. 유정 완결 6. 회수 증진 7. 유가스전 현장 HSE관리 8. 매장량 재평가 9. 유가스전 현장 운영 10. 생산 종결 · 철수 11. 유가스전 관리
			03. 자원처리	1. 원료 분석평가 2. 생산계획 수립 3. 파 · 분쇄작업 4. 분립작업 5. 비중선별 6. 전자기선별 7. 부유선별 8. 습식제련공정 운용 9. 선광후처리공정 운용 10. 건식제련공정 운용 11. 합성공정 운용 12. 미립화공정 운용 13. 금속자원 재활용공정 운용 14. 생산품질 관리 15. 자원처리 환경관리

대분류	중분류	소분류	세분류	능력단위
환경·에너지·안전	에너지·자원	03. 광산환경관리	01. 광해조사	1. 광해조사계획 수립 2. 광해현황 조사 3. 지반침하 조사 4. 광산오염토양 조사 5. 광물찌꺼기 조사 6. 광산배수 조사 7. 광산사면 조사 8. 광산 먼지날림·소음·진동 조사 9. 광산환경 기본설계 10. 광산환경 실시설계
			02. 광해복원	1. 광해복원사업 사전준비 2. 광산배수 자연정화처리 3. 광산배수 물리화학처리 4. 오염토양 개량·복원 처리 5. 광물찌꺼기 처리 6. 채굴적 지반침하 복원 7. 훼손산림·광폐석 복구 8. 광산 먼지날림·소음·진동 방지 9. 광해방지시설 사후관리 10. 광해방지사업 감리 11. 광해방지사업 현장안전관리
		04. 광산보안	01. 광산보안관리	1. 안전계획 수립 2. 광산 안전교육 3. 광산시설물 안전관리 4. 작업환경 안전관리 5. 지반구조 안전관리 6. 운반시설물 안전관리 7. 발파 안전관리 8. 광해 관리 9. 광산 중대재해 방지 10. 광산 구호
			02. 화약류관리	1. 사전조사 2. 발파계획 수립 3. 시험발파 4. 노천발파 설계 5. 지하발파 설계 6. 특수발파 설계 7. 발파작업 실시 8. 발파소음진동 관리 9. 화약류 안전관리 10. 화약류 취급관리

※ NCS 개선작업 등으로 분류기준과 능력단위는 변경될 수 있으므로, NCS 홈페이지(https://www.ncs.go.kr)
에서 확인 필요

참고문헌

강대우, 2011, 해외광물자원 개발실무, 씨아이알.

강주명, 2009, 석유개발공학, 서울대학교출판문화원, p.22.

교육부, 2000, 고등학교 자원탐사.

교육부, 2002, 고등학교 자원개발 조성.

교육부, 2007, 고등학교 화약·발파.

교육부, 2009, 고등학교 자원개발 기계.

국가직무능력표준 홈페이지(https://www.ncs.or.kr).

권현호, 남광수, 2017, 광해방지공학, 동화기술.

김기영, 김영화 편역, 2001, 알기쉬운 지구물리학, 시그마프레스, p.363.

김기영, 강태섭, 김영화, 김지수, 김형수, 민동주, 변중무, 신동훈, 오석훈 옮김, 2014, 지구물리탐사 개론, 시그마프레스.

김남인, 2011, 사업타당성 조사, 자원아카데미 교재.

김범중, 김우식, 장우수, 2013, 글로벌 자원금융과 M&A 전략, 씨아이알.

김수진, 1996, 광물과학, 우성, pp.452~564.

김승모, 2012, 광산개발 및 시추탐광을 위한 광산시추, 금강인쇄·출판.

김응수, 1998, 자원·굴착공학, 구미서관, p.232.

김종사, 1975, 자원개발공학, 광업생산성조사소.

김지수, 송영수, 윤왕중, 조인기, 김학수, 남명진, 2014, 최신 물리탐사의 활용, 시그마프레스

나경원, 김경웅, 박희원, 2013, 셰일가스개발 환경개론, 씨아이알.

대한석탄공사, 2001, 대한석탄공사 50년사.

대한석탄공사, 2001, 대한석탄공사 50년 화보.

문희수, 최선규, 2001, 지구물질과학, 시그마프레스, p.478.

민경덕, 서정희, 권병주, 1996, 기초 지구물리학, 우성, p.203.

박성재, 2011, 심해저 망간단괴 시험집광기 제어·계측시스템의 개발 및 실증 연구(박사학위 논문).

박수인, 권석민, 김인수, 신홍렬, 안건상, 2004, 지구시스템과학, 교육과학사.

산업통상자원부, 2020, 제3차 광업 기본계획.

산업통상자원부, 2020, 자원개발 기본계획.

선박해양플랜트연구소 홈페이지(https://www.kriso.re.kr).

선우춘, 이병주, 김기석, 2010, 지질공학-원리와 실제(David George Price and Michael Freitas, 2009, Engineering Geology-Principles and Practice), 씨아이알, p.216.

손호상, 2009, 대한금속재료학회 : 비철금속 제련 및 희유금속 응용단기강좌.

심찬섭, 2013, 자원개발 교육 교재.

양형식, 강성승, 선우춘, 장명환, 정소걸, 조상호, 2016, 노천광산 개발공학, 씨아이알.

엄제현, 1999, 자원처리학, 기전연구사.

염희택, 김수식, 2017, 일반금속제련, 문운당.

외교부, 2012, 글로벌 셰일가스 개발 동향 – 주요국의 셰일가스 개발 현황과 전망, pp.3~5.

우스이 아키라 저, 유해수, 안희도 역, 2013, 해저광물자원, 씨아이알.

우재억, 2003, 자원개발공학(상, 하), 원화.

이강문, 1979, 광물처리공학, 반도출판사.

이병주, 선우춘, 2010, 토목기술자를 위한 한국의 암석과 지질구조, 씨아이알.

이부경, 2003, 지질방재공학, 대윤.

이상호, 유재근, 손진국, 백영현, 2008, 금속생산의 원리, 청문각.

이창우, 김진, 김재동, 전석원, 김선준, 정명채, 임길재, 정영욱, 2014, 자원개발환경공학, 씨아이알.

이창진, 김영기, 조준오, 2011, 지질도학, 시그마프레스.

이창호, 김형우, 홍섭, 김성수, 2013, 해저열수광상 채광 로봇의 해저면 주행성능 시뮬레이션, 한국해양공학회지 제27권 제2호.

이철경, 2009, 대한금속재료학회 : hydrometallurgy & electrometallurgy.

이현구, 문희수, 오민수, 2007, 한국의 광상, 아카넷.

임용생, 2010, 해외 광산개발 이것만은 알고 시작하자, 한울.

전용원, 1997, 지구자원과 환경, 서울대학교출판부.

전효택, 김종대, 김옥배, 민경원, 박영석, 윤정한, 1993, 응용지구화학, 서울대학교출판부.

정문영, 2015, 자원순환처리 및 실험(강의자료).

정선군, 2005, 정선군 석탄산업사, pp.96~97.

정소걸, 선우춘, 조성준 역, 2010, 자원개발공학(Hartman H.L. and J.M. Mutmansky, 2002, Introductory Mining Engineering, 2nd ed.), 씨아이알.

정영식, 1978, 채광학(상, 하), 광업생산성조사소.

정영욱, 2006, 폐금속광산 폐기물 복원사례, 광해방지특별심포지움, 한국지구시스템공학회.

정창희, 1986, 지질학개론, 박영사, pp.545~554.

조성준, 2017, 탐광자료 해석 및 자원량 산정, 한국지질자원연구원.

조태진, 윤용균, 이연규, 장찬동, 2015, 21C 암반역학, 건설정보사.

최병희, 류동우, 선우춘, 2006, 파시르 탄광에서의 채탄발파공법에 대한 문제점 및 개선 방안 연구, 대한화약발파공학회지, Vol24, No1.

최선규, 2013, 광상모델과 예측탐사, 시그마프레스.

한국광물자원공사, 1997, 광업진흥공사 30년사.

한국광물자원공사, 2009, 해외동광사업 실무집.

한국광물자원공사, 2010, 해외철광사업 실무집.

한국광물자원공사, 2011, 해외유연탄사업 실무집.

한국광물자원공사, 2012, 광물 상식백과.

한국광물자원공사, 2012, 자원용어사전.

한국광물자원공사, 2012, Mine Technology, 통권 제4호, pp.26~48.

한국광물자원공사, 2017, 한국광물자원공사 50년사.

한국광업협회, 2012, 한국광업백년사.

한국광해관리공단, 2007, 석탄산업합리화사업 20년 발자취(1987~2006).

한국광해관리공단, 2013, 광해용어 설명집.

한국광해관리공단, 2016, 한국광해관리공단 10년사.

한국광해관리공단, 2021, 2020 한국광해관리공단 연보.

한국지구과학회, 1998, 지구과학개론, 교학연구사, p.720.

한국지구물리탐사학회, 2002, 토목·환경분야 적용을 위한 물리탐사 실무지침, p.18.

한국지질자원연구원, 2005, 지질박물관, p.65.

한국지질자원연구원, 2013, 지질공원 해설사, 지질의 이해.

한국직업능력개발원, 2016, 지구화학탐사 시료분석 학습모듈, p.28.

한국직업능력개발원, 2016, 지구화학탐사 자료처리 학습모듈, pp.33~52.

한국직업능력개발원, 2016, 지질도작성 학습모듈, p.22.

한국직업능력개발원, 2016, 탐광시추 설계 학습모듈, pp.26~47.

한국직업능력개발원, 2016, 탐광시추 결과도 작성 학습모듈, pp.37~47.

한국직업능력개발원, 2016, 탐광자료 해석 학습모듈, pp.37~39.

한국해양과학기술원, 홈페이지(https://www.koist.ac.kr).

한국해양과학기술원, 블로그 – 재미있는 해양상식.

해외자원개발협회, 2011, 지하자원개발공학 교재개발 연구용역.

해외자원개발협회, 2012, 자원개발 용어집, 씨아이알.

현병구, 1990, 자원공학개론, 서울대학교출판부.

현병구, 서정희, 1997, 신 물리탐사의 기본원리, 서울대학교출판부.

Alan E. Mussett, M. Aftab Khan, 2000, Looking into the earth.

Bailly, P. A., 1968, Exploration methods and requirements, Sec. 2. 1 in Surface Mining, edited by E. P. Pfleider, pp.19~42.

Barbour, D. M. and Thurlow, J. G., 1982, Case histories of two massive sulphide discoveries in Central Newfoundland, Canadian Institute of Mining and Metallurgy, Geology Division, Montreal, pp.300~321.

Bartlett, R. W., 1998, Solution Miniing. Amstererdam; Gordon and Breach Science Publishers. p.443.

D.M. and Thurlow, J.G., 1982, Case histories of two massive sulphide discoveries in Central Newfoundland In : Davenport, P.H.(ed.). Prospecting in areas of glaciated terrane. Canadian Institute of Mining and Metallurgy, Geology Division, Montreal.

Goodman, R.E., 1989, Introduction to rock mechanics(2nd Ed.), John Wiley & Sons, pp.396~399.

Hallof, P.G., 1967, An Appraisal of the Variable Frequency IP Method after Twelve Years of Application, Phoenix Geophysics Ltd, Markham, Ontario.

Hamrin, H., 1982, "Choosing an underground mining method", Sec. 1.6in Underground Mining Methods Handbook, edited by W. Hustrulid, New York: SME-AIME. pp.88~112.

Hartman H.L. and J.M. Mutmansky, 2002, Introductory Mining Engineering(2nd ed), John

Wiley & Sons.

Hutchinson, I. P., and R. D. Ellison (eds.). 1992, Mine Waste Management. Chelsea, MI;
Lewis Publishers. p.654.

Hutchison, P.G. and Ellison, R.P., 1992, Mine Waste Management, California Mining
Association, p.589.

Karfakis, M. G., 1993, Residual subsidence over abandoned coal mines, In comprehensive rock
engineering, Vol.5-1, pp.451~476.

Lewis, R. S., and G. B. Clark., 1964, Elements of Mining, 3d ed. New York: John Wiley
& Sons, Inc. p.768.

Lucas, J. R., and C. Haycocks (eds.), 1973, "Underground mining systems and equipment",
Sec. 12 in SME Mining Engineering Handbook, edited by A. B. Cummins and I.
A. Given. New York: SME-AIME. p.262.

P. A., 1968, "Exploration methods and requirements", Sec. 2.1 in surface Mining, edited by
E.P. Pfleider, New York: AIME, pp.19~42.

Peele, R. (ed.). 1941. Mining Engineer's Handbook, 3d ed., 2 vols. New York: John Wiley
& Sons, Inc. 45 sections.

Pugh, G. M., and D. G. Rasmussen. 1982. "Cost calculations for highly mechanized cut-and-fill
mining." In Underground Mining Methods Handbook, edited by W. A. Hustrulid,
pp.610~630. Littleton, CO; Society for Mining, Metallurgy, and Exploation.

Richard E. Gertsch and Richard L. Bullock, 1998, Techniques in Underground Mining : selections
from Underground mining methods handbook, Society for Mining, Metallurgy and
Exploration.

Schroder, J. L, 1973, "Modern mining methods - Underground", Chap. 14 in Elements of
Practical Coal Mining, edited by S. M. Cassidy, pp.346~476. New York: SME-AIME.

Seigel, H. O., Hill, H. L. and Baird, J. G., 1968, Discovery case history of the Pyramid ore
bodies, Pine Point, Northwest Territories, Canada. Geophysics, pp.645~656.

SME(Society for Mining, Metallurgy and Exploration), 1991, A Guide for reporting exploration
information, resources and reserves, Mining Engineering April, pp.379~384.

Taylor, W., Dunn, M. and Busler, S., 2003, Accepting the challenge, a slippergy rock watershed coalition publication, p.50.

U.S. Department of Energy, 1982, Coal Data; A Reference. U.S. Department of Energy, Energy Information Administration. Washington, DC; U.S. Government Printing Office. p.118.

William Hustrulid, Mark Kuchta. Rotterdam, 1998, Open pit Mine Planning & Design, Taylor & Francis.

Younger, P.L., Banwart, S.A. and Hedin, R.S., 2002, Mine Water Hydrology, Pollution, Remediation, Kluwer Academic Publishers, p.396.

찾아보기

저자 소개

남 광 수

약력   • 자원공학박사

• 광해방지기술사

• 한국광해광업공단 처장

• 에너지·자원 국가직무능력표준(NCS) 위원

• 광업자원 국가기술자격 시험위원 역임

• 한국자원공학회 이사, 한국지구물리·물리탐사학회 이사 역임

• 연세대학교(원주) 겸임교수 역임

저서   • 광해방지공학

자원개발공학개론

초판인쇄 2021년 9월 1일
초판발행 2021년 9월 10일

저 자 남광수
펴 낸 이 김성배
펴 낸 곳 도서출판 씨아이알

편 집 장 박영지
책임편집 최장미
디 자 인 백정수, 김민영
제작책임 김문갑

등록번호 제2-3285호
등 록 일 2001년 3월 19일
주 소 (04626) 서울특별시 중구 필동로8길 43(예장동 1-151)
전화번호 02-2275-8603(대표)
팩스번호 02-2265-9394
홈페이지 www.circom.co.kr

I S B N 979-11-5610-954-9 93530
정 가 20,000원